石油钻完井工艺及其创新技术发展

魏斯壮 朱红波 别见见 ◎著

中国出版集团

中译出版社

图书在版编目（CIP）数据

石油钻完井工艺及其创新技术发展／魏斯壮，朱红
波，别见见著. -- 北京：中译出版社，2024. 2
　ISBN 978-7-5001-7754-8

　Ⅰ.①石… Ⅱ.①魏… ②朱… ③别… Ⅲ.①油气钻
井-完井-研究 Ⅳ.①TE257

　中国国家版本馆 CIP 数据核字（2024）第 048592 号

石油钻完井工艺及其创新技术发展
SHIYOU ZUANWANJING GONGYI JIQI CHUANGXIN JISHU FAZHAN

著　者：魏斯壮　朱红波　别见见
策划编辑：于　宇
责任编辑：于　宇
文字编辑：田玉肖
营销编辑：马　萱　钟筏童
出版发行：中译出版社
地　　址：北京市西城区新街口外大街 28 号 102 号楼 4 层
电　　话：（010）68002494（编辑部）
邮　　编：100088
电子邮箱：book@ctph.com.cn
网　　址：http://www.ctph.com.cn

印　　刷：北京四海锦诚印刷技术有限公司
经　　销：新华书店
规　　格：787 mm×1092 mm　1/16
印　　张：14.75
字　　数：293 千字
版　　次：2024 年 2 月第 1 版
印　　次：2024 年 2 月第 1 次印刷

ISBN　978-7-5001-7754-8　　　定价：68.00 元

随着现阶段我国石油、天然气开发难度的进一步加大，国内钻井市场中定向井、水平井、大位移井、超深井等井型已经越来越普遍，各种新式钻井工具、钻井工艺应运而生，这些钻井模式对石油钻机的技术性能提出了越来越高的要求。在这种背景下，我国对石油钻机智能化、自动化、信息化提出了更高的要求，一系列新技术、新装备、新工艺应运而生，在生产中得到了大量应用，为钻井技术持续创新提供了装备保障，增强了钻井安全，优化了钻井综合应用能力与管理水平，并提升了核心竞争力。为使各级设备管理人员，尤其是各级石油设备科研人员、各钻井公司现场设备管理人员更全面地了解石油钻完井工艺技术的新进展，及时掌握钻完井设备发展新动态，提高各级设备管理人员的眼界、认知，作者撰写了此书。

钻井和完井技术作为石油钻完井的重要施工技术，通过强化石油钻完井工程技术，不但有助于保证石油开采的质量，而且在很大程度上提高了其整体水平，为促进我国石油事业的发展发挥着重要作用。本书是石油钻完井方向的著作，主要研究石油钻完井工艺及其创新技术发展，本书从钻井的工程地质条件介绍入手，针对钻井方法与设备工具、钻井液的特性，以及钻进参数优选进行了分析研究；另外，对完井工艺做了一定的介绍；还对石油钻井技术创新与完井技术创新建设进行了探讨；对石油钻完井技术的应用创新有一定的借鉴意义。

由于作者水平有限，编写时间仓促，书中难免会有疏漏不妥之处，恳请专家、同行不吝批评指正。

作者

2023 年 12 月

目录

第一章　钻井的工程地质条件 ················· 1

第一节　地下压力特性 ··················· 1

第二节　岩石的工程力学性质 ············· 11

第二章　钻井方法与设备工具 ············· 21

第一节　石油钻井方法与工艺 ············· 21

第二节　石油钻井设备 ··················· 29

第三节　石油钻井工具 ··················· 37

第四节　石油设备磨损维护与问题检测 ····· 44

第三章　钻井液的特性 ··················· 55

第一节　钻井液的流变性 ················· 55

第二节　钻井液的滤失和润滑性 ··········· 65

第三节　钻井液的性能及测量 ············· 75

第四节　钻井液固相控制 ················· 86

第四章　钻进参数优选 ··················· 93

第一节　钻进过程中各参数间的基本关系 ··· 93

第二节　机械破岩钻进参数优选 ··········· 98

第三节　水力参数优化设计 ··············· 102

第五章　完井工艺 ·· 113

第一节　直斜井完井方式 ································· 113

第二节　水平井完井方式 ································· 125

第三节　完井方式选择 ··································· 135

第四节　保护油气层 ····································· 146

第六章　石油钻井技术创新 ······························ 155

第一节　钻井提速技术 ··································· 155

第二节　激光辅助破岩钻井技术 ··························· 170

第三节　基于大数据技术的钻井优化控制 ··················· 176

第七章　石油完井技术创新 ······························ 185

第一节　高压油气井完井封隔器系统 ······················· 185

第二节　水平井 AICD 完井流入动态与完井参数优化 ··········· 192

第三节　水平井自动相选择控制阀控水完井技术 ············· 204

参考文献 ·· 228

第一章 钻井的工程地质条件

钻井的工程地质条件是指与钻井工程有关的地质因素的综合。地质因素包括岩石、土壤类型及其工程力学性质、地质结构、地层中流体情况及地层情况等。钻井是以不断破碎井底岩石而逐渐钻进的。了解岩石的工程力学性质，是为选用合适的钻头和确定最优的钻进参数提供依据。井眼的形成使地层裸露于井壁上，这又涉及井眼与地层之间的压力平衡问题，对此问题处理不当则会发生井涌、井喷或压裂地层等复杂情况或事故，使钻进难以进行，甚至使井眼报废。所以，在一个地区钻井之前，充分认识和了解该地区的工程地质资料（包括岩石的工程力学性质、地层压力特性等）是进行一口井设计的重要基础。

第一节 地下压力特性

一、地下各种压力的概念

地下各种压力的理论及其评价技术对油气勘探和开发具有重要意义。在钻井工程中，地层压力和地层破裂压力是科学地进行钻井设计和施工的基本依据，因而必须对它们进行准确的评价。

（一）静液压力

静液压力是由液柱自身的重力所引起的压力，它的大小与液体的密度、液柱的垂直高度或深度有关，即：

$$p_h = 0.00981 \rho h_1 \qquad \text{式（1-1）}$$

式中，p_h——静液压力，MPa；

ρ——液体的密度，g/cm^3；

h_1——液柱的垂直高度，m。

由上式可知，液柱的静液压力随液柱垂直高度的增加而增大。人们常用单位高度或单位深度的液柱压力即压力梯度，来表示静液压力随高度或深度的变化。若用 G_h 表示静液压力梯度，则：

$$G_h = p_h/h_1 = 0.00981\rho \qquad 式（1-2）$$

式中，G_h——静液压力梯度，MPa/m；

p_h——静液压力，MPa；

ρ——液体的密度，g/cm³；

h_1——液柱的垂直高度，m。

静液压力梯度的大小与液体中所溶解的矿物及气体的浓度有关。在油气钻井中所遇到的地层水一般有两类：一类是淡水或淡盐水，其静液压力梯度平均为 0.009 81 MPa/m；另一类为盐水，其静液压力梯度平均为 0.0105 MPa/m。

（二）上覆岩层压力

地层某处的上覆岩层压力，是指该处以上地层岩石基质和孔隙中流体的总重力所产生的压力，即：

$$p_o = \frac{基岩重力 + 流体重力}{面积} \qquad 式（1-3）$$

$$p_o = 0.00981D\left[(1-\Phi)\rho_{ma} + \Phi\rho\right]$$

式中，p_o——上覆岩层压力，MPa；

D——地层垂直深度，m；

Φ——岩石孔隙度，%；

ρ_{ma}——岩石骨架密度，g/cm³；

ρ——孔隙中的流体密度，g/cm³。

由于沉积压实作用，上覆岩层压力随深度增加而增大。一般沉积岩的平均密度大约为 2.5 g/cm³，沉积岩的上覆岩层压力梯度一般为 0.0227 MPa/m。在实际钻井过程中，以钻台作为上覆岩层压力的基准面。因此，在海上钻井时，从钻台面到海平面，海水深度和海底未固结沉积物对上覆岩层压力梯度都有影响，实际上覆岩层压力梯度值远小于 0.0227 MPa/m。

上覆岩层压力梯度一般分层段计算，密度和岩性接近的层段作为一个沉积层，即：

$$G_o = \frac{\sum p_{oi}}{\sum D_i} = \frac{\sum (0.00981\rho_{oi}D_i)}{\sum D_i} \qquad 式（1-4）$$

式中，G_o——上覆岩层压力梯度，MPa/m；

p_{oi}——第 i 层段的上覆岩层压力，MPa；

D_i——第 i 层段的厚度，m；

ρ_{oi}——第 i 层段的平均密度，g/cm^3。

上式计算的是上覆岩层压力梯度的平均值。

（三）地层压力

地层压力是指岩石孔隙中的流体所具有的压力，也称地层孔隙压力，用 Pp 表示。在各种地质沉积中，正常地层压力等于从地表到地下某处的连续地层水的静液压力。其值的大小与沉积环境有关，主要取决于孔隙内流体的密度和环境温度。若地层水为淡水，则正常地层压力梯度（用 G_p 表示）为 0.009 81 MPa/m；若地层水为盐水，则正常地层压力梯度随地层水的含盐量的大小而变化，一般为 0.0105 MPa/m。石油钻井中遇到的地层水多数为盐水。

在钻井实践中，常常会遇到实际的地层压力大于或小于正常地层压力的现象，即压力异常现象。超过正常地层静液压力的地层压力称为异常高压，而低于正常地层静液压力的地层压力，称为异常低压。

（四）基岩应力

基岩应力是指由岩石颗粒之间相互接触来支承的那部分上覆岩层压力，也称有效上覆岩层压力或颗粒间压力，这部分压力是不被孔隙水所承担的。

上覆岩层的重力是由岩石基质（基岩）和岩石孔隙中的流体共同承担的，所以不管什么原因使基岩应力降低时，都会导致孔隙压力增大。

（五）异常压力的成因

异常低压和异常高压统称为异常压力。异常低压的压力梯度小于 0.009 81 MPa/m（或 0.0105 MPa/m），有的甚至只有静液压力梯度的一半。世界各地的钻井情况表明，异常低压地层比异常高压地层要少。一般认为，多年开采的油气藏而又没有足够的压力补充，便产生异常低压；在地下水位很低的地区也产生异常低压现象。在这样的地区，正常的流体静液压力梯度要从地下潜水面开始。异常高压地层在世界各地广泛存在，从新生代更新统到古生代寒武系、震旦系都曾遇到。

正常的流体压力体系可以看成是一个水力学的"开启"系统，即可渗透的、流体可以流通的地层，它允许建立或重新建立静液压力条件。与此相反，异常高压地层的压力系统基本上是"封闭"的。异常高压和正常压力之间有一个封闭层，它阻止了或至少大大地限制了流体的流通。在这里，上部基岩的重力有一部分是由岩石孔隙内的流体所支承的。通常认为异常高压的上限为上覆岩层压力，根据稳定性理论，它是不能超过上覆岩层压力的。但是，在一些地区的钻井实践中，曾遇到比上覆岩层压力高的超高压地层，有的孔隙压力梯度超过上覆岩层压力梯度的40%，这种超高压地层可以看作存在一个"压力桥"的局部化条件。覆盖在超高压地层上面的岩石内部的抗压强度，帮助上覆岩层部分地平衡超高压地层流体向上的巨大作用力。

异常高压的形成常常是多种因素综合作用的结果，这些因素与地质作用、构造作用和沉积速度等有关。目前，被普遍公认的成因主要有沉积压实不均、水热增压、渗透作用和构造作用等。

沉积物的压缩过程是由上覆沉积层的重力所引起的。随着地层的沉降，上覆沉积物重复地增加，下覆岩层就逐渐被压实。如果沉积速度较慢，沉积层内的岩石颗粒就有足够的时间重新紧密地排列，并使孔隙度减小，孔隙中的过剩流体被挤出。如果是"开放"的地质环境，被挤出的流体就沿着阻力小的方向，或向着低压高渗透的方向流动，于是便建立了正常的静液压力环境。这种正常沉积压实的地层，随着地层埋藏深度的增加，岩石越致密，密度越大，孔隙度越小。

地层压实能否保持平衡，主要取决于四种因素：

①上覆沉积速度的大小。

②地层渗透率的大小。

③孔隙减小的速度。

④排出孔隙流体的能力。

如果沉积物的沉积速度与其他过程相比很慢，沉积层就能正常压实，保持正常的静液压力。

在稳定沉积过程中，若保持平衡的任意条件受到影响，正常的沉积平衡就被破坏。如沉积速度很快，岩石颗粒没有足够的时间去排列，孔隙内流体的排出受到限制，基岩无法增加它的颗粒与颗粒之间的压力，即无法增加它对上覆岩层的支承能力。由于上覆岩层继续沉积，负荷增加，而下面基岩的支承能力没有增加，孔隙中的流体必然开始部分地支承本来应由岩石颗粒所支承的那部分上覆岩层压力，从而导致了异常高压。

在某一环境里，要把一个异常压力圈闭起来，就必须有一个密封结构。在连续沉积盆地里，最常见的密封结构是一个低渗透率的岩层，如一个纯净的页岩层段。页岩降低了正常流体的散佚，从而导致欠压实和异常的流体压力。与正常压实的地层相比，欠压实地层的岩石密度低，孔隙度大。

在大陆边缘，特别是三角洲地区，容易产生沉积物的快速沉降。在这些地区，沉积速度很容易超过平衡条件所要求的值，因此，常常遇到异常高压地层。

二、地层压力评价

在长期的实践中，石油工作者总结出了多种评价地层压力的方法。但是，每种方法都有其一定的局限性，所以目前单纯应用一种方法很难准确地评价一个地区的地层压力，要用多种方法进行综合分析和解释。地层压力评价的方法可分为两类：一类是用邻近井资料进行压力预测，建立地层压力剖面，此方法常用于新油井设计；另一类是根据所钻井的实时数据进行压力监测，以掌握地层压力的实际变化规律，并据此决定现行钻井措施。这两类方法要求在测井和钻井过程中详细和真实地记录有关资料，然后进行分析处理，并做出科学推断。

由于异常高压地层的成因多种多样，在泥、砂岩剖面中，异常高压层可能有几个盖层（即由几个致密阻挡层组成的层系），它们的厚度范围变化不一，而且可能存在多个压力转变区。当存在断层时，有时会使情况进一步复杂。另外，岩性化，例如，泥岩中存在钙质、粉砂等成分，这些因素都会影响地层压力评价的准确性。因而在进行地层压力评价时要针对具体情况，综合分析所收集的有关资料，力求做出合理的评价。

（一）地层压力预测

钻井前要进行地层压力预测，建立地层压力剖面，为钻井工程设计和施工提供依据。常用的地层压力预测方法有地震法、声波时差法和页岩电阻率法等。这里主要介绍声波时差法。

利用地球物理测井资料评价地层压力是常用而有效的方法。声波速度是测井资料中的一种常规资料。通过测量声波在不同的地层中传播的速度可识别地层岩性，判断储集层，确定地层孔隙度和计算地层孔隙压力。

声波在岩石中传播时产生纵波和横波。在同一种岩石中，纵波的速度大约是横波速度的两倍，能够较先到达接收装置。为研究方便，目前，声波测井主要是研究纵波在地层中的传播规律。声波在地层中传播的快慢常以通过单位距离所用的时间来衡量，即：

$$t = \sqrt{\frac{\rho(1+\mu)}{3E(1-\mu)}} \qquad 式（1-5）$$

式中，t——声波在单位距离内的传播时间；

ρ——岩石的密度；

μ ——岩石的泊松比；

E ——岩石的弹性模量。

由上式可知，声波在地层中传播的快慢与岩石的密度和弹性系数等有关，而岩石的密度和弹性系数又取决于岩石的性质、结构、孔隙度和埋藏深度。不同的地层、不同的岩性有不同的传播速度。因此，通过测定声波在地层中的传播速度就可研究和识别地层特性。

声波在地层中传播的快慢，常用声波到达井壁上不同深度的两点所用的时间之差，即声波时差 $\Delta t(\mu s/m)$ 来表示。当岩性一定时，声波的速度随岩石孔隙度的增大而减小。对于由沉积压实作用形成的泥、页岩，声波时差与孔隙度之间有如下关系：

$$\Phi = \frac{\Delta t - \Delta t_m}{\Delta t_f - \Delta t_m} \times 100\% \qquad 式（1-6）$$

式中，Φ ——岩石孔隙度，%；

Δt ——地层的声波时差，$\mu s/m$；

Δt_m ——基岩的声波时差，$\mu s/m$；

Δt_f ——地层孔隙内流体的声波时差，$\mu s/m$。

基岩和地层流体的声波时差可在实验室测得。若岩性和地层流体性质一定，则 Δt_m 和 Δt_f 为常量。

在正常沉积条件下，泥、页岩的孔隙度随深度的变化规律符合下面的函数关系：

$$\Phi = \Phi_0 e^{-CD} \qquad 式（1-7）$$

式中，Φ ——泥、页岩的孔隙度，%；

Φ_0 ——泥、页岩在地面的孔隙度，%；

C ——常数；

D ——井深，m。

由孔隙度和声波时差之间的关系可得

$$\Phi_0 = \frac{\Delta t_0 - \Delta t_m}{\Delta t_f - \Delta t_m} \times 100\% \qquad 式（1-8）$$

Δt_0 为起始时差，即深度为零时的声波时差。在一定区域内，Δt_0 可近似看作常数。由式（1-6）、（1-7）和（1-8）可得：

$$\Delta t - \Delta t_m = (\Delta t_0 - \Delta t_m) e^{-CD} \qquad 式（1-9）$$

在泥、页岩的岩性一定的情况下，Δt_m 为一常数。若 $\Delta t_m = 0$，则：

$$\Delta t = \Delta t_0 e^{-CD} \qquad 式（1-10）$$

因此，在半对数坐标系中（井深 D 为线性坐标，即纵坐标，声波时差为对数坐标，即横坐标），声波时差的对数与井深呈线性关系。

在正常地层压力井段，随着井深增加，岩石的孔隙度减小，声波速度增大，声波时差减小。根据声波时差的数据，可在半对数坐标纸上绘出曲线。在正常压力地层，曲线为一直线，称为声波时差的正常趋势线。进入异常高压地层之后，岩石的孔隙度增大，声波速度减小，声波时差增大，便偏离正常趋势线，开始偏离的那一点就是异常高压的顶部。

在异常高压地层，实测声波时差 Δt 与相应深度的正常声波时差 Δt_n 之间的差值和地层压力梯度 G_p（用当量密度 g/cm^3 表示）有一定的关系。利用这种曲线可定量计算地层压力。

利用泥、页岩声波时差测井资料计算地层压力的步骤如下：

①在标准声波时差测井资料中选择纯泥、页岩层，以 5 m 左右为间隔点在测井曲线上读出井深和相应的声波时差值，并在半对数坐标纸上描点。

②在已知的正常地层压力井段，通过尽可能多的可以信赖的点引出声波时差随井深变化的正常趋势线，并将其延伸至异常高压井段。

③读出某深度的实测声波时差 Δt 和该深度所对应的正常趋势线上的声波时差 Δt_n，并计算 $\Delta t - \Delta t_n$。

④在 $\Delta t - \Delta t_n$ 和 G_p 关系曲线上读出 $\Delta t - \Delta t_n$ 所对应的 G_p，用 G_p 乘以井深 D，得其深度的地层压力，即：

$$p_p = 0.00981 G_p D \tag{1-11}$$

式中，p_p——地层压力；

G_p——地层压力梯度当量密度，g/cm^3；

D——井深，m。

$\Delta t - \Delta t_n$ 和 G_p 关系曲线随地区而异，所以必须根据地区的大量统计资料，绘制适合地区的声波时差偏离值与地层压力的关系曲线。

（二）地层压力监测

钻井前地层压力的预测值可能有一定误差，所以在钻井过程中利用钻井资料对地层压力进行实时监测，以便对地层压力的预测值进行校正。常用的地层压力监测的方法有 d_c 指数法、标准化钻速法和页岩密度法等。下面主要介绍 d_c 指数法。

d_c 指数法实质上是机械钻速法。它是利用泥、页岩压实规律和压差（即井底的钻井液柱压力与地层压力之差）对机械钻速的影响理论来检测地层压力的。我们知道，机械钻速是钻压、转速、钻头类型及尺寸、水力参数、钻井液性能和地层岩性等因素的函数。若其他因素保持恒定，只考虑压差的影响，则机械钻速随压差的减小而增加。

在正常地层压力情况下，如岩性和钻井条件不变，随着井深的增加，机械钻速下降。当钻入压力过渡带之后，岩石孔隙度逐渐增大，孔隙压力逐渐增加，压差逐渐减小，机械钻速逐渐加快。因此，利用这个特点可以预报异常高压地层。但是，欲使钻压、转速、水力条件等保持不变，让机械钻速只受地层的压实规律和压差的影响是不可能的，所以仅用机械钻速的变化难以准确地预报和定量地计算地层压力，因而发展了 d_c 指数法。

d_c 指数法是在宾汉钻速方程的基础上建立的。宾汉在不考虑水力因素的影响下提出的钻速方程为：

$$v_{pc} = Kn^e \left(W/d_b\right)^d \qquad\qquad 式（1-12）$$

式中，v_{pc}——机械钻速；

K——岩石可钻性系数；

n——转速；

e——转速指数；

W——钻压；

d_b——钻头直径；

d——钻压指数。

宾汉根据海湾地区的经验，发现软岩石的 e 都非常接近，于是将 e 视为不变的整数，取 $e = 1$。假设钻井条件和岩性不变，则方程（1-12）被简化为：

$$v_{pc} = n \left(W/d_b\right)^d \qquad\qquad 式（1-13）$$

对上式两边取对数，并整理后得：

$$d = \frac{\lg(v_{pc}/n)}{\lg(W/d_b)} \qquad\qquad 式（1-14）$$

若采用常用公制单位，上式变为：

$$d = \frac{\lg \dfrac{0.0547 v_{pc}}{n}}{\lg \dfrac{0.0684 W}{d_b}} \qquad\qquad 式（1-15）$$

式中，v_{pc}——机械钻速，m/h；

n——转速，r/min；

W——钻压，kN；

d_b——钻头直径，mm；

d——钻压指数，无因次。

根据目前油田所使用的参数范围，分析式（1-15），$0.0547\, v_{pc}/n$ 和 $0.0684\, W/d_b$ 的值

都小于 1.0，故式（1-15）的分子、分母均为负数。同时，也可以看出，log（$0.0547v_{pc}/n$）的绝对值与机械钻速 v_{pc} 成反比，因此，d 指数与机械钻速也成反比。进而 d 指数与压差的大小有关，所以 d 指数可用来检测异常高压。在正常地层压力情况下，机械钻速随井深增加而减小，d 指数随井深增加而增大。进入压力过渡带和异常高压地层后，实际的 d 指数较正常基线偏小。

利用 d_c 指数估算地层压力的步骤如下：

①在高压层顶部以上至少 300 m 的纯泥、页岩井段，按一定深度间隔取点（如果砂、泥岩交错的地层，取泥、页岩的数据点）、比较理想的是每 1.5 m 或 3 m 取一点，如果钻速高，可以每 5 m、10 m 甚至更大的间隔取点。重点井段可加密到每 1 m 取一点，记录每点所对应的钻速、钻压、转速、钻头直径、地层水密度和实际钻井液密度等六项参数。

②根据记录的数据计算 d 指数。

③在半对数坐标纸上一一作出 d_c 指数和相应的井深所确定的点（纵坐标为井深，横坐标为 d_c 指数）。

④根据正常地层压力井段的数据引 d_c 指数的正常趋势线。

⑤计算地层压力，作出 d_c - D 和正常趋势线之后，可直接观察到异常高压出现的层位和该层位内 d_c 指数的偏离值。d_c 指数偏离正常趋势越远说明地层压力越高。根据 d_c 指数的偏离值应用下式可计算相应的地层压力：

$$\rho_p = \rho_n \frac{d_{cn}}{d_{ca}} \qquad\qquad 式（1-16）$$

式中，ρ_p ——所求井深处的地层压力当量密度，g/cm^3；

ρ_n ——所求井深处的正常地层压力当量密度，g/cm^3；

d_{cn} ——所求井深处的正常 d_c 指数值；

d_{ca} ——所求井深处的实测 d_c 指数值。

上式中的 ρ_n（即正常地层压力的地层水密度）是随地区而异的，要根据不同地区的统计资料加以确定。地层水的密度取决于水中的含盐量（即矿化度），计算时应在不同层位取样分析，测定含盐量 ppm 并换算成密度。

三、地层破裂压力

在井下一定深度裸露的地层，承受流体压力的能力是有限的，当液体压力达到一定数值时会使地层破裂，这个液体压力称为地层破裂压力。利用水力压裂地层，从 20 世纪 40 年代就开始用作油井的增产措施。但对钻井工程而言并不希望地层破裂，因为这样容易引起井漏，造成一系列的井下复杂问题。所以了解地层的破裂压力，对合理的油井设计和钻井施工十分重要。

为准确地掌握地层破裂压力，不少学者提出了不同的检测计算地层破裂压力的方法，但这些方法都有其局限性，有待进一步发展完善。以下介绍几种常用的方法：

（一）Hubert&Willis 法

在发生正断层作用的地质区域，地下应力状态以三维不均匀主应力状态为特征，且三个主应力互相垂直。最大主应力 σ_1 为垂直方向，大小等于有效上覆岩层压力（即骨架应力），最小主应力 σ_3 和介于 σ_1 与 σ_3 之间的主应力 σ_2 在水平方向上互相垂直。最小主应力 σ_3 的大小等于 $(1/3 \sim 1/2)\sigma_1$。

地层所受的注入压力或破裂传播压力必须能够克服地层压力和水平骨架应力，地层才能破裂，即：

$$p_f = p_p + \sigma_3 = p_p + (1/3 \sim 1/2)\sigma_1 \qquad \text{式（1-17）}$$

而
$$\sigma_1 = p_o - p_p$$

故
$$p_f = p_p + (1/3 \sim 1/2)(p_o - p_p) \qquad \text{式（1-18）}$$

根据式（1-18）求地层破裂压力梯度：

$$G_f = \frac{p_f}{D} = \frac{p_p}{D} + \frac{(1/3 \sim 1/2)(p_o - p_p)}{D} \qquad \text{式（1-19）}$$

式中，G_f——井深 D 处的地层破裂压力梯度，MPa/m；

p_f——井深 D 处的地层破裂压力，MPa/m；

p_p——井深 D 处的地层压力，MPa/m；

p_o——井深 D 处的上覆岩层压力，MPa/m；

D——井深，m。

（二）Mathews&Kelly 法

Mathews&Kelly 法是选择最小破裂压力等于地层压力，最大破裂压力等于上覆岩层压力。如果实际破裂压力大于地层压力，则认为是由于克服骨架应力所致。骨架应力的大小与地层压实程度有关，并非固定为 $(1/3 \sim 1/2)\sigma_1$。地层压得越实，水平骨架应力越大。根据地层破裂压力与地层压力和骨架应力之间的关系，则有：

$$G_f = \frac{p_p}{D} + K_i \frac{\sigma}{D} \qquad \text{式（1-20）}$$

式中，K_i——骨架应力系数，无因次；

σ——骨架应力，MPa。

骨架应力系数 K_i 是根据不同地区的地层破裂压力的经验数据代入式（1-20）得出的。K_i 是井深的函数，与岩性有关，通常泥质含量高的砂岩比一般砂岩的应力系数要高。在正常地层压力情况下，K_i 随井深增加而增加。如遇异常高压，地层的压实程度降低，地层压力增大，则 K_i 减小。

（三）Eaton 法

这种方法把上覆岩层压力梯度作为一个变量来考虑，并且把泊松比也作为一个变量引入地层破裂压力梯度的计算之中。一般来说，在一个弹性体的极限之内，它在纵向压力的作用下将产生横向和纵向应变。横向应变和纵向应变之间的比值被定义为泊松比。把岩石作为弹性体考虑，那么泊松比就反映了岩石本身的特性。然而伊顿的泊松比不是作为岩石本身特性的函数，而是作为区域应力场的函数来考虑。于是，伊顿的泊松比即为水平应力与垂直应力的比值。

如果上覆地层仅作为压力源，并且由于岩石周围受水平方向的约束而不发生水平应变，所以可导出水平应力和垂直应力之间的关系，即：

$$\sigma_h = \frac{\mu}{1-\mu}\sigma \qquad\qquad 式（1-21）$$

式中，σ_h——水平应力，MPa；

σ——垂直应力，MPa；

μ——岩石的泊松比。

将式（1-21）引入地层破裂压力梯度计算公式（1-20）从而扩充得到：

$$G_f = \frac{P_p}{D} + \frac{\mu}{1-\mu}\frac{\sigma}{D} \qquad\qquad 式（1-21）$$

通过研究发现，由于上覆岩层压力梯度的变化，岩石的泊松比随深度呈非线性变化。在破裂压力的计算中，上覆岩层压力起着重要作用，若能求得上覆岩层压力梯度的准确增量，可提高破裂压力的计算精度。

第二节 岩石的工程力学性质

岩石是钻井的主要工作对象。在钻成井眼的过程中，一方面要提高破碎岩石的效率，另一方面要保证井壁岩层稳定，这些都取决于对岩石的工程力学性质的认识和了解。

一、岩石的机械性质

（一）沉积岩

石油及天然气钻井中，遇到的主要是沉积岩。

岩石是造岩矿物颗粒的结合体，最主要的造岩矿物分为 8 类，共 20 余种。岩石的性质在很大程度上取决于造岩矿物的性质，岩石的结构和构造对岩石的力学性质也有重要影响。

岩石的结构是说明小块岩石的组织特征的，主要指岩石晶体的结构和胶结物的结构。从这方面看，沉积岩可分为结晶沉积岩和碎屑沉积岩两大类。结晶沉积岩是盐类物质从水溶液中沉淀或在地壳中发生化学反应而形成的，包括石灰岩、白云岩、石膏等。碎屑沉积岩则是由岩石碎屑经沉积、压缩及流经沉积物的溶液中沉淀出的胶结物的胶结作用而形成的，包括砂岩、泥岩、砾岩等，胶结物通常有硅质、石灰质、铁质和黏土质几种。

岩石的构造是指岩石在大范围内的结构特征，对沉积岩主要包括层理和页理。层理是指沉积岩在垂直方向上岩石成分和结构的变化，它主要表现为不同成分的岩石颗粒在垂直方向上交替变化沉积，岩石颗粒大小在垂直方向上有规律的变化，某些岩石颗粒按一定方向的定向排列等。页理是指岩石沿平行平面分裂为薄片的能力，它与岩石的显微结构有关。页理面常不与层理面一致。

与钻井工程有关的岩石物理性质还有岩石的孔隙度和密度。岩石的孔隙度 Φ 为岩石中孔隙的体积与岩石体积的比值。

（二）岩石的弹性

物体在外力作用下产生变形，外力撤除以后，变形随之消失，物体恢复到原来的形状和体积的变形称为弹性变形；当外力撤除后，变形不能消失的称为塑性变形。产生弹性变形的物体在变形阶段，应力与应变的关系服从胡克定律：

$$\sigma = E_{\varepsilon} \hspace{4cm} \text{式 (1-22)}$$

式中，σ——应力；

ε——应变；

E——弹性模量。

物体在弹性变形阶段，在一个方向上的应力除产生物体在此方向的应变外，还会引起物体在与此方向垂直的其他方向的应变。

物体在弹性变形阶段，剪切变形同样也服从胡克定律，即：

$$\tau = G\gamma \qquad\qquad 式（1-23）$$

式中，τ——剪应力；

　　γ——剪应变；

　　G——切变模量（或剪切弹性模量）。

对于同一材料，三个弹性常数 E，G 和 μ 之间有如下的关系：

$$G = \frac{E}{2(1+\mu)} \qquad\qquad 式（1-24）$$

对于岩石，特别是对于沉积岩而言，由于矿物组成、结构等方面的特点，岩石与理想的弹性材料相比有很大的差别，但仍可以测出岩石的有关弹性常数，以满足工程和施工的需要。组成岩石的矿物，在单独存在时的受力-变形特性一般都服从胡克定律。

（三）岩石的强度

1. 岩石强度的概念

岩石在一定条件下受外力的作用而达到破坏时的应力，被称为岩石在这种条件下的强度。岩石的强度是岩石的机械性质，是岩石在一定条件下抵抗外力破坏的能力。强度的单位是 MPa。

岩石强度的大小取决于岩石的内聚力和岩石颗粒间的内摩擦力，岩石的内聚力表现为矿物晶体或碎屑间的相互作用力，或是矿物颗粒与胶结物之间的连接力，岩石的内摩擦力是颗粒之间的原始接触状态即将被破坏而要产生位移时的摩擦阻力，岩石内摩擦力产生岩石破碎时的附加阻力，且随应力状态而变化。坚固岩石和塑性岩石的强度主要取决于岩石的内聚力和内摩擦力；松散岩石的强度主要取决于内摩擦力。

影响岩石强度的因素可以分为自然因素和工艺技术因素两类。

自然因素方面包括岩石的矿物成分（对沉积岩而言还包括胶结物的成分和比例）、矿物颗粒的大小、岩石的密度和孔隙度。同种岩石的孔隙度增加，密度降低，岩石的强度也随之降低，反之亦然。一般情况下，岩石的孔隙度随着岩石的埋藏深度的增加而减小；因此，岩石的强度一般情况下随着埋藏深度的增加而增加。由于沉积岩存在层理，岩石的强度有明显的异向性。岩石的结构及缺陷也对岩石的强度有影响。

工艺技术因素方面包括：岩石的受载方式不同，相同岩石的强度不同；岩石的应力状态不同，相同岩石的强度差别也很大；此外，还有外载作用的速度、液体介质性质等。

2. 简单应力条件下岩石的强度

简单应力条件下岩石的强度指岩石在单一的外载作用下的强度，包括单轴抗压强度、单轴抗拉强度、抗剪强度及抗弯强度。大量的实验结果表明，简单应力条件下岩石的强度有如下规律：

在简单应力条件下，对同一岩石，加载方式不同，岩石的强度也不同。一般来说，岩石的强度有以下顺序关系：

$$抗拉<抗弯 \leqslant 抗剪<抗压$$

如果以抗压强度为1，则其余加载方式下的强度与抗压强度的比例关系见表1-1。

表1-1 岩石各种强度间的比例关系

岩石	抗压强度	抗拉强度	抗弯强度	抗剪强度
花岗岩	1	0.02~0.04	0.03	0.09
砂岩	1	0.02~0.05	0.06~0.20	0.10~0.12
石灰岩	1	0.04~0.10	0.08~0.10	0.15

岩石的抗压强度虽不能直接用于石油钻井的井下条件，但目前仍在许多情况下将它作为钻头选型的参考。

3. 复杂应力条件下岩石的强度

在实际条件下，岩石埋藏在地下，受到各向压缩作用，岩石处于复杂的而不是单一和简单应力状态，研究在这种复杂的多向应力作用下的岩石的强度，更有着重要的实际意义。

①三轴岩石试验方法。三轴应力试验是在复杂应力状态下定量测试岩石机械性质的可靠方法。最常见的一种称为常规三轴试验，是将圆柱状的岩样置于一个高压容器中，首先用液压使其四周处于均匀压缩的应力状态，然后保持此压力不变，对岩样进行纵向加载，直到破坏，试验过程中记录下纵向的应力和应变关系曲线。三轴试验可以进行三轴压缩试验，也可以进行三轴拉伸试验。

②三轴应力条件下岩石的强度变化特点。岩石在三轴应力条件下强度明显增加。

对于所有岩石，当围压增加时强度均增大，但所增加的幅度对于不同类型的岩石是不一样的。一般说来，压力对砂岩、花岗岩强度的影响要比对石灰岩、大理岩大。此外，压力对强度的影响程度并不是在所有压力范围内都是一样的，在开始增大围压时，岩石的强度增加比较明显，再继续增加围压时，相应的强度增量就变得越来越小，最后当压力很高时，有些岩石（例如石灰岩）的强度便趋于常量。

（四）岩石的脆性和塑性

在如图1-1的装置上对岩石进行压入破碎实验。试验是用平底圆柱压头（见图1-2）

加载并压入岩石，压入过程中记录下载荷与吃入深度的相关曲线。

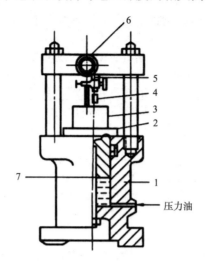

注：1—液缸缸体；2—液缸柱塞；3—岩样；4—压头；5—压力机上压板；6—千分表；7—柱塞导向杆

图 1-1　实验岩石硬度的装置

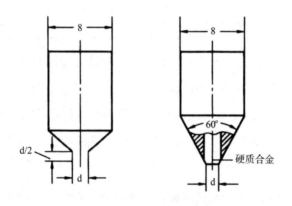

图 1-2　平底圆柱压头

岩石在外力作用下产生变形直至破坏的过程是不同的。一种情况是在外力作用下，岩石只改变其形状和大小而不破坏自身的连续性。这种情况称为塑性的；另一种情况是岩石在外力作用下，直至破碎而无明显的形状改变，这种情况称为脆性的。岩石的塑性是岩石吸收残余形变或吸收岩石未破碎前不可逆形变的机械能量的特性；岩石的脆性是反映岩石破碎前不可逆形变中没有明显地吸收机械能量，即没有明显的塑性变形的特性。

在三轴应力条件下，岩石机械性质的一个显著变化的特点就是随着围压的增大，岩石表现出从脆性向塑性的转变，并且围压越大，岩石破坏前所呈现的塑性也越大。

岩石在高围压下的塑性性质可以从应力-应变曲线看出来。一般认为，当岩石的总应变量达到3%~5%时，就可以说该岩石已开始具有塑性性质或已实现了脆性向塑性的转变。表 1-2 中列出了几种岩石在室温下破坏前所达到的应变量。可以看出，除了 Oil Creek

石英砂岩在 200 MPa 围压范围内始终保持着脆性破坏以外，其余几种岩石在 100 MPa 以上均具有明显的塑性性质，只不过塑性的程度有所差别而已。

表 1-2　岩石在围压下的塑性变形

岩　　石		在下列围压下破坏前的应变量/%	
		p = 100 MPa	p = 200 MPa
Oil Creek	石英砂岩	2.9	3.8
Hasmark	白云岩	7.3	13.0
Blain	硬石膏	7.0	22.3
Yule	大理岩	22.0	28.8
Barns	砂岩	25.8	25.9
Marianna	石灰岩	29.1	27.2
Muddy	页岩	15.0	25.0
Rocksalt	盐岩	28.8	27.5

对深井钻井而言，认识并了解岩石从脆性向塑性的转变压力（或称临界压力）具有重要的实际意义。因为脆性破坏和塑性破坏是两种本质上完全不同的破坏方式，破坏这两类岩石要应用不同的破碎工具（不同结构类型的钻头），采用不同的破碎方式（冲击、压碎、挤压、剪切或切削、磨削等），以及不同的破碎参数的合理组合，才能取得较好的破岩效果。

由此可见，了解各类岩石的塑性及脆性性质以及临界压力，是设计、选择和使用钻头的重要依据。

（五）岩石的硬度

岩石的硬度是岩石抵抗其他物体表面压入或侵入的能力。

硬度与抗压强度有联系，但又有很大区别。硬度只是固体表面的局部对另一物体压入或侵入时的阻力，而抗压强度则是固体抵抗固体整体破坏时的阻力。因而不能把岩石的抗压强度作为硬度的指标，应区分组成岩石的矿物颗粒的硬度和岩石的组合硬度，前者对钻进过程中工具的磨损起重大影响，而后者对钻进时岩石破碎速度起重大影响。

岩石及矿物硬度的测量与表示方法有很多种，这里仅介绍石油钻井中常用的两种。

1. 摩氏硬度

这是一种流行的、简单的方法，它表示了岩石或其他材料的相对硬度。测量方法是用两种材料互相刻划，在表面留下擦痕者则硬度较低。用 10 种矿物为代表，作为摩氏硬度的标准，依次是滑石（1 度）、石膏（2 度）、方解石（3 度）、萤石（4 度）、磷灰石（5 度）、长石（6 度）、石英（7 度）、黄玉（8 度）、刚玉（9 度）、金刚石（10 度）。

在现场，常采用更简便的方法，用指甲（2.5 度）、铁刀（3.5 度）、普通钢刀（5.5 度）、玻璃（5.5 度）、锯条（6 度）、锉刀（7 度）、硬合金（9 度）等刻划矿物或岩石鉴别其硬度。

岩石中矿物的摩氏硬度是选择破岩工具的重要参考依据，若在岩石中占一定比例的矿物的摩氏硬度达到或接近破岩工具工作部位材料的硬度，则工具磨损很快。

2. 岩石的压入硬度

岩石的压入硬度也称史氏硬度。对于脆性岩石和塑脆性岩石，它们最终都产生了脆性破碎，岩石的硬度为：

$$p_Y = \frac{p}{S} \qquad\qquad 式（1-25）$$

式中，p_Y——岩石的硬度，MPa；

p——产生脆性破碎时压头上的载荷，N；

S——压头的底面积，mm^2。

对塑性岩石，取产生屈服（即从弹性变形开始向塑性变形转化）时的载荷 p_{OY} 代替 p，即：

$$p_Y = \frac{p_{OY}}{S} \qquad\qquad 式（1-26）$$

钻井过程中，破岩工具在井底岩层表面施加载荷，使岩层表面发生局部破碎，岩石的压入硬度在石油钻井的岩石破碎过程中有一定的代表性，它在一定程度上能相对反映钻井时岩石抗破碎的能力。

二、井底压力条件下岩石的机械性质及其影响因素

在石油钻井过程中，特别是在油气井较深时，岩石处于高压和多向压缩条件下，岩石的机械性质发生了很大变化，研究这种条件下岩石的机械性质及其影响因素，对指导钻井工程实践具有重要的意义。

（一）井眼周围地层岩石的受力状况

井眼周围地层岩石受力包括以下几方面：

①上覆岩层压力：覆盖在井眼周围地层岩石以上的压力，它来源于上部岩石的重力。它和岩石内孔隙流体压力的差称为有效上覆岩层压力。

②岩石内孔隙流体的压力。

③水平地应力。水平地应力来自垂直方向上的上覆岩层压力和地质构造力。

垂直方向上的上覆岩层压力是产生一部分水平地应力的来源，如果地层是水平方向同性的，则这部分的水平地应力是水平方向上均匀分布的。

另一部分水平地应力来源于地质构造力，它在水平的两个主方向上一般是不相等的，但都随埋藏深度的增加而线性增大，也就是说，都和有效上覆岩层压力成正比。

（二） 井底各种压力对岩石性能的影响

1. 地应力的影响

无论是垂直的上覆岩层压力或是水平的地应力（均匀的或非均匀的），都会影响井壁岩石的应力状态，从而影响到井壁的稳定。当井壁岩石的最大和最小主应力的差值越大时，问题表现得越严重。如果井内钻井液密度太小，一些软弱岩层就会产生剪切破坏而坍塌或者出现塑性流动使井眼产生缩径。如果井内钻井液密度过大，又会使一些地层造成破裂（压裂）。地层的破裂压力取决于井壁上的应力状态，而这个应力状态又和地应力的大小紧密相关。

2. 液柱压力和孔隙压力的影响

①附加孔隙压力的常规三轴试验结果。在常规三轴实验中，如果岩石是干的或不渗透的，或孔隙度小且孔隙中不存在液体或气体时，增大围压则一方面增大岩石的强度，另一方面也增大岩石的塑性，这两方面的作用统称为各向压缩效应。

如果岩石孔隙中含有流体且具有一定的孔隙压力，这种情况下，孔隙岩石的强度和塑性取决于各向压缩效应，不过当孔隙液体是化学惰性的，岩石的渗透率足以保证液体在孔隙中流通形成一致的压力，且孔隙空间的形状能使孔隙压力全部传给岩石的固体骨架时，各向压缩效应等于外压与内压之差。在三轴试验时，外压指围压，内压指孔隙压力。也就是说，孔隙压力的作用降低了岩石的各向压缩效应。外压与内压之差，称为有效应力。

岩石的屈服强度随着孔隙压力的减小而增大。当围压一定时，只有当孔隙压力相对较小时，岩石才呈现塑性破坏；增大孔隙压力将使岩石由塑性破坏转变为脆性破坏。因此，在考虑页岩井壁的稳定时应对孔隙压力给予足够的重视。相反，在钻井中孔隙压力有助于岩石的破碎，从而提高钻井速度。

②液柱压力的影响。井底的岩石，如属不渗透、无孔隙液体时，则增大钻井液的液柱

压力将增大对岩石的各向压缩效应。其结果必然导致岩石的抗压入强度（或硬度）的增加和塑性的增加，并且在一定的液柱压力下，岩石从脆性破坏转为塑性破坏。这个转变压力，称为脆-塑性转变的临界压力。

随着井的加深或钻井液密度的增大，钻速的下降不仅是由于岩石硬度的增大，而且也由于岩石塑性的增大，特别是由于钻头齿每次与岩石的作用使破碎岩石的体积减小的原因。

许多研究者研究了高压下单齿及微型钻头破岩的问题，认为钻井液液柱压力对钻井速度有明显的影响，表现在随着钻井液液柱压力的增高，单位破岩能量所破碎的岩石体积下降，且钻井液液柱压力对于软而易钻的地层的影响更大。

三、岩石的研磨性

在用机械方法破碎岩石的过程中，钻头和岩石产生连续的或间断的接触和摩擦，在破碎岩石的同时，工具本身也受到岩石的磨损而逐渐变钝，直至损坏。钻头接触岩石部分的材料一般为钢、硬质合金或金刚石，岩石磨损这些材料的能力称为岩石的研磨性。研究岩石的研磨性对于正确地设计和选择使用钻头，延长钻头寿命，提高钻头进尺，提高钻井速度有重要的意义。

对钻井而言，岩石的研磨性表现在对钻头刃部表面的磨损，即研磨性磨损。它是由钻头工作刃与岩石接触过程中产生的微切削、刻划、擦痕等造成的。这种研磨性磨损除了与摩擦处材料的性质有关外，还取决于摩擦的类型和特点、摩擦表面的形状和尺寸（例如，表面的粗糙度）、摩擦面的温度、摩擦体的相对运动速度、摩擦体间的接触应力、磨损产物的性质及其清除情况、参与摩擦的介质等因素。因此，研磨性磨损是十分复杂的问题，是一研究得十分不够的领域。

关于岩石的研磨性，有各种各样的测量方法，至今尚未有一个统一的测定岩石研磨性的方法，许多结果很难进行比较。

四、岩石的可钻性

岩石可钻性是岩石抗破碎的能力。可以理解为在一定钻头规格、类型及钻井工艺条件下岩石抵抗钻头破碎的能力。可钻性的概念，已经把岩石性质由强度、硬度等比较一般性的概念，引向了与钻孔有联系的概念，在实际应用方面占有重要的地位。通常钻头选型、制定生产定额、确定钻头工作参数、预测钻头工作指标等都以岩石可钻性为基础。

岩石可钻性是岩石在钻进过程中显示出的综合性指标。它取决于许多因素，包括岩石自身的物理力学性质以及破碎岩石的工艺技术措施。岩石的物理力学性质主要包括岩石的硬度（或强度）、弹性、脆性、塑性、颗粒度及颗粒的连接性质；工艺技术措施包括破岩工具的结构特点、工具对岩石的作用方式、载荷或力的性质、破岩能量的大小、孔底岩屑的排除情况等。因此，岩石的可钻性与许多因素有关。要找出岩石可钻性与影响因素间的灵敏量关系是比较复杂和困难的，岩石可钻性只能在这种或那种具体破碎方法和工艺规程下，通过试验来确定。

第二章　钻井方法与设备工具

钻井是地质勘探和矿床开发的重要环节。钻好的井对石油、天然气来说是沟通油、气层至地面形成油气生产的唯一通道，也是人们对油、气藏进行观察和施加影响的唯一通道。钻井设备是用于钻井的设备。广义地说，包括用于钻井的成套地面设备、专用的钻井工具和钻井仪表。按功用，分旋转、提升、循环、动力与传动、控制等系统。

第一节　石油钻井方法与工艺

钻井是利用一定的工具和技术在地层中钻出一个井眼的过程。石油工业中常用的井一般是直径为 100~500 mm、井深几百米到几千米的圆柱形井眼。石油钻井是油气田勘探开发的重要手段，钻井工作贯穿油气田勘探开发的始终。钻井的速度和质量直接影响着油气田勘探开发的速度和效益。只有快打井、打好井，才能保证高速度、高水平地勘探开发油气田，高效益地采掘地下油气资源，提高油气田勘探开发的综合经济效益，促进石油工业的高速发展。

一、钻井方法

所谓钻井方法，是指为了在地下岩层中钻出要求的井眼而采用的钻井方法。不同的钻井方法所采用的工具和工艺不同，其主要区别在于如何破碎岩石、怎样取出岩屑以及如何处理钻井液。石油钻井方法主要有顿钻钻井法、旋转钻井法、高压射流钻井法等。

（一）顿钻钻井法

顿钻钻井法又称冲击钻井法，是我国劳动人民发明的一种钻井方法，被誉为我国古代的第五大发明。早在 1041—1053 年，用顿钻法钻小口径井的钻井方法在我国就已发展起来。当时把口径只有碗口大小的井称为"卓筒井"。卓筒意为直立之筒，其井眼很小，直径为 0.15~0.30 m。由于井越来越深，地下淡水不断渗入井筒。为了阻隔淡水的侵入，发明了"木竹"，将其下入井内可以隔绝淡水，类似于现在的套管。为了从小口径的井筒内把岩屑清除出来或汲取井内卤水，又创造出装有底部活门的吞泥筒（扇泥筒），即带有底部单流阀的提捞筒。再是以畜力代替了人力。随着钻井、采卤业的发展，靠人力推动绞盘车的劳动强度越来越大，13世纪，出现了用牛力作为绞盘车的动力。

卓筒井用冲击方式破碎井底岩石，用提捞筒捞出井底已破碎的岩石，用竹质绳索（简称竹索）悬持井内工具，用立轴绞盘车卷绕竹索，向井内下入木制套管以加固井壁，封隔地层淡水。卓筒井地面所用钻井设备是一种利用机械原理，以牲畜作为动力，木杆做井架，木制的碓架和天车为钻机，又以各种形状和规格的"锉"为钻头，钻出井径小、井深大的井的方法。

19世纪中期到20世纪初，是使用钢铁工具和设备，以蒸汽机作为动力进行冲击钻井的近代顿钻阶段，也称机械顿钻阶段。机械顿钻与卓筒井技术一脉相承，是采用中国的原创技术、应用工业社会的成果发展起来的。

顿钻法钻井的工艺过程：绳索悬吊钻头，周期性地将钻头提到一定的高度后再释放，以向下冲击井底并将井底岩石击碎，使井眼向下加深。在不断冲击的同时，向井内注水，使岩屑、泥土混合成泥水浆，当井眼加深了一段距离后，井底堆积的岩屑会阻碍钻头有效击碎井底岩石，这时为了清除岩屑，须将钻头自井内提出，下入提捞筒捞出井内的泥水浆，经过多次提捞后，可基本上将井内的岩屑捞净，使新井底暴露出来，然后继续下入钻头冲击钻进。如此交替进行，直到钻达所要求的深度为止。

顿钻钻井法的钻头和提捞筒都是用绳索下入井内的，所以起下钻费时少，所用设备也很简单。但因为其破碎岩石、取出岩屑的作业都是不连续的，所以钻头功率小，破岩效率低，钻进速度慢，不能进行井内压力控制，且只适用于钻直井。目前，该方法在石油钻井中已经很少采用。

（二）旋转钻井法

旋转钻井法是指在钻进时，钻头接触地层并在其上部钻柱的加压下吃入地层，在钻头旋转的过程中破碎井底岩石，同时，向井内循环钻井液以携带井底岩屑而持续钻进的方法，包括转盘旋转钻井法、顶部驱动旋转钻井法和井底动力钻具旋转钻井法。

1. 转盘旋转钻井法

转盘旋转钻井法是指通过钻台上转盘的旋转带动钻柱、钻头旋转钻进的方法。井架、天车、游车、大钩及绞车组成起升系统，以悬持、提升、下放钻柱。接在水龙头下的方钻杆卡在转盘中，下部承接钻柱、钻头。钻柱是中空的，可通入钻井液（俗称泥浆）。工作时动力机驱动转盘通过方钻杆带动井中的钻柱旋转，从而带动钻头旋转。通过调节由钻铤重量施加到钻头上的压力（即钻压），使钻头以适当的压力压在井底岩石面上，连续旋转破碎岩石。与此同时，动力机也驱动储井泵（俗称泥浆泵）工作，使钻井液经由钻井液罐→钻井泵→地面高压管汇→水龙头→钻柱内孔→钻头→井底→钻柱与井壁的环形空间→高架钻井液槽→钻井液罐，形成循环流动，连续地携带出破碎的岩屑，清洗井底。

结杆代替了顿钻法中的钢丝绳，它不仅能够完成起下钻具的任务，还能够传递扭矩和施加钻压到钻头上，同时，又可提供钻井液的入井通道，从而保证钻头在一定的钻压作用下旋转破岩，变顿钻单纯冲击破碎形式为冲击、挤压、剪切等多种破碎形式，提高了破岩效率，并且在破岩的同时，将井底岩屑清除出来，提高了钻井速度和效益。另外，由于该方法采用一套完整的井口装置，并与套管相配合，故能有效地对井内压力进行控制。目前，这种方法在世界各国被广泛使用。

2. 顶部驱动统转钻井法

顶部驱动钻井法是由顶部驱动装置驱动钻柱，钻头旋转钻进的一种钻井方法。该方法可从井架空间直接旋转钻柱，并沿井架内的专用导轨向下送进，完成旋转钻柱，循环钻井液、接立根、上卸扣和倒划眼等多种钻井操作。

顶部驱动钻井是 20 世纪 80 年代出现的一种钻井技术，被认为是转盘旋转钻井以来旋转钻井方法发生变化最大的钻井方法。顶部驱动钻井装置把钻机动力部分由下边的转盘移到钻机上部的水龙头处，直接驱动钻具旋转钻进。由于该方法取消了方钻杆，无论在钻进过程中还是在起下钻过程中，钻柱都可以保持旋转并循环钻井液，因此，对于各种原因引起的遇卡遇阻事故均可以及时有效地处理。此外，还可以进行立根钻进，大大提高了钻速。

3. 井底动力钻具旋转钻井法

由于转盘旋转钻井法是驱动整个钻柱旋转，用长达数千米的钻柱从地面将扭矩传递到钻头进行破岩，钻柱在井中旋转时不仅会消耗过多的功率，而且可能发生钻杆折断事故。为了克服这些缺点，钻井工作者设想用钻柱不旋转的方法进行钻井，这就出现了井底动力钻具旋转钻井法，简称井底动力钻井法。

井底动力钻井法是把转动钻头的动力由地面移到井下，动力钻具直接接在钻头上。钻进时，整个钻柱是不旋转的，此时钻柱的功能只是给钻头施加一定的钻压、形成钻井液通路和承受井下动力钻具外壳的反扭矩。井底动力钻具的动力是交直流电或交流电，或是由地面钻井泵提供、通过钻柱内孔传递到井下、具有一定动能和压力的钻井液。

目前，用于钻井生产的井底动力钻具有三种，即涡轮钻具、螺杆钻具和电动钻具。

（1）涡轮钻具钻井

涡轮钻具钻井的地面设备和钻井原理与转盘旋转钻井相同，只是其钻头直接由井下的涡轮钻具带动旋转。钻头、涡轮钻具、钻柱、钻井泵组成涡轮钻具钻井的工作系统。工作时，钻井泵将具有一定压力的钻井液经钻柱内孔泵入涡轮钻具中，驱动转子转动，并通过中心轴带动钻头旋转，破碎岩石。流经涡轮钻具的钻井液进入钻头，从钻头水眼喷出，冲击井底，清洗岩屑。

涡轮钻具钻井与转盘旋转钻井相比具有以下优点：其钻柱不转动，故可节约功率，可减小钻柱与井壁的摩擦，使钻杆事故减少，工作寿命延长。由于涡轮钻具钻井在定向造斜过程中的工艺较简单，起下钻次数少，故特别适用于钻定向井和丛式井。我国从20世纪50年代开始使用涡轮钻具钻井，也取得了较好的效果。

涡轮钻具的结构和工作特性决定其转子的转速较高，这就缩短了牙轮钻头的使用寿命。同时，涡轮钻具的止推轴承等部件在高速转动作用下的寿命也较短。因此，在一段时间内涡轮钻具钻井在打直井和深井方面的应用受到限制。

20世纪80年代出现了聚晶金刚石复合片（Polycrystalline Diamond Compact，PDC）钻头以及在PDC钻头基础上发展起来的热稳定聚晶金刚石（Thermal Stable Polycrystalline，TSP）钻头，它们能在高转速和高温下钻井，这给涡轮钻具提供了理想的配套钻头，从而为涡轮钻具的应用开辟了广阔的前景。

随着钻井生产的需要和科学技术的发展，涡轮钻具本身也在不断更新，多节涡轮钻具、低速大扭矩涡轮钻具及带减速器的涡轮钻具等相继问世，在一定程度上推动了涡轮钻具钻井技术的发展。

（2）螺杆钻具钻井

螺杆钻具钻井的过程类似于涡轮钻具钻井。钻头、螺杆钻具、钻柱和钻井泵组成螺杆钻具钻井的工作系统。高压钻井液自钻柱内孔进入螺杆钻具，从螺杆与衬套之间的空间往下挤，依靠其压力迫使螺杆不断旋转，产生扭矩。钻井液连续不断地下挤，螺杆保持旋转，通过万向轴带动钻头破碎岩石。流经螺杆钻具的钻井液进入钻头，从钻头水眼喷出，冲击井底，清洗岩屑。

螺杆钻具的结构简单，工作可靠，小尺寸时能得到较大的扭矩和功率，且可实现与常规钻头相匹配的低转速，其钻头进尺比涡轮钻具高得多，并可在小排量下工作，对钻井液的含沙量要求也不高。另外，可做成小尺寸螺杆钻具，用于小井眼和超深井钻井，并能按照地面钻井泵排出压力的变化控制钻井技术参数。所有这些优点使得螺杆钻具得到了比涡轮钻具更广泛的应用，尤其是用于打定向井、水平井和丛式井，是目前使用最普遍的井下动力钻具。

（3）电动钻具钻井

电动钻具钻井是利用井下电动钻具带动钻头破碎岩石的方法。电动钻具使用一台细长的电动机带动钻头旋转。电缆装在钻杆中，靠钻杆接头中的特殊接头连通。电动钻具钻井时除动力用交流电以外，其他与涡轮钻具和螺杆钻具相同。其优点是电力驱动便于操纵控制；缺点是电机结构复杂，工作条件恶劣，需要特殊的电缆，检查电路故障及换钻头都不方便。

（三）高压射流钻井法

顿钻和旋转钻井方法主要靠钻头破岩，能量传递或转化的最终形式是机械能，能量的有效利用率较低。人们经过不懈的探索试验，成功地研发出高压射流钻井法。此法利用高压、高速射流直接冲击井底，使岩石破碎，并随时由射流流体将破碎的岩屑清除出去，可极大地提高破岩效率，减少能量的损失和浪费。由于钻柱和钻头可以不旋转，不需要给钻头施加钻压，因此，可以减少井下事故的发生；简化工艺过程，甚至可以用软管代替钻杆钻进。

大功率钻井泵提供的大排量、高压钻井液通过钻柱内孔（或软管）进入水力钻头的喷嘴，经过面积较小的喷嘴后以较高的速度冲击井底岩石，破碎岩石，加深井眼。在整个钻井过程中，高压钻井液流体是唯一的能量载体，它不仅冲击破碎井底岩石，还对水力钻头施以足够的静液压力，推动钻头向前运动，既起到送钻的作用，同时，又完成清洗井底、携带岩屑的任务。

高压射流钻井法最突出的优点是：设备简单，合理地利用钻井液作为破岩、送钻、清洗井底的能量载体，不需要经过任何形式的能量转换，从而保证能量传递的方便和高效率，大幅度提高钻进速度。另外，钻柱和钻头不旋转可减少钻柱事故的发生，提高钻头的使用寿命，并给随钻监测和控制带来极大的方便。目前，这种钻井方法已在水平井钻进中取得成功应用。

（四）其他钻井方法

1. 旋冲钻井

旋冲钻井是指在普通旋转钻井钻头上部加装冲击器，在旋转破岩的同时对钻头施加一个高频冲击力，从而实现旋转与冲击联合破岩的钻井技术。该方法在硬地层中钻进，可显著提高机械钻速。

冲击器是一种井底动力机械，一般接在井底钻头或岩心管的上部，依靠高压气体或钻井液推动其活塞和冲锤上下运动，撞击钻头，破碎岩石。液动射流式冲击器依靠高压钻井液推动其活塞和冲锤上下运动，撞击铁砧，并通过滑接套将冲击力传递给钻头，钻头在冲击动载和静压回转的联合作用下破碎岩石。

冲击力不同于静压力，它是一种加载速度极大的动载荷，作用时间极短，岩石中的接触应力瞬时可达最大值并引起应力集中，岩石不易产生塑性变形，表现为脆性增大，易形成大体积破碎，提高钻井速度。

2. 粒子冲击钻井

粒子冲击钻井（Particle Impact Drilling, PID）是指在不改变现有钻井设备和工艺的基础上，将小于总流量5%的钢质粒子（颗粒）通过注入系统注入，并混入高压钻井液中，携带粒子的钻井液通过钻具向下行进，通过特殊设计的粒子冲击钻头的水眼获得加速，使粒子从钻头喷嘴高速喷出，对井底产生强大的冲击力，破碎井底岩石，实现高效破岩、提高钻井速度的一项新的钻井技术。现场试验表明，粒子冲击钻井钻硬地层比常规钻井快3~6倍。

3. 激光钻井

激光钻井从本质上讲就是将能量转换成光子，光子经聚焦成为强光束，可使岩石熔融、蒸发，或将岩石粉碎。具体来讲，就是将激光束聚焦在一个要钻入地层的环形区域上（即待钻井眼直径范围内很小的一部分），形成很高的温度，使要钻入的地层材料熔化、蒸发，强大的热冲击也可使要钻入的岩石材料被击成细粒，而环形区域内熔化材料蒸发产生的强大的压力足以使被击碎的岩石材料升腾到地面上。为了增强热冲击的作用，以使要钻的岩石材料成为细粒并喷出井口，可以向要钻的部位喷射膨胀性能强的液体流。液体射流和激光交替作用在待钻部位，使激光束和液体射流都成为脉冲式的。液体射流所用液体的特性要易于使待钻岩石材料熔化与震碎，有助于井壁的光滑。为了使从已钻成的井眼中排出的岩石材料离开地面设备，在井头可安装转向器，当震碎的岩石材料从井中喷出时，转向器可使其改变方向而易于从井口吹离。

二、钻井工艺

顿钻钻井方法自北宋年间诞生以来得到了不断的发展和完善，到清代，我国已形成了由"相井、开井口、下石圈、抽小眼、刮大口、扇泥、下木竹、锉小口、见功"等配套的钻井工序，即从定井位、安装开钻、下套管直至钻出卤水或油气完井。

旋转钻井方法是现代石油钻井应用最普遍的钻井方法。在我国的石油钻井中，大多数油井都是用转盘旋转钻井法钻出来的，下面以转盘旋转钻井法为基础介绍钻井工艺。

一口油气井从定位开始到最后对生产层进行射孔、试油，直至建成一条永久性的油气流通道要经过许多工艺过程。按顺序可分为三个阶段，即钻前准备阶段、钻进阶段和固井与完井阶段，而每阶段又包括许多具体工艺过程。

（一）钻前准备

在确定好井位之后，开展钻进前的准备工作是非常重要的，这是钻井工程的第一道工序，是钻井工作的基础。钻前准备主要包括：

1. 道路施工

建立通往井场的运输通道，保证钻井设备、器材和原材料的供应。油气田的干道公路宜采用三级公路标准，单井井场道路宜采用四级公路标准。根据油气田地质构造和井位布局确定道路走向。对于钻井作业周期较长或雨季施工的井场道路，路面以能使车辆顺利通行为原则，并预留会车台。通往井场的临时公路可铺垫碎石、钢渣、钻杆排等。

2. 平井场

井场是指陆上打井时为了便于钻井施工而在井口周围平整出来的一片平地。目前，国内钻井现场所用的不同类型钻机需要的井场大小不同。一般情况下，除要求井场能摆放下钻机及动力设备、钻井液固控设备外，井架大门前的长度应保证能进行井架的整体安装与拆卸作业，其宽度应保证能摆下该井设计的全部油层或技术套管（按三层排列计算），并能使卡车倒车。

3. 排污池施工

井场应设置排污池，用于储存钻井过程中产生的污水和固体废弃物。

4. 基础施工

钻井设备不能直接放在地面上，而要放在基础上。基础的作用是保证钻井设备在自重和最大负荷下不下沉，防止钻井设备在运转过程中跳动或移动，使各个设备处在所要求的高度上，以保证正常运转。钻井设备的基础可以是混凝土基础、木方基础，以及条石基础等。

5. 钻井设备的搬迁和安装

钻井设备的搬迁和安装包括井架下放和拆卸、设备装车、设备运输及卸车、绞车及井车链条箱安装、井架安装、井架起升、气动绞车安装、井场电路安装等。

6. 井口准备

井口准备主要包括打导管（即打一孔并下入导管）和钻大小鼠洞。在井口中央掘一圆形井，下入导管，并用水泥砂浆固结。在离井口中心不远处的钻台前侧，钻一深 17~18 m 的浅井洞，下入一根钢管，称为大鼠洞，在钻井过程中用以存放方钻杆和水龙头。另外，在转盘外侧（靠大门一侧）离其中心 1 m 多处，钻另一深 11~12 m 的浅孔，下入一根钢管，称为小鼠洞，在钻进过程中接单根时用以存放单根钻杆。一般情况下，鼠洞可以直接用水射流冲出来。

7. 备足钻井所需要的各种材料

包括钻井工具、器材，如钻杆、钻铤、钻头及钻井泵必要的配件、钻井液、处理剂等。

（二）钻进

钻进是进行钻井生产并取得进尺的唯一手段，是用足够的压力将钻头压到井底岩石上，使钻头牙齿吃入岩石中并旋转以破碎井底岩石的过程。在井底产生岩屑后，流经钻柱内孔和钻头喷嘴的钻井液冲击井底，并随时将井底岩屑清洗、携带到地面，这一过程称为洗井。在转盘钻井的整个钻进过程中，不管钻头是否破碎岩石，钻柱是否在旋转，洗井是始终在进行的，除接单根、起下钻或其他无法循环的特殊情况外，钻井液的循环不能停止，否则将会造成井下事故。

在钻进过程中，随着岩石的破碎，井眼不断加深，因此，钻柱也需要及时接长。钻柱主要由钻杆组成，当井眼加深一根钻杆的长度时，就向钻柱中接入一根钻杆，此过程称为接单根。

由于钻头在井底破碎岩石，钻头会逐渐磨损，当其磨损到一定程度后需要进行更换。这时就必须将全部钻柱从井内起出来，更换新钻头，然后重新将全部钻柱下入井中，这一过程称为起下钻。有时为了处理井下事故、测井斜等，也需要起下钻。

石油钻井中的井较深，在一口井的形成过程中要穿过各种地层，而各地层的特点又不相同，如有的强度高，有的强度低，有的地层中含有油、气、水等流体，有的则含有盐、石膏等成分。要使井眼继续向下加深，保证上部强度低的地层不被井内钻井液压裂，应在已钻出的井眼中下套管固井，将已钻穿的地层与井眼分隔开来，然后在已封固的井眼内下入较小尺寸的钻头继续向下钻出新井段。改变钻头尺寸，开始钻一新的井段的工艺称为开钻。一般情况下，一口井的钻进过程中要有数次开钻。井深和所钻遇地层不同，则开钻次数也不相同。其基本工艺过程有：

1. 第一次开钻（一开）

从地面钻出一个大井眼，下表层套管。

2. 第二次开钻（二开）

在表层套管内用小一些的钻头往下钻进。若地层不复杂，则可直接钻至预定井深完井；若遇到复杂地层，用钻井液难以控制，则要起钻下技术套管（中间套管）。

3. 第三次开钻（三开）

在技术套管内用再小一些的钻头往下钻进。根据地层情况，可一直钻至预定井深，或再下第二、第三层技术套管，进行第四、第五次开钻，直到最后钻完全井，下油层套管，进行固井、完井作业。

（三）固井与完井

当钻穿油气层，达到预定井深时，钻进阶段即告结束，下一步就要进行油井的加固和完成，即所谓的固井与完井。固井是指在已钻成的井眼内下入套管，然后在套管与井眼之间的环形空间内注入水泥浆，将套管和地层固结成一体的工艺过程。只有通过下套管固井，才能防止井眼坍塌，形成永久性的油气通道，并防止地下各层流体互窜，达到开采油气的目的。另外在钻进过程中，为了使钻井工作顺利进行，每次开钻结束后也大多需要进行固井。

如果生产层的岩性比较坚硬，不易坍塌，那么在完钻之后生产层段可不必进行固井，使岩石井壁与井眼保持连通，这称为裸眼完井。

我国各大油田（除四川等石灰岩性生产层的油田外）大多采用完钻后下套管固井的方法。对于下套管固井的井，在油层套管固井完成之后，虽然永久性的油气通道已经建成，但由于下套管固井后将油气层与井眼隔开，使油气无法进入井内，因此，还需要进行最后的完井作业。完井作业包括用特定的方法连通油气层和井筒，用替喷或抽汲等方法诱导油气流进入井筒，然后便可进行采油气生产。

另外，在整个油井的建井过程中还需要进行测井、录井等了解井下情况的工作；井下出现复杂情况或事故时，还要进行事故处理等。

第二节　石油钻井设备

石油钻井的地面配套设备称为钻机。石油钻机是由多种机器设备组成的一套大功率重型联合工作机组，其每一设备和机构都是为针对性地满足钻井过程中某一工艺需要而设置的，全部配套设备的综合功能可以满足完成钻进、接单根、起下钻、循环洗井、下套管、固井、完井及特殊作业和处理井下事故的要求。钻机是众多设备的有机统一体，各部分又有其具体的功用。整套钻井设备主要由起升系统、旋转系统、循环系统、驱动与传动系统、气控系统、井控系统等六大系统和辅助设备（辅助发电设备、辅助起重设备、材料房、值班房、营房等）组成。

目前我国大多数油气井是采用转盘旋转钻井设备打成的，即使有些井是用顶部驱动钻井装置打成的，钻台上也备有转盘，以备不时之需。

一、起升系统

起升系统的功能是下放、悬吊或起升钻柱、套管柱和其他井下设备进出井眼。在整个建井过程中，起升系统一直起到非常重要的作用。起升系统由井架、天车、游动滑车、大绳、大钩及绞车组成。

天车装在井架顶部，游动滑车用大绳吊在天车上。大绳的一端装在绞车滚筒上（叫快绳），另一端固定在井架底座上（叫死绳）。绞车滚筒旋转时缠绕和放开快绳，使游动系统上下起落。游动滑车下边挂有大钩，以悬吊钻具。

（一）井架

1. 用途

支承全部钻柱的重量；起钻时，将起出的立根靠在井架的指梁上。

2. 结构

井架主要由以下六部分组成：

（1）井架本体

多为由型材组成的空间桁架结构。

（2）天车台

用于安置天车和天车架（人字架）。

（3）二层台

包括井架工进行起下操作的工作台和存靠立根的指梁。

（4）钻台

进行钻井操作的工作台，在其上安置有绞车、转盘等设备。

（5）工作梯

攀登井架的扶梯。

（6）底座

在井架的底部，安放在基础上，其上是钻台。

钻井工艺要求井架具有足够的承载能力，以保证能起下一定深度的钻柱和下放一定深度的套管柱。井架应具有足够的工作高度和空间，以及足够的钻台面积。工作高度越高，可以起下立根的长度就越长，可节省时间。井架的天车台与钻台应足够大，以安装天车，并保证起下操作时游动系统畅行无阻；保证钻台上便于布置设备、安放工具、方便工人安全操作，使司钻有良好的视野。

3. 类型

（1）塔形井架

塔形井架是最古老的一种井架结构形式，是截面为正方形或矩形的空间结构。整个井架是由许多单个构件用螺栓连接而成的非整体结构（可拆结构），便于运输。由于它具有很宽的底部基础支持和很大的组合截面惯性矩，因此，其整体稳定性好。

（2）K形井架（开式塔形井架）

K形井架是由截面为矩形、前面敞开（或大部分敞开）的若干段焊接结构用螺栓或销子连接组装成整体的空间结构，其正视外形呈塔状，侧视外形呈直立状。该类井架截面尺寸较小，内部空间较小，整个井架本体分成数段，每段均为焊接的整体结构，便于地面水平组装，可依靠绞车的动力，通过人字架将井架起升到工作位置；搬迁时可拆卸开，分段运输。

（3）A形井架

在结构形式上，A形井架的整个井架由两个等截面的空间杆件结构或管柱式结构的大腿通过天车台和井架上部的附加杆体与二层台连接成"A"字形的空间结构。该类井架可水平分段拆装、整体起升，拆装方便、迅速；井架外形尺寸不受运输条件限制，而且钻台宽敞，操作方便。该类井架在深井钻井中使用较多。

（4）桅形井架

桅形井架外形呈桅杆状，是截面为矩形或三角形的空间杆件整体焊接结构运输。桅形井架工作时向井口方向倾斜，需利用绷绳保持结构的稳定性，以充分发挥其承载能力。桅形井架结构简单轻便，但承载能力小，只用于车装钻机和修井机等，多用于钻浅井。

(二) 天车、游动滑车和钢丝绳

1. 用途

钻井过程中，要起下沉重的管柱，为了减小滚筒所承受的拉力，装设了一套复滑轮系统（即游动系统）。天车相当于定滑轮组，游动滑车相当于动滑轮组。用钢丝绳将天车和游动滑车（简称游车）联系起来便组成了复滑轮系统，可以大大减小绞车在各种钻井作业中的负荷和起升机组发动机应配备的功率。

2. 结构

（1）天车

以大庆 I-130 型钻机配套使用的 TC1-130 型天车为例：6 个滑轮装在两根轴上（两轴的轴心线一致），每根轴上有 3 个轮子，每个轮子里装有两副弹子盘（轴承），两根轴固定在天车底座上。

（2）游动滑车

游动滑车轮数总是比与其配套的天车轮数少一个，但其车轮的尺寸、构造和类型均与天车轮相同。

（3）钢丝绳

现场上一般把游动系统所用的钢丝绳称为大绳。大绳起着传递绞车动力的作用，要求它能承受一定的拉力，而且要柔软、耐磨。钢丝绳是许多根钢丝先拧成股，然后几股围绕着麻芯捻成的。麻芯的作用是储存润滑油以润滑钢丝。

除了滚筒上的钢丝绳外，其他地方也使用不同直径的钢丝绳，如井架绷绳、悬挂吊钳用的钢丝绳，以及从场地向钻台吊钻杆用的动力小绞车上的钢丝绳等。

(三) 大钩

1. 用途

①起下钻时，用大钩上的 U 形耳环挂上吊环、吊卡以起下钻柱；

②钻进时，用大钩吊起水龙头和钻柱；

③固井时，用大钩悬吊套管；

④进行其他作业。

2. 结构

它主要由钩体、钩杆、上筒体、下筒体、提环和提环座等组成。

大钩的钩体、提环和提环座等主承载件均采用特种合金钢材料制成，具有良好的机械性能和较高的承载能力。提环和提环座采用销轴连接，筒体与钩身采用左旋螺纹连接。钩杆与提环座固定在一起，使钩身与筒体可绕钩杆回转或沿钩杆上下运动。筒体内装有内外弹簧，起钻时能使立根松扣后向上弹起。轴承采用推力滚子轴承，筒体上端装有摩擦定位装置。大钩的制动机构可使钩身在360°范围内每隔45°锁住。钩舌装有闭锁装置，水龙头提环挂入后，钩身可自动闭锁，避免水龙头提环脱出。

（四）绞车

钻井绞车不仅是起升系统的设备，而且也是整套钻机的核心设备，是钻机三大工作机之一。

1. 用途

①起下钻柱和下套管；

②钻进时控制钻压，送进钻头；

③利用猫头上卸钻柱丝扣，起吊重物并进行其他辅助工作；

④通过绞车带动转盘（有的不通过绞车带动转盘）；

⑤整体起放井架。

2. 结构

钻井绞车是多用途的起重工作机。绞车的种类繁多，有单轴、双轴、三轴及多轴绞车，也有单滚筒绞车和双滚筒绞车，在速度上还有两速、四速、六速和八速绞车。尽管各类型绞车在结构上差异很大，但都有共同的结构特征。以重型钻井绞车为例，一般由以下七部分组成：

（1）滚筒、滚筒轴总成

绞车的核心部件。

（2）制动机构

包括主刹车和辅助刹车。

（3）猫头和猫头轴总成

用以紧、卸丝扣，起吊重物。

（4）传动系统

引入并分配动力和传递运动，其主要部件是传动轴。

（5）控制系统

包括牙嵌、齿式和气动离合器以及司钻控制台、控制阀件等。

（6）润滑系统

包括黄油润滑、滴油润滑和密封传动，飞溅或强制润滑。

（7）支撑系统

有焊接的框架式支架或密闭箱壳式座架。

二、旋转系统

旋转系统主要包括转盘和水龙头两大部件，其主要作用是在向井内输送钻井液的情况下带动井下钻柱旋转。

（一）转盘

1. 用途

①在不断地往井内送进钻柱的情况下带动井内钻柱旋转，传递扭矩到钻头；

②下套管或起下钻时，转盘承托井内全部管柱的重量；

③在井下动力钻具钻井中，转盘制动钻柱以承受反扭矩。

2. 结构

转盘通过一对锥齿轮副实现减速，使转台获得一定范围内的转速和扭矩，驱动钻具进行钻井作业。

转盘主要由转台装置、主补心装置、输入轴总成、锥齿轮副、上盖、底座等组成。

锥齿轮副采用螺旋锥齿轮，齿轮均由合金钢经热处理制造而成。锥齿轮副的啮合间隙可由主轴承下部和输入轴总成轴承套法兰端的调整垫片来调整。

转台装置是转盘用于输出转速和扭矩的旋转件，主要由大锥齿圈、转台、主轴承及下座圈等组成。大锥齿圈与转台紧密配合装在一起，主轴承采用主辅一体式结构的角接触推力球轴承。下座圈与转台用螺栓连接，可起到支承主轴承下座圈的作用。

输入轴总成是转盘动力的输入部件，为筒式结构，由轴承套、轴承、输入轴及小锥齿轮等组成，输入轴由一个圆柱滚子轴承和一个调心滚子轴承支承在轴承套内。

主补心装置为剖分式结构，其内孔装入补心装置后，可使用四销驱动滚子方补心进行钻井作业。主补心装置与转台、补心装置均用制动块连接。

底座是采用铸焊结构的刚性矩形壳体，其内腔有润滑油池。底座内设有左右两个曲拐式锁紧装置，可将转台在正反两个转向锁住，以适应顶部驱动钻井、动力钻井或特殊钻井作业时承受反扭矩的需要。上盖是用花纹钢板焊接而成的矩形面板，用内六角螺钉固定在底座内。

绞车传过来的动力通过链轮、水平轴和一对锥齿轮传给转台。转台中间放有大方瓦和方补心以带动方钻杆旋转。大方瓦内有锥面，起下钻时放进卡瓦以卡住井内的钻柱。转台下边有一对负荷轴承，用以承受井内钻柱重量；上边有防跳轴承，用以承受钻井过程中向上的冲击力。

（二）水龙头

水龙头是钻机上具有显著专业特点的设备，它集多种功能于一身，既要使钻柱旋转，又要悬吊钻柱，同时，还要循环钻井液。它是连接起升系统、旋转系统和循环系统的枢纽。

1．用途

①悬持旋转着的钻柱，承受大部分乃至全部钻柱的重量；

②通过水龙头可以向转动着的钻柱内输入高压钻井液。

特殊的功用对水龙头的设计、制造和使用提出了很高的要求。在设计、制造时，要使水龙头既能承受较大的负荷，又能在承重的条件下保证所悬吊的钻柱自由旋转，同时，还需要具有良好的密封性能，保证高压钻井液的循环，且具有较长的使用寿命。

2．结构

水龙头主要由固定部分、旋转部分和密封盘根组成。

（1）固定部分

由提环和外壳连接，鹅颈管下连冲管并固定在外壳上，冲管的下端插在中心管中间。

（2）旋转部分

主要是中心管，下接钻柱。中心管和外壳之间有负荷主轴承，主轴承上边有防跳轴承，以防止钻柱跳动时引起中心管跳动。为防止中心管摆动，下边装有扶正轴承。

（3）密封盘根

在转动部分和固定部分之间有空隙，为防止漏钻井液和漏油，在间隙内装有盘根。冲管和中心管之间装有冲管盘根，中心管和外壳之间（上面和下面）装有机油盘根，以防漏机油。

三、顶部驱动钻井装置

顶部驱动钻井装置（Top Drive Drilling System，TDS）主要由水龙头-钻井马达总成、马达支架和导向滑车总成、钻杆上卸扣装置总成等设备组成。

（一）水龙头-钻井马达总成

1．用途

①提供钻柱旋转的动力；

②快速制动钻柱；

③具有水龙头的作用。

2．结构

水龙头-钻井马达总成由水龙头、马达和一级齿轮减速器等组成。电动机传动驱动主轴上端装有气动刹车，用于马达的快速制动。马达轴下伸轴头装有小齿轮，与装在主轴上的大齿轮啮合，主轴下方接钻柱。水龙头主止推轴承装在上齿轮箱内，上齿轮箱固定于整体式水龙头提环上。由主止推轴承支撑的主轴/驱动杆通过一个锥形衬套连接大齿轮。两个齿轮箱体构成齿轮的密封润油室，并支撑钻杆上卸扣装置。

（二）马达支架和导向滑车总成

1．用途

①当马达支架的支点位于排放立根的位置上时，可为起升系统设备运作提供必要的间隙空间；

②用以支撑马达和其他所有附件；

③导轨起导向作用，钻进时，同时承受反扭矩。

2．组成

导向滑车类似于海洋钻机上使用的滑车结构，由导向滑车焊接框架和马达支架两部分组成。

导向滑车焊接框架上装有导向轮。马达支架包括支架与马达壳体总成间的一个支座。整个导向滑车总成沿着导轨与游车导向滑车一起运动。当钻井马达处于排放立根的位置上时，导向滑车则可作为马达的支承梁。导轨装在井架内部，两端用支座固定。

钻井马达总成通过马达壳体上的两支耳轴销与导向滑车相连。马达总成在钻柱上沿导轨上下运动时，耳轴销可使马达总成与导轨保持良好对中。马达自身的重量由马达校正液缸来平衡，该液缸安装在马达齿轮箱和马达支架下横梁之间。钻井时，液缸允许自动找正，当钻具重量减小时，还能维持马达沿垂直轴向不偏移。

（三）钻杆上卸扣装置总成

1. 用途

①为顶部驱动装置提供提放 28 m 长立柱并用马达上卸立柱扣的能力；

②可在井架任意高度卸扣；

③可吊鼠洞中的单根；

④接立根时不需要井架工将大钩拉靠到二层台上。

2. 组成

钻杆上卸扣装置总成包括扭矩扳手、内防喷器（滑动式下防喷阀）和防喷阀启动器、吊环连接器和限扭器、吊环倾斜装置、旋转头总成。

扭矩扳手位于内防喷器下部的保护接头一侧，它的两个液缸连接在扭矩管和下钳头之间，下钳头延伸至保护接头公扣下方。

内防喷器是全尺寸、内开口、球形安全阀式的，带花键的远控上部内防喷器和手动下部内防喷器形成内井控防喷系统，远控上部内防喷器是钻杆上卸扣装置的一部分。上卸扣时，扭矩扳手同远控上部内防喷器的花键啮合产生扭矩。

吊环连接器通过吊环将下部吊卡与主轴相连，主轴穿过齿轮箱（变速箱）壳体，后者又同整体水龙头相接。吊环连接器、承载箍和吊环将提升负荷传给主轴。在没有提升负荷的条件下，主轴可在吊环连接器内转动。吊环连接器可根据起下钻作业的需要随旋转头转动。

吊环倾斜装置上的吊环倾斜臂位于吊环连接器的前部，由空气弹簧启动。钻杆上卸扣装置上的长吊环，在吊环倾斜装置启动器的作用下，可以轻松地摆动提放小鼠洞内的钻杆。

顶部驱动钻井装置旋转头是一个滑动总成，当钻杆上卸扣装置在起钻中随钻柱部件旋转时，它能始终保持液、气路的连通。

第三节　石油钻井工具

一、钻头

钻头是直接破碎岩石并形成井眼的工具，它是影响钻进速度最直接的因素。

为了适应不同的钻井目的、钻进地层和钻进工艺技术的要求，已发展起多种类型的破岩钻头。按照钻切岩石面积及形状的不同，可分为全面钻进钻头、环形钻进的取心钻头以及用于钻水泥塞或钻锥形眼的特种钻头；按照结构特点和破岩机理的不同，又可分为刮刀钻头、牙轮钻头和金刚石钻头三大类。

（一）刮刀钻头

刮刀钻头靠其刀翼在钻压作用下吃入岩石，并在扭矩作用下剪切破岩，属于切削型钻头，适用于松软地层的钻进。刮刀钻头按照刀翼数分为两翼（鱼尾）、三翼和四翼刮刀钻头，最常使用的是三翼刮刀钻头。另外，按照刀翼底刃形状的不同，还分为平底和阶梯式刮刀钻头。

（二）牙轮钻头

牙轮钻头是旋转钻井中使用最广泛的钻头之一。牙轮钻头转动时，具有冲击、压碎和剪切等多种破岩形式，具有牙齿与井底接触面积小、比压高、工作扭矩小等特点，因而牙轮钻头具有很大的使用范围，可用于从软到坚硬的各种地层的钻进。

（三）金刚石钻头

用金刚石做切削刃的钻头称为金刚石钻头。

金刚石钻头属磨铢型钻头，主要依靠坚硬、耐磨的金刚石切削齿来研磨和铣削岩石。它主要适用于坚硬地层钻进。随着制造和使用技术的发展，金刚石钻头已成功应用于中硬甚至更软的地层中钻进。

二、钻柱

钻柱是用各种接头将方钻杆、钻杆和钻铤等部件连接起来所组成的入井管柱。钻具是指地面方钻杆以下至钻头的各部分管柱和工具的总称。钻柱通常指钻头以上的钻具，其主要功用是：

①传递扭矩。通过钻柱将地面动力机的能量传给钻头，使钻头旋转破碎井底岩石，加深井眼。

②施加钻压。依靠钻柱中的钻铤部分在钻井液中的自重对钻头施加钻压，使钻头的工作刃不断吃入地层，破碎岩石。

③输送钻井液。通过钻柱的中心孔将钻井液输送到钻头水眼，钻井液冲洗井底并携带

岩屑由环空返回地面。

④延伸井眼。在钻进中通过不断地增加钻柱长度（接单根）来达到延伸井眼的目的。井眼的深度可用下入井内的钻柱长度量测。

⑤起下钻头。钻头在井下的工作是靠钻柱连接并传递扭矩和压力的。起出已磨损的钻头和下入新钻头都必须由钻柱完成。

⑥特殊作业。如用钻柱挤注水泥、中途测试、处理事故等。

钻柱的上述功用决定了其结构特点。要完成钻井液循环，钻柱必须是中空的；要传递功率，钻柱必须有足够的强度，钻柱各部分均有合适的壁厚。另外，钻柱各部分的具体作用不同，在结构形状和强度上也不尽相同。

（一）方钻杆

方钻杆位于钻柱的最上端，其上部与水龙头连接，下部与钻杆连接。方钻杆的主要作用是传递扭矩和承受钻柱的全部重量。为了循环钻井液和有效地传递扭矩，方钻杆断面制成中空的正方形或六边形。石油钻井大型钻机大都采用四棱方钻杆，而地质勘探小型钻机则采用六棱方钻杆。

由于方钻杆所处的工作条件十分恶劣，要求具有较高的抗拉强度和抗扭强度，所以方钻杆的壁厚比一般钻杆大 3 倍左右，而且用强度较大的优质合金钢制成。国产方钻杆用 D55、D75 号钢或更高级钢制成。API 标准方钻杆用 D 级、E 级或高强度的合金钢 AISI4145 钢制成。

方钻杆两端接头有丝扣以便于连接。在钻进中，方钻杆的上端始终处于转盘面上，为了防止方钻杆在旋转中自动卸扣，方钻杆上端的丝扣为左旋扣（即反扣），下端为正扣。方钻杆的长度一般为 13~16 m，应比钻杆单根长 2~3 m，以防止接单根后方钻杆不能进入转盘面以下。

（二）钻杆概述

1. 钻杆

钻杆是钻柱的基本组成部分，它是由无缝钢管制成的。钻杆工作时位于方钻杆与钻铤之间，其主要作用是传递扭矩和输送钻井液。由于钻杆在工作时处于整个钻柱的中上部，受力不如顶部的方钻杆和下部的钻铤复杂，所以其壁厚比方钻杆和钻铤薄，一般为 9~11 mm。为了减小钻井液在钻杆内的流动阻力，钻杆的内径应比同一尺寸的方钻杆、钻铤大。钻杆两端分别接上一只带粗扣的钻杆接头（合称一副钻杆接头），称为钻杆单根。现场在起下钻作业时，为了提高效率，一般将三根钻杆连接在一起作为一个单元，这一单元称为立根（或立柱）。钻杆管体与接头的连接有两种形式：一种是管体端部都是细公扣，连接一副钻杆接头，称为有细扣钻杆；另一种是管体与接头对焊相接，称为无细扣钻杆或对焊钻杆。

有细扣钻杆已基本被淘汰。目前我国生产或进口的钻杆全部为无细扣钻杆，钻杆的长度一般有 6 m、8 m 和 11 m 三种。较短的钻杆用于小钻机，而长钻杆可节省接单根时间。

为了加强钻杆本体两端同接头连接部分的强度，钻杆两端要加厚。加厚形式有内加厚、外加厚和内外加厚三种。

内加厚钻杆是在两端内壁增加厚度，钻杆的外径是一致的，接头外径也不大。钻柱在内旋转时，接头与井壁的接触减少，磨损也减少，但因内加厚部分的内径比管体内径小，故增加了钻井液循环时的流动阻力。

外加厚钻杆的内径一致，但外径加大。接头的外径比同尺寸内加厚钻杆接头的外径大。钻柱在井内旋转时，接头与井壁的接触增多，易磨损，但循环钻井液的流动阻力小。

内外加厚钻杆是在管端的壁内外同时加厚。

2. 钻杆接头

钻杆接头是钻杆的组成部分，用以连接钻杆。钻杆两端分别装上公、母扣接头。为了便于上卸、加强丝扣强度，接头之间用粗扣连接。

钻杆接头可分为有细扣接头和无细扣对焊接头两种。由于有细扣钻杆已基本不用，因此，下面只讨论无细扣对焊接头。

无细扣对焊钻杆接头一端为粗扣，另一端有台肩，与钻杆端部加厚处对焊在一起。

钻杆接头的外径大于钻杆本体的外径。由于钻杆接头在工作中与井壁接触，易磨损，而且经常上卸丝扣，故要求其具有较高的耐磨性和强度，一般用比钻杆好的高级合金钢制造。

（三）钻铤

钻铤的主要功用是给钻头施加压力并防止井斜，因此其壁厚且粗大，一般为 38 ~ 53 mm，相当于同尺寸钻杆的 4~6 倍；其单位长度质量大，比同尺寸钻杆大 4~5 倍。这样可以增强钻铤的刚度，在加压时可以减小弯曲，防止发生井斜和钻具折断。

钻铤一般由高级合金钢制成，国产钻铤采用 D55 钢，API 钻铤有的采用 AISI4145 铬钼金钢；有的中部采用普通钢，两端焊上优质合金钢。钻铤两端都是粗扣，扣型与钻杆接头相同。大多数钻铤一端为公扣，另一端为母扣，特殊的钻铤为双母扣。以钻铤的外径作为公称尺寸。

（四）钻具组合

钻具的合理配合是确保优质快速安全钻井的重要条件。具体对一口井，钻具尺寸的选择首先取决于钻头尺寸和钻机的提升能力，同时，还要考虑每个地区的特点，如地质条件、井身结构、钻具供应及防斜措施等。

一种尺寸的钻头可以使用两种不同尺寸的钻具，具体的选择要依据实际条件而定。钻具选择的基本原则为：

①由于方钻杆所受扭矩和拉力最大，在供应可能的情况下，应尽量选用大尺寸的方钻杆。

②钻杆是钻柱的主要组成部分，井越深，则钻杆长度越长，重量越大，钻柱上部受到的拉力也就越大，因此，每种尺寸的钻杆都有一定的可下深度。大尺寸钻杆的可下深度小（就钻机提升能力而言），但大尺寸钻杆强度大，钻头水眼大，钻井液流动阻力小，由于环空较小，所以钻井液上返速度较高，有利于泵功率的充分利用。因此，在钻机提升能力允许的条件下，选择大尺寸钻杆是有利的。入井的钻柱组合力求简单，以便于起下钻操作，提高起下钻速度。国内各油田目前大都用 127 mm 钻杆。

③钻铤尺寸一般选用与钻杆接头外径相等或相近的，有时根据防斜措施来选择钻铤的直径。钻铤长度主要根据最大钻压来确定，一般情况下，钻铤的重量应超过最大钻压的 20%~30%，这样可以保证用钻铤施加钻压。胜利油田地区常用 4~5 个立柱的钻铤。

选配好的方钻杆、钻杆和钻铤能否直接组成钻柱还要看是否具备以下条件：尺寸相等、扣型相同、公母相配。如果不符合上述条件，则不能直接相接，而必须使用配合接头。

在钻井工程设计和施工中，所要求和使用的钻具组合都应绘成示意图，并写出完整的钻具组合表示式。

三、井口工具

井口工具是指在起下钻过程中井口所用的工具，主要有大钳、动力大钳、吊卡、吊环、卡瓦、安全卡瓦、提升短节等。

（一）大钳和动力大钳

1. 大钳

大钳也叫吊钳，通常指用手动卡紧机构来上卸钻杆、钻铤丝扣和套管丝扣的专用工具。它用钢丝绳吊在井架上，钢丝绳绕过固定在井架上的滑轮，另一端吊有配重，使吊钳可以上下升降，调节位置，方便使用。

吊钳有两把，即内钳和外钳，靠大门一侧的吊钳称为外钳，靠绞车一侧的吊钳称为内钳。B式吊钳的钳头由五节组成，里面装有钳牙，可以抱咬住钻杆或套管。上卸扣时，内外钳并用，使其产生相对运动，以松扣或紧扣。大钳的钳头可以更换，以满足不同尺寸钻具的需要。

这种大钳是靠人工手动打开或扣紧到要上卸扣的管柱上的，因此，使用大钳是钻进过程中体力劳动最重的一项工作，同时，由于用猫头拉大钳上卸扣，难以准确控制扭矩，容易造成钻具损坏，并难以保证操作人员的安全，因此，发展了动力大钳。

2. 动力大钳

动力大钳根据所用动力的不同分为气动大钳、电动大钳和液动大钳。为满足不同的需要，还制成悬吊式和坐式两种。动力大钳具有动作迅速、准确，卡紧可靠，有足够的上卸扣扭矩等优点，且操作简便、安全，工效高，可大幅度降低钻井工人的劳动强度，是典型的井口机械化设备。

（二）吊卡和吊环

1. 吊卡

吊卡是起下钻和接单根的专用工具。它的内径比钻杆外径略大，但比钻杆接头外径小，工作时可正好卡住钻杆接头，从而可用吊卡提升钻柱或悬吊钻柱。

选择使用吊卡主要有两个条件：①吊卡的口径要与所卡的钻具相配，一般是吊卡口径比钻具外径大 4 mm；②吊卡的负荷强度应大于或等于钻具重量。在符合这两个条件的前提下，应选择操作灵活、安全、质量比较轻的吊卡。

国产吊卡有两种开口方式：侧开双保险式和对开双保险式。目前，现场常用的是侧开双保险式吊卡。它由主体、活页、锁环等零件组成。主体两侧有耳孔，以便吊环置入悬挂吊卡；耳孔侧边开有安全销孔，起下钻时插入安全销可防止吊环滑出；活页可以围绕活页销回转，工作时锁环可将活页锁住，阻止钻具脱出吊卡。

2. 吊环

吊环是悬挂在大钩上，用以悬挂吊卡的专用工具。常用的吊环有单臂式和双臂式两种。

起下钻时，一对吊环被分别置入吊卡两侧的耳孔内，在大钩的带动下起升、悬持或下放吊卡及其卡吊的钻具。选择吊环的主要依据是要有足够的负荷能力。

（三）卡瓦

卡瓦是在井口悬持钻具的专用工具。其外体呈圆锥形，可楔落在转盘的内孔中，而卡瓦内壁合围成圆孔，在起下钻或接单根时，靠内壁上的许多钢牙卡住钻具，防止其落入井内。

不同尺寸的钻具应使用不同的卡瓦。在一定尺寸范围内，可以使用同一卡瓦体，而通过更换卡瓦牙的办法来适应所卡的钻具。

为了免除钻井工人在井口来回搬动近 100 kg 的吊卡或手提卡瓦，加快起下作业，提高工作效率，机械化的动力卡瓦问世。目前，应用于现场的动力卡瓦主要有两种基本类型：一种安装在转盘下部；另一种安装在转盘内部。这两种动力卡瓦都是利用压缩空气进行控制操作的。

（四）安全卡瓦

安全卡瓦对外径无台肩的钻铤在井口用卡瓦悬持时起安全保证作用。它一般卡在卡瓦上部的钻铤上，以防止因卡瓦牙磨损或其他原因造成的卡瓦失灵情况的发生，确保所悬持的钻铤不会滑入井内。

安全卡瓦由若干个卡瓦体通过销孔穿销连接成一体，其两端又通过销孔的销柱与调节丝杠连成一个可调性卡瓦。使用时，将安全卡瓦打开后绕在卡瓦上部的钻铤外围，包合一圈，通过旋紧调节丝杠使整个安全卡瓦牢牢地抱咬住钻铤，使钻铤不会滑落入井，从而起到保证安全的作用。

（五）提升短节

提升短节是一根很短的钻杆，专门用来提升外壁无台肩的钻铤或其他井下管串。井场上最常用的是用于提升钻铤的钻铤提升短节。

（六）液压猫头

液压猫头是石油钻井机械的配套部件，常与吊钳配套使用，用于钻井时钻杆、钻铤、套管等机械化的上卸扣。旋转液压猫头主要由两部分组成，即液压绞盘和支座部分，其中，液压绞盘由液压马达、行星减速器、绞盘头支架、带平衡阀配流器组成，其液压动力源单独配套。液压动力源向液压马达油口供油，通过行星减速器带动绞盘滚筒旋转，从而完成液压猫头的松紧扣作业。

（七）动力小绞车

动力小绞车是在钻井辅助性操作过程中使用的一种设备，它利用电动机或风动马达提供动力，利用滚筒将钻铤、钻杆或其他重物拉上或放下钻台。动力小绞车主要有电动和风动两种。

（八）补心

由于转盘和方钻杆之间有空隙，故需要加入补心工具。补心工具按用途可分为方补心和小补心。方补心是旋转钻井中传递转盘功率、驱动方钻杆旋转的工具。滚子方补心用于与转盘方瓦配合，驱动方钻杆旋转。小补心又称垫叉，用于 88.9 mm、73 mm 等小钻具钻井时可防止吊卡落井。

第四节　石油设备磨损维护与问题检测

一、石油机械设备中的防腐检测技术

在石油开采过程中，受到开采环境、设备维护等因素的影响，石油机械设备常常会出现表皮腐蚀的情况。如果没有对腐蚀的表皮进行及时、有效处理，则极其容易影响机械设备内部功能的正常发挥。因此，为了保障石油机械设备性能的有效发挥，实现其长久运行与使用，防腐检测技术逐渐应用至更广泛的石油机械设备防护中。并且，随着我国科学技术的不断进步，防腐检测技术也得到了质的提升，越发先进的防腐检测技术，不仅有助于处理石油机械设备外部存在的缺陷问题，而且也有利于及时解决问题，减少设备维修产生的费用，从而促进企业经济效益的提升。

由于工程项目建设周期较长，石油机械设备在长时间运行、作业的过程中，极其容易造成设备外部的损伤，出现腐蚀情况，不但影响着工程质量和效率的提升，而且也增加了安全隐患，不利于企业的长久、稳定运行。传统的防腐检测技术虽然能够对石油机械设备进行一定的防腐保护，但随着我国社会的不断发展，对石油机械设备提出了更高的防腐要求，传统的防腐检测技术很难满足现代化需求。因此，技术人员不断研发更加先进、优化的防腐检测技术，并将其应用至石油机械设备防腐之中，从而实现设备的稳定、良好运行，保障企业的长久、高质量发展。

（一）石油机械设备腐蚀的原因及种类

1. 气体腐蚀

在化学工业中，大气中存在的腐蚀气体对石油机械设备的腐蚀是相当严重的。由于化工生产环境相对恶劣，生产空间温度较高，就很容易导致石油机械设备的金属表面与大气中的氧气、二氧化碳等产生化学反应，从而加速设备表面的腐蚀。对于相对潮湿的化工生产环境，也极其容易导致石油机械设备表面的腐蚀。在一些潮湿的环境中，空气中的水蒸气含量较多，在与机械设备表面发生氧化反应后，也容易导致设备受到不同程度的腐蚀。

2. 均匀腐蚀

均匀腐蚀指腐蚀性液体与石油机械设备金属表面接触后，产生化学反应，从而出现腐蚀情况。均匀腐蚀相对其他类型的腐蚀来说，较为常见，危害性相对较小。像电泵机械设施，由于其生产原材料大多为金属材料，这就导致金属表面与腐蚀性液体接触后，出现表皮脱落现象，形成斑驳的设备表面，既影响电泵设备的美观，也会对其功能发挥产生一定的不利影响。

3. 晶间腐蚀

晶间腐蚀指一种机械设备局部腐蚀的情况，造成石油机械设备晶间腐蚀的原因主要在于原材料的特殊性。晶间腐蚀主要发生在不锈钢材料中，对于其他性能的材料腐蚀作用较小。如在化工生产过程中，晶间腐蚀主要存在于不锈钢潜水泵、不锈钢自吸泵等水、电泵设施之中。

而且，需要注意的是，受到晶间腐蚀的材料，其强度、性能等几乎被完全损坏，难以投入后续使用或进行二次利用。

4. 缝隙腐蚀

缝隙腐蚀指石油机械设备缝隙中充满腐蚀性液体，在设备长期使用过程中未被及时发现，导致腐蚀性液体只增不减，最终对设备产生严重的腐蚀。以电泵机械设备为例，其在生产、打造的过程中，需要利用焊接技术将不同部位的材料进行有效结合，从而建造出完整的电泵设备。然而，由于在焊接缝隙的过程中，操作人员的技术水平较低，产生了一些细小的缝隙，这就很容易导致设备在后期使用过程中受到腐蚀性液体的侵蚀。

5. 磨损腐蚀

磨损腐蚀，即是指石油机械设备在使用过程中，受到高速流动的液体的冲刷腐蚀。以潜水电泵为例，潜水电泵在使用过程中，需要将其放置在具有一定深度的水中进行工作、运转。在外部环境和水体特性的双重作用下，水流呈现高速流动的趋势，对潜水电泵不断进行冲刷、磨损，最终使得电泵设备腐蚀程度大大加深。

（二）石油机械设备防腐的重要意义

由于石油机械设备包含种类繁多，其功能、特性也各有不同，因此，以电泵机械设备为例，通过对其防腐理念、措施的研究，了解设备防腐的意义。

1. 提升石油机械设备的使用年限

电泵设备从材料购置、生产完成到投入使用，对其使用年限早已做出了科学的预估和规定。然而，在设备使用过程中，由于受到各种因素的影响，如磨损、腐蚀等，不仅会影响设备的应用效率，而且也会减少设备的使用年限。而在电泵设备使用过程中应用先进的防腐检测技术，一方面，可以及时发现设备存在的腐蚀问题，避免随着时间的流逝出现问题加重的情况；另一方面，能够有效解决电泵设备的腐蚀问题，保证设备的平稳运行与使用。

2. 减少企业成本投入

在对石油资源进行开采的过程中，电泵设备是企业的一项重要成本支出，如果电泵机械设备在使用过程中出现过多腐蚀问题，不仅会影响设备运行效率，制约工程质量的提升，而且也会增加企业设备维修、养护的成本投入，降低企业的经济效益。而通过将防腐检测技术应用于电泵设备管理中，对设备进行及时、有效的养护，不仅能够保障设备功能的正常、有效发挥，而且也减少了存在的安全隐患，有效防范安全事故的发生，从而促进企业安全效益的提升，减少运行成本投入。

（三）石油机械设备中防腐检测技术的应用

1. 选择具有防腐性能的材料

石油机械设备的构成材料影响其受到腐蚀的程度，因此，选取具有防腐性能的材料，对于有效防止机械设备的腐蚀具有十分重大的意义。如上所述，铁质材料容易受到大气中气体的腐蚀，因此，以电泵机械设施为例，在选取材料时，尽量选择不锈钢材料以弱化气体对设备外部的腐蚀作用。在选择材料的过程中，不仅要考虑原材料的腐蚀性，也应当将材料性能等因素纳入考虑范围，从而确保所制造的电泵设施不但能有效防止腐蚀，而且能稳定发挥性能，在延长设备使用年限的同时，保障设备的工作质量和效率。

2. 选择具有防腐性能的涂料

除了要尽量选择防腐材料外，对于不能应用防腐材料的设备，应当用具有防腐性能的涂料对其外部表面进行均匀涂抹，从而隔断设备表面与外界环境的接触，减少外部对于机械设备的腐蚀作用。通常来说，对于由金属材料制造而成的电泵机械设备，可以在其外部应用石油沥青、聚乙烯、熔接环氧树脂等防腐涂料，从而有效阻断电泵设备表面与外界因素，如气体、液体等的接触，减轻设备的腐蚀程度。而且，随着科学技术的不断进步，现阶段市场中的防腐涂料，大多是符合绿色环保标准，对环境造成极其微弱的影响。由此可见，将具有防腐性能的涂料应用于电泵机械设备中，符合我国绿色可持续发展的政策，因此，应用防腐涂料将成为设备防腐的一个主要发展趋势。

3. 加强设备检测

在加强对石油机械设备的防腐过程中，不仅需要提前预防，通过应用防腐材料有效减轻设备的腐蚀程度，而且也应当在机械设备的日常使用中定期检测，及时发现设备出现的腐蚀问题。

需要注意的是，尽管科技的进步促进了防腐材料防腐性能的质的提升，但在设备的使用过程中，由于受到外界环境和内部因素的双重影响，仍然不能完全避免设备的腐蚀问题。因此，需要工作人员对电泵设备进行定期检测，及时发现设备存在的腐蚀问题，并针对不同程度的腐蚀现象，进行对应策略的探讨、研究，从而有效解决电泵机械设备的腐蚀问题，延长其使用年限，减少企业维修成本的投入。

现如今，随着我国社会的飞速发展和科学技术的不断进步，应用于石油机械设备中的防腐检测技术越发朝着科学、完善的现代化方向发展。无论是防腐材料的应用，还是防腐涂料的优化创新，都提升了机械设备的防腐性能。然而，需要注意的是，尽管我国防腐技术已取得了创新性进步，但仍不可避免设备在使用过程中存在的腐蚀问题，因此，还需要企业加强定期检测，注意设备的维修、养护，从而实现石油机械设备的长久、高质量运行和使用。

二、石油钻井电气设备漏电故障自动预警

在石油钻井过程中，破坏石油生产可靠性和停止钻井平台能源供应的主要因素之一，是电气设备发生故障。其中，漏电是电气设备的常见故障，严重威胁着石油钻井的安全生产。然而，传统的事后管理方法不仅耗费资源，而且效率低下。因此，采取事前自动预警的方法，准确快速地预测和定位电气设备的漏电故障，对于提高石油钻井生产的可靠性、快速恢复、优化设备管理等，至关重要。

迄今，石油依然是人类生产生活主要的能源，石油消费市场巨大。与之相对，随着石油资源的枯竭，对石油开采的要求不断提升。石油钻井作业是一个复杂的提取石油的过

程。过程包括钻孔、循环和套管等几个阶段。

在石油钻井的每个阶段，都会存在多种风险，可能导致安全事故、人员伤亡、机械损坏和环境不良影响。其中，电气设备漏电故障是石油钻井作业中较为常见的风险之一，漏电严重的情况会导致一系列的电气事件，对石油生产安全造成威胁，影响石油开采效率。因此，需要在石油钻井过程中，采取多种手段控制电气设备漏电故障风险，尤其要加大对石油钻井电气设备漏电故障的事前预警管理。然而，传统的石油钻井电气设备漏电故障预警方法就所需的人力和设备而言，不仅成本较高，而且效率较低。因此，自动、快速地预测和定位石油钻井电气设备漏电故障，在石油钻井安全生产中具有重要意义。

（一）石油钻井电气设备特点及漏电故障原因

1. 石油钻井电气设备特点

无论是海洋钻井还是陆地钻井，所应用的电气设备都集中在交流异步电动机、电焊机、照明设备和配电系统等。然而，由于钻探环境的不同，海洋钻井和陆地钻井的电气设备有所差异。由于在海洋钻探中，受波浪、潮汐等影响，钻机、绞车等设备必须具有升沉补偿功能，确保在钻探时钻头能始终保持在井底。此外，由于海洋钻探远离后方基地，设备故障造成的损失及修复需要的时间都远远大于陆地，因此，海洋钻探对设备性能、强度、自动化等方面要求更高。比如，海洋钻探设备的耐腐蚀性要求更高；在相同井深条件下，海洋钻探的钻井设备能力通常会比陆地高 20%~25%。此外，考虑到海洋平台的实际环境条件、电气设备的特点及其电力需求。电力设备的连续电力供应很重要，要为消防和紧急疏散装置等专门设备提供连续的电力供应。但是，由于湿度和盐雾等常见的海洋现象，钻井设备的绝缘特性容易受到破坏，从而造成地面故障。因此，为确保低压电力供应，海洋石油平台通常使用计算机系统。

2. 电气设备漏电故障原因

由于气候变化、绝缘缺陷、操作不当、动物活动等原因，石油钻井电气设备可能会发生漏电故障，从而导致电气设备短路，最终影响石油钻井的安全生产。结合工作经验，石油钻井电气设备的常见漏电故障分类如下：

①电缆漏电，包括电缆初期失效、电缆接头失效、电缆终端失效、电缆绝缘失效等导致的漏电故障。

②变压器漏电，包括变压器分接开关故障、变压器套管故障等导致的漏电故障。

③开关漏电，包括钻井平台线路开关故障、电容器组开关拉弧、电容器断电期间的重击穿等导致的漏电故障。

④照明设备漏电，包括照明设备误操作引起的电容器故障、同步合闸控制不成功、照明设备通电触发谐振、照明设备组其他类型故障导致的漏电故障。

⑤交流异步电动机漏电，包括交流异步电动机失效，交流异步电动机无相应响应等导致的漏电故障。

此外，在石油钻井的日常运作中，电气设备设计上的缺陷、电气设备质量不过关、操作者不严格遵守作业规程、没有采取有效的电气设备保护措施以及缺乏针对各种安全风险的有效预防措施，都可能增加电气设备漏电的可能性，并给石油钻井的运作带来安全风险。其中，许多电气设备的漏电故障是暂时性的，可以在不中断供电或中断时间最短的情况下得到解决。但是，还有一些电气设备的漏电故障是持续性的，会导致中断时间更长，需要对漏电故障进行检测定位后才能有效解决。

（二）电气设备漏电故障自动预警方法及系统

1. 石油钻井电气设备漏电故障自动预警方法

在传统的电气设备漏电故障管理中，往往采取的是事后更换或修理出现症状的部件的维护方法。这种方法不仅需要专门的电气人员，而且会造成不等时间的停产。因此，需要一种事前的维护方法。在这方面，通过预测未来发生的事情来维护处于健康状态的系统和组件的能力被称为预测性维护。阻抗法、故障指示器和磁传感器、保护协调和电流分析、电气设备状态估计器等，都能解决石油钻井中的电气设备漏电故障定位和预警问题。然而，这些方法存在一些问题。例如，阻抗法的主要问题是多重响应，要求具有高带宽、高采样率、快速准确的数据同步，因此，结构复杂，采样率要求高；就石油钻井中的电气设备的规模和石油钻井环境而言，使用故障指示器和磁传感器的漏电故障预警是最不经济的方法；在保护协调和电流分析中，高采样率和精确线路参数的复杂性是该方法的缺点；电气设备状态估计器的缺点是需要在网络发生小变化时更新准确且庞大的数据库。因此，需要开发一种更加智能化的、完善的、科学的故障预测和自动预警方法，在本地记录并用于定位故障位置。

近年来，基于数据的方法提高了故障预测模型的准确性，已显示出足够的故障预警能力，在复杂操作、混合故障和强噪声中表现良好。因此，在石油钻井电气设备的管理中，可以使用机器学习工具和模拟数据设计的模型训练来预测漏电故障。众所周知，故障预测是对历史数据的分析和挖掘，以预测系统中是否存在故障。因此，数据识别方法和机器学习算法已成为故障预测的重要方法。这种方法允许通过预测石油钻井电气设备故障漏电并提高石油钻井电气设备的可靠性，来防止漏电故障发生。这种方法基于混合的数学形式，是结合了确定性模型和随机模型，由一个系统的动态故障树模型表示。这里的确定性模型的功能，是在电气设备运行的基础上描述漏电过程，而密度泛函理论则必须模拟电气设备状态随时间的演变。这两个模型与适当的共享数据变量有关，因此它们相互影响，确定性模型的每个变化都会引起随机数的变化，反之亦然。该方法与传统方法的主要区别在于，基于数据的动态可靠性计算将联合作用挖掘到一个过程的随机效应系统中。在前者中，电气设备的压力、温度、振动、位移可能由于正常工作条件而产生，并对电气设备的失效做出巨大贡献；而在后者中，可能列出电气设备的随机失效。因此，能够更有效地描述电气设备漏电故障的动态过程的复杂性。

在这种方法中，漏电故障可以被视为电气设备运行的附加参数，并根据故障点电压进行估算。因此，必须对石油钻井电气设备的真实数据进行分类。这些数据可能包括气象站记录的天气状况以及石油钻井电气设备的故障记录，甚至周期性记录石油钻井电气设备的电压和电流。基于数据的类型，可能存在两种一般情况：第一，使用天气条件和石油钻井电气设备的特征数据预测漏电故障并进行预警；第二，使用石油钻井电气设备周期性记录的电压和电流、负载值等，预测石油钻井电气设备的漏电故障并进行预警。在第二种情况下，石油钻井电气设备的漏电故障又可分为系统故障和非系统故障。其中，系统故障是那些可以通过遵循正确的模式使用网络的记录数据来预测的故障。例如，电动机、变压器、电力绝缘体的漏电故障，就属于系统故障；非系统故障与无法预测的天气条件和人为操作有关。例如，气候变化、动物干扰和操作不当等，都是石油钻井电气设备非系统故障的常见示例。因此，对石油钻井电气设备漏电故障的预测，可以根据定义进行指标区分，并将其作为预测性维护的优先项目引入。

2. 石油钻井电气设备漏电故障自动预警系统

从某种意义上来说，基于数据的故障预测方法的本质，是一种改进的故障判别分类器。石油钻井电气设备漏电故障自动预警，正是基于数据识别方法和机器学习算法，建立一种模糊逻辑的偏好排序模糊技术，以评估和确定石油钻井电气设备漏电故障风险，并对已识别的漏电故障风险进行排序。该方法首先分析影响因素（操作因素、设备相关因素和外部因素）。接下来，对获得的数据进行预处理。之后，使用 Relief F 算法作为特征选择算法，有效地选择模型输入向量。然后，根据故障频率和故障范围对故障进行分类。最后，构建故障预测模型。因此，所设计的石油钻井电气设备漏电故障自动预警系统，采用多边形逼近法对电气设备漏电故障数据点进行预处理，过滤掉对电气设备漏电故障的几何特征影响不大的数据点；将经过多边形逼近法处理过的电气设备漏电故障无因次化，再建立电气设备漏电故障的矢量链，将矢量链和标准故障矢量链库中矢量链比对；根据比较结果得到电气设备工况的判断结果；根据判断结果进行故障预警。

具体来说，该系统通过安装在石油钻井电气设备上的传感器、位于控制中心内的无线服务器和预警装置，进行石油钻井电气设备漏电故障的自动预警。其中，传感器所采集的石油钻井电气设备信号传输至控制终端，然后，控制终端通过井组天线将石油钻井电气设备信号以波的形式传送给无线服务器，无线服务器将石油钻井电气设备信号转化为数字信号并传送给石油钻井电气设备漏电故障预警装置。在构想中，石油钻井电气设备预警装置包括转换单元、比较单元和预警单元。其中，转换单元用于利用石油钻井电气设备信号与时间的变化规律得到石油钻井电气设备数据点图；比较单元用于多边形逼近法对石油钻井电气设备数据点图进行预处理，根据比对结果得到油井工况的判断结果；预警单元用于根据判断结果确定故障预警等级，并在监控终端自动弹出预警信息，利用声音提示或蜂鸣报警进行实时预警。

此外，石油钻井电气设备自动预警系统的准确性，取决于负载模型等一些重要特征和数据，例如，故障电阻、线路参数、故障时间、故障类型、数据分辨率、更新数据、数据量、网络配置和仪表精度等。其中，故障定位是根据传感器获得的故障瞬变信号的大小与传感器与故障点之间的距离呈线性关系。随着传感器与故障位置之间距离的增加，接收的瞬态信号的幅度也会增加。通常在 20 ms 内检测到漏电故障，并在 80 ms 内根据谐波注入策略确定漏电故障位置。该系统可适用于各种故障类型，最大误差是针对 50 Ω 的电阻和 0.8% 的线间误差获得，误差<10%。

三、石油钻探设备磨损原因分析与维护措施

石油钻探设备在使用中容易出现磨损现象，需要做好维护措施，才能及时解决问题，保证石油钻探设备运行的高效、稳定与安全。这样企业生产效率才能实现提升，实现了生产成本的降低，也有力保证了工程质量。本节分析了石油钻探设备磨损的原因，提出了具体可行的维护措施。

钻探设备在石油资源开采中发挥着至关重要的作用，这是因为石油一般深埋于地下，因此在钻探设备上也要应用最先进的技术设备，包括提升系统、循环系统、选钻系统等构成。在地下开采石油的时候，钻探设备将与周围坚硬岩体出现碰撞的情况，这样会让设备难免出现磨损的问题，从而工作效率将受到影响，很大程度上限制了石油企业快速发展的脚步。基于此，要想让石油钻探设备始终保持正常运行状态，就需要将日常养护工作做到位，及时解决磨损的问题，从而实现石油开采效率的大幅度提升，也有效减少了经济成本，为石油企业的长远稳定发展打牢了基础。

（一）石油钻探设备磨损的原因分析

大致而言，石油钻探设备在使用的时候出现的磨损比没有使用时磨损要严重些，文章对石油钻探设备的磨损情况进行了分析，磨损分为无形磨损和有形磨损两方面；有形磨损主要是指物质上面的磨损。不管是有形磨损还是无形磨损，对石油的开采都具有一定的不利因素，从而造成一定的经济损失。为了避免这样的情况，必须把石油钻探设备磨损降到最低。要想在石油开采过程中把钻探设备磨损降到最低，就需要对石油钻探设备磨损进行全方位的解析，采取相关的措施来预防石油钻探设备的磨损，才能保障在石油开采的时候提高工作质量，以确保石油业的可持续发展。

石油钻探设备在开采石油的时候，钻探设备的各个零件都会受到摩擦，钻探设备的表面也会不同程度的磨损，导致开采工作不能顺利进行，如果开采人员不对钻探设备及时进行养护，各个零件就会暴露在空气下，和空气产生氧化反应，这样就会加快钻探设备的老化，这样的情况是钻探设备的磨损的一方面。石油钻探设备在不使用的时候，开采人员需要对设备进行妥善的保管，在保管的时候如果出现问题，没有对钻探设备进行养护处理，长久下去，钻探设备就会出现磨损的现象，导致钻探设备在使用的时候不能发挥其作用，有的钻探设备还因为磨损过度而不能使用，这样的情况是钻探设备磨损的又一方面。

（二）石油钻探设备的维护措施

1. 设备磨损的补偿

钻探设备如果有磨损情况，就会导致钻探设备在使用的时候不能发挥其作用，钻探设备的某些零部件磨损就会影响到石油的开采工作。无形磨损就是钻探设备在使用的时候产生的技术性影响以及会对设备自身造成一定的磨损，这样也会导致钻探设备不能正常的使用。

如果要想降低钻探设备的磨损，可以从下面两方面着手：钻探设备不管是在使用中还是不使用，开采人员都要对钻探设备进行养护，进行润滑处理，在开采中正确使用，才能降低钻探设备的有形磨损。开采人员根据钻探设备的磨损情况进行修补工作。一般情况之下，钻探设备有磨损情况，磨损的部位可以通过开采人员进行修补工作，这就是消除性的有形磨损情况；钻探设备磨损的另一种情况就是开采人员不能修补完成，这就是不可消除性的磨损情况。不可消除性的磨损情况，可以分为：一种是开采人员没有及时进行消除性磨损的修补，长久下去，磨损情况就会变成不可消除性磨损，导致钻探设备不能使用，维修成本费用高昂，开采人员不得不更换钻探设备。另一种情况就是钻探设备的使用年限已经到达上限，这时候就可以直接更换新的钻探设备。有形磨损的补偿，主要目的就是钻探设备能够恢复它的功能，提升工作效率和技术性能，保证石油的顺利开采。

2. 设备保养措施

首先，需要保持钻探设备表面以及滑轨的清洁度，应该随时清理钻探设备表面的杂物。此外，还应该定期检查钻探设备的各个零件以及温度的变化情况，保证温度不得高于70 ℃。温度如果高于70 ℃，立即停止作业，消除钻探设备过热的情况。其次，密封处如果有渗漏油的现象，应该马上停止开采工作，此外，应该按照润滑油的要求对需要进行润滑的零件进行润滑处理，不能出现零件松动的情况。最后，定期对各软管进行检查工作，是不是有干裂、老化的现象，O型密封圈以及组合圈垫是不是出现损坏情况。需要经常检查油箱，随时添加液压油。石油钻探设备是精密的钻探设备，钻探设备构造复杂，技术人员工作在室外，长期地下作业，容易受粉尘等物质的污染，对此钻探设备维护部门必须保证钻探设备的清洁度，需要安排专门的人员进行清洁工作，不能随便清洁而导致钻探设备出现损坏情况，需要按照清洁步骤进行清理，保证钻探设备不会因为污染而造成堵塞。

石油钻探设备使用后也要加强保养与维护：一是放置位置要合理。在石油钻探设备停止工作后，应该根据设备要求进行放置，要避免长时间处于阳光直射下，也要防止其受潮，不能出现淋雨、暴晒和暴寒等情况。二是二次使用前要注意检修，采取"检修预防—定期维护—及时解疑—加强保养"等方式，这样石油钻探设备才能发挥出正常作用，不仅实现了使用寿命的延长，也能保证作业效率的提升。

3. 加强设备安全管理

当前，我国对石油钻探公司的管理相对严格，石油钻探公司的安全管理最主要的就是钻探设备的安全性。因此，石油钻探公司可以采取钻探设备安全的责任制度。首先，明确设备管理部门的职能，制定安全管理相关的规章制度，设备专职管理的岗位制度等。其次，制定相关的安全生产规程以及生产知识，每人一本，加强防护以及自我保护意识，让生产人员从自身思想上认识到安全的重要作用，从源头上避免钻探设备安全事故的发生。对操作不当、擅离职守而造成的设备事故和经济损失，公司根据其造成的损失进行相关的处理，如果构成犯罪的，应该移送公安机关依法处理。最后，操作人员应该熟悉钻探设备的技术性能、结构和发生事故应该采取的相关应对措施，避免因其操作不当而发生安全事故。

4. 提升维护人员素质

石油钻探有很强的技术性，需要专业的技术工作人员以及设备管理人员。因此，应该加强对管理人员和技术人员的培训以及考核，提高他们的管理能力和技术能力。此外，设备管理人员和技术人员培训工作，要坚持推进技术、服务、生产经营的服务宗旨，根据不同的职位，多方面地进行技能和知识的培训，具有针对性、适用性，不断提升管理人员、技术人员的专业知识和岗位技能。

在石油钻探设备出现磨损问题后，将很难在实际作业中发挥出作用，也将影响企业的经济效益。其实对于石油钻探设备来说，应该在出现故障后进行有效的维护，虽然在钻探设备故障初期对作业的影响很大，但是这也需要维护人员提高重视程度，不能置之不理，否则将形成更大的故障。在石油钻探设备使用中出现故障后，如声音较大、较为沉闷和声音存在间断性问题后，必须马上停止设备运行，全方位做出检测，将问题的原因查找出来，便于采取有效的解决措施，这样在石油钻探设备今后运行中才能避免出现类似故障。此外，对维修人员来说也要关注石油钻探设备漏油的问题，这种现象比较常见，通过及时解决故障，可以在一定程度上降低石油钻探设备的磨损程度。

石油钻探设备的养护、维护工作不可缺少，公司应该提升钻探设备的维护工作，培养专业的维护人员。与此同时，要求钻探设备的操作人员必须规范进行设备操作，否则会加快设备的磨损情况，有的钻探设备因为使用时间过长，磨损情况严重，所以有磨损的现象也不奇怪，这样的设备，如果没必要进行维修，应该尽快处理掉，避免发生安全事故，对操作人员生命造成危险。

第三章　钻井液的特性

随着钻探技术的不断发展，钻井液作为岩心钻探的重要手段之一，在提高钻探效率和经济效益上，愈来愈显示出它的重要性。钻井液的选择与使用，将直接影响着钻进效率和钻孔质量，合理的选择和使用好冲洗液、是提高钻探效率的重要手段之一。

第一节　钻井液的流变性

一、流体流动的基本流型

钻井液的流变性是研究钻井液在外力作用下发生流动和变形的特性，钻井液的塑性黏度（Plastic Viscosity）、动切力（Yield Point）、静切力（Gel Strength）、表观黏度（Apparent Viscosity）、触变性（Thixotropy）等都是钻井液流变性常用的主要参数。钻井液流变性对钻速、泵压、排量、岩屑的携带与悬浮、固井质量、井壁稳定等有影响，直接关系到钻井的速度、质量和成本。了解钻井液流变性知识，是维护钻井液性能的基础。

（一）剪切速率和剪切应力

观察江河表面水流的流速分布，靠近河岸的流速小，靠近河中心的流速大。水在河面的流速分布如图 3-1 所示。管道中水的流速分布也是中心处流速最大，越向周围流速越小，流速剖面形状为抛物线状。其立体形状像一个套筒望远镜或拉杆天线。

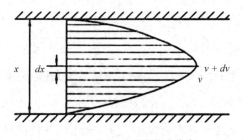

图 3-1　水在河面的流速分布

1. 剪切速率（γ）

流体中垂直于流速方向上各点的流速都不同，如果在垂直于流速方向上取一段无限小的距离 dx，流速由 v 变化到 $v + dv$，则比值 dv/dx 表示在垂直于流速方向上单位距离流速的增量，即剪切速率（或称流速梯度）。液流中各层流速有不同的现象，用剪切速率 γ 来表示。

若剪切速率大，则表示液流中各层之间流速的变化大；反之，流速的变化小。流速的单位为 m/s，距离的单位为 m，所以剪切速率的单位为 s^{-1}。

钻井液在循环过程中，由于在各处的流速不同，因此剪切速率也不相同。流速越大，剪切速率越高，反之则越低。一般情况下，沉沙池处剪切速率最低，为 $10 \sim 20s^{-1}$；环形空间为 $50 \sim 250s^{-1}$；钻杆内为 $100 \sim 1000s^{-1}$；钻头喷嘴处最高，为 $10\,000 \sim 100\,000s^{-1}$。

2. 剪切应力（τ）

液流中各层的流速不同，故层与层之间必然存在着相互作用力，在流速不同的各液层之间会发生内摩擦作用，即出现成对的内摩擦力（剪切力），阻碍液层剪切变形。通常将液体流动时所具有的抵抗剪切变形的物理性质称为液体的黏滞性。

实验证明：作用力 F（相当于内摩擦力）与上平板的前进速度（v）和平板的面积（相当于内摩擦力分布的面积）S 成正比，而与两板间的距离（x）成反比，即：

$$F \propto S\frac{v}{x} \text{ 或 } F = \mu S\frac{v}{x}$$

令 $\tau = F/S$，即单位面积上的剪切力，称为剪切应力，则：

$$\tau = \mu\frac{v}{x} \qquad\qquad \text{式（3-1）}$$

式中，μ——黏滞系数或动力黏度，简称黏度，Pa·s。

若两流层相隔 dx 是接近的，这两层液体的速度差为 dv，则剪切应力 τ 为：

$$\tau = \mu\frac{dv}{dx} = \mu\gamma \qquad\qquad \text{式（3-2）}$$

式中，τ——剪切应力，Pa；

γ——流速梯度（剪切速率），s^{-1}。

在实际应用中，一般用 mPa·s 表示液体的黏度，1 Pa·s = 1000 mPa·s，例如，20 ℃时，水的黏度是 1.0087 mPa·s。

式（3-2）是牛顿内摩擦定律的数学表达式，遵循牛顿内摩擦定律的流体，称为牛顿流体；不遵循牛顿内摩擦定律的流体称为非牛顿流体。大多数钻井液都属于非牛顿流体。

（二）流变模式和流变曲线

剪切应力和剪切速率是流变学中的两个基本概念，钻井液流变性的核心问题就是研究钻井液的剪切应力与剪切速率之间的关系。剪切应力和剪切速率的数学关系式称为流变方程，又称流变模式；剪切应力-剪切速率关系曲线称为流变曲线。

牛顿流体的流变曲线，如图 3-2 中曲线 1 所示，为通过原点的直线。直线的斜率（$\tan\alpha$）代表其黏度，α 越大，μ 越大。

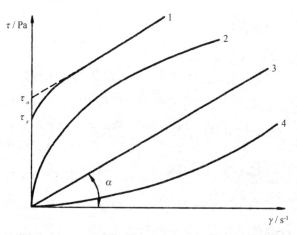

1—牛顿流体；2—假塑性流体；3—塑性流体；4—膨胀流体

图 3-2　4 种基本流体的流变曲线

二、非牛顿流体的基本流型

按照流体流动时剪切速率与剪切应力之间的关系，流体可以分为不同的类型，即所谓流型。除牛顿流型外，根据所测出的流变曲线形状的不同，又可将非牛顿流体的流型归纳为塑性流型、假塑性流型和膨胀流型。它们的流变曲线如图 3-2 所示。

假塑性流体和膨胀流体的流变曲线也通过原点，即施加很小的剪切应力，流体就能发生流动。

（一）塑性流体

一般的钻井液属于塑性流体。从图 3-2 可以看出，塑性流体当 $\gamma = 0$ 时，$\tau \neq 0$。也就是说，施加的力超过一定值的时候才开始流动，这种使流体开始流动的最低剪切应力（τ_s）称为静切应力（又称静切力、切力或凝胶强度）。当剪切应力超过 τ_s 时，在初始阶段剪切应力和剪切速率的关系不是一条直线，表明此时塑性流体还不能均匀地被剪切，黏度随剪切速率增大而降低（图 3-2 中的曲线段）。继续增加剪切应力，当其数值大到一定程度之后，黏度不再随剪切速率增大而发生变化，此时流变曲线变成直线。此直线段的斜率称为塑性黏度μ_p（或 PV）。延长直线段与剪切应力轴相交于一点 τ_o，通常将 τ_o（也可表示为 YP ）称为动切应力（常简称动切力或屈服值）。

塑性黏度和动切力是钻井液的两个重要流变参数。

引入动切力之后，塑性流体流变曲线的直线段即可用直线方程描述为

$$\tau = \tau_o = \mu_p \gamma \qquad \qquad 式（3-3）$$

式中，τ_o——动切力（屈服值），Pa；

μ_p——塑性黏度，Pa·s（或 mPa·s）。

式（3-3）是塑性流体的流变模式，称为宾汉公式，塑性流体也称为宾汉塑性流体。

塑性流体的上述流动特性与它的内部结构有关。一般情况下，钻井液中的黏土颗粒在不同程度上处在一定的絮凝状态，因此，要使钻井液开始流动，就必须施加一定的剪切应力，破坏絮凝时形成的这种连续网架结构。这个力即静切应力，由于它反映了所形成结构的强弱，因此，又将静切应力称为凝胶强度。

（二）假塑性流体

某些钻井液、高分子化合物的水溶液以及乳状液等均属于假塑性流体。其流变曲线是通过原点并凸向剪切应力轴的曲线。这类流体的流动特点是：施加极小的剪切应力就能产生流动，不存在静切应力，它的黏度随剪切应力的增大而降低。

假塑性流体服从幂律公式，即

$$\tau = K\gamma^n (n < 1) \qquad \qquad 式（3-4）$$

式中，K——稠度系数，Pa·s^n（MPa·s^n）；

n——流性指数。

式（3-4）为假塑性流体的流变模式，习惯上称为幂律公式，n 和 K 是假塑性流体的两个重要流变参数。

在中等和较高的剪切速率范围内，幂律公式和宾汉公式均能较好地表示实际钻井液的流动特性，然而在较低剪切速率范围内，幂律公式比宾汉公式更接近实际钻井液的流动特性，采用幂律公式能够比宾汉公式更好地表示钻井液在环空的流变性，并能更准确地预测环空压降和进行有关的水力参数计算。在钻井液设计和现场实际应用中，这两种流变模式往往同时使用。

（三）卡森模式

卡森模式不但在低剪切区和中剪切区有较好的精确度，还可以利用低、中剪切区的测定结果预测高剪切速率下的流变特性。

卡森模式是一个经验式，一般表达式为：

$$\tau^{\frac{1}{2}} = \tau_c^{\frac{1}{2}} + \eta_\infty^{\frac{1}{2}} \gamma^{\frac{1}{2}} \qquad\qquad 式（3-5）$$

式中，τ_c——卡森动切力（或称卡森屈服值），Pa；

η_∞——极限高剪切黏度，Pa·s（或 mPa·s）。

将式（3-5）中每项分别除以 $\gamma^{\frac{1}{2}}$，可得卡森模式的另一表达式，即

$$\eta^{\frac{1}{2}} = \eta_\infty^{\frac{1}{2}} + \tau_c^{\frac{1}{2}} \div \gamma^{\frac{1}{2}} \qquad\qquad 式（3-6）$$

室内和现场试验均表明，卡森模式适用于各种类型的钻井液。该模式的主要特点是：能够近似地描述钻井液在高剪切速率下的流动性。

（四）三参数流变模式

三参数流变模式简称赫-巴模式，又称带动切力（或屈服值）的幂律模式，或修正的幂律模式。其数学表达式为：

$$\tau = \tau_y + K\gamma^n \qquad\qquad 式（3-7）$$

式中，τ_y——表示该模式的动切力；

n，K——其意义与幂律模式相同，是在幂律模式基础上增加了 τ_y 的三参数流变模式。

该模式的引入，在较宽剪切速率范围内比传统模式更为准确地描述钻井液的流变特性。但是由于该模式比传统模式多了一个参数，不如传统模式应用方便，因此，限制了它在现场的广泛应用，但随着计算机技术在钻井液工艺技术中的应用越来越广泛，该模式将会得到更多的应用。

三、流变参数及调控

（一）钻井液的切力和触变性

1. 静切力

钻井液的静切应力又称凝胶强度。凝胶结构的强度和黏土矿物的类型有关，主要取决于单位体积中结构链环的数目（结构密度）和单个链环的强度。其物理意义是钻井液静止时破坏其内部单位面积上的网架结构所需要的剪切力，单位是 Pa。

钻井液中的结构链环数取决于黏土颗粒的含量，黏土颗粒的含量与黏土含量及黏土颗粒的分散度有关。单个链环的强度则取决于黏土颗粒之间的吸力，与黏土颗粒的电位及吸附水化膜等因素有关。

2. 动切力

钻井液的动切力又称屈服值，是钻井液在层流流动时形成结构的能力，其大小是塑性流体流变曲线中的直线段在轴上的截距。

3. 触变性

钻井液的触变性是指搅拌后钻井液变稀（切力下降），静止后钻井液变稠（切力上升）的特性。测量钻井液触变性是将充分搅动后的钻井液静置 1 min（或 10 s）和静置 10 min，分别测量其初切值和终切值，并用初切、终切的差值表示钻井液触变性的大小。

钻井液主要是由黏土和高聚物处理剂组成的分散体系，存在空间网架结构，在剪切作用下（搅动时）结构被破坏后（切力下降），只有颗粒的某些部位相互接触时才能彼此重新黏结起来形成结构（切力上升）。恢复结构所需的时间和最终的胶凝强度（切力）的大小，是触变性的主要特征。

钻井液应具有良好的触变性。钻井液在停止循环时，切力应迅速增大到某个适当的数值，既有利于钻屑和重晶石的悬浮，又不至于恢复循环时开泵泵压过高。

聚合物在黏土颗粒上吸附而形成的网架结构，一般形成速度快，强度又不是很大，类似于较快的弱凝胶。因此，低固相不分散聚合物钻井液的切力和触变性比较容易满足钻井工艺的要求。

（二）钻井液的黏度和剪切稀释特性

1. 钻井液的黏度

现场常用漏斗黏度、塑性黏度、稠度系数、表观黏度来衡量钻井液的流动性。

①漏斗黏度是用一定体积的钻井液（500 mL）从漏斗下端流出所经历的时间来表示钻井液的黏度，单位是 s。该测定方法简单，可直观地反映钻井液黏度的大小。

②塑性黏度（μ_p 或 PV）是塑性流体的性质，它不随剪切速率而变化，反映了在层流情况下，钻井液中网架结构的破坏与恢复处于动平衡时，悬浮的固相颗粒之间、固相颗粒与液相之间以及连续液相内部的内摩擦作用的强弱。

③稠度系数（K）是假塑性流体的性质，其实质也是运动质点之间的内摩擦力。塑性黏度和稠度系数用旋转黏度计来测量。

④表观黏度（μ_a 或 AV）又称有效黏度或视黏度，是指在某一剪切速率下，剪切应力与剪切速率的比值。以塑性流体为例，由宾汉公式可以推出：

$$\mu_a = \frac{\tau_o}{\gamma} + \mu_p \qquad\qquad 式（3-8）$$

由于 τ_o/γ 具有和黏度相同的单位，并且和钻井液层流流动时形成网架结构的能力有关，习惯上称为结构黏度。所以，塑性流体的表观黏度由塑性黏度和结构黏度两部分组成，是流体在流动过程中所表现出的总黏度。

2. 钻井液的剪切稀释特性

由式（3-8）可以看出，对于塑性流体，虽然塑性黏度和动切力不随速度梯度变化，但表观黏度随速度梯度的增大而降低。塑性流体和假塑性流体的表观黏度随着剪切速率的增加而降低的特性称为剪切稀释性。卡森模式用剪切稀释指数 I_m（比黏度）来描述剪切稀释性，比黏度是剪切速率为 1 时的黏度与最小黏度 η_∞ 的比值，即：

$$I_m = \left[1 + \left(\frac{100\tau_e}{\eta_\infty} \right)^{\frac{1}{2}} \right]^2 \qquad\qquad 式（3-9）$$

（三）塑性黏度和动切力的调控

影响塑性黏度的因素主要有钻井液中固相含量、钻井液中黏土的分散程度，及高分子处理剂的使用等。可以通过降低钻井液的固相含量、加水稀释或化学絮凝等方法降低塑性黏度；可以加入黏土、重晶石或混入原油或适当提高 pH 值来提高塑性黏度；也可以通过增加聚合物处理剂的含量提高塑性黏度，同时，可起到提高动切力的作用。

影响动切力的因素主要有黏土矿物的类型和含量、电解质的含量、降黏剂的含量等。降低动切力最有效的方法是加入适量的降黏剂，也可加入清水或稀浆来降低动切力，如果引起动切力增大是因为 Ca^{2+}、Mg^{2+} 污染所致，则应除去这些离子；提高动切力可加入预水化膨润土浆或加入聚合物，对于钙处理钻井液或盐水钻井液，可通过适当增加 Ca^{2+}、Na^+ 的含量来提高动切力。一般来说，非加重钻井液的塑性黏度应控制在 5~12 mPa·s，动切力应控制在 1.4~14.4 Pa。

为了获得良好的剪切稀释性，应将 τ_o/μ_p 控制在 0.36~0.48 Pa/（mPa·s）范围，可以选用 XC 生物聚合物、HEC 和 PHP 等聚合物作为主处理剂，并保持其足够的含量；通过有效地使用固控设备，除去钻井液中的无用固相，降低固体颗粒含量，以达到降低 μ_p、提高 τ_o/μ_p 的目的。在保证钻井液性能稳定的情况下，通过适量加入石灰、石膏、氯化钙和食盐等电解质，来增强体系中固体颗粒形成网架结构的能力，达到提高 τ_o/μ_p 的目的。

(四) 流性指数和稠度系数的调控

钻井液的流性指数反映构成黏度的方式，反映液体非牛顿性的强弱，降低 n 值有利于携带岩屑、清洁井眼，通常要求 n 值控制在 0.4~0.7 的范围内。最常用的方法是：加入 XC 生物聚合物等流性改进剂，或在盐水钻井液中添加预水化膨润土；适当增加无机盐的含量也可起到降低 n 值的效果，但这样往往会对钻井液的稳定性造成一定的影响。通过增加膨润土含量和矿化度来降低 n 值，一般来讲，并不是最好的方法，而应优先考虑选用适合于所用体系的聚合物处理剂来达到降低 n 值的目的。

调控稠度系数的方法和钻井液黏度的调控类似。

四、钻井液流变性与钻井作业的关系

(一) 钻井液流变性与井眼净化

钻井液的主要功用之一就是清洗井底并将岩屑携带到地面上来。钻井液清洗井眼的能力除了取决于循环系统的水力参数外，还与钻井液的性能，特别是流变性有关。根据喷射钻井理论，岩屑清除分为两个过程：一是岩屑被冲离井底；二是岩屑从环形空间被携带到地面。岩屑被冲离井底的问题涉及钻头选型和井底流场的研究，属于钻井工程范畴；而钻井液携带岩屑则是钻井液工艺问题。

1. 层流携带岩屑的原理

钻井液层流流动时，被钻井液携带着的岩屑颗粒随钻井液向上运动的同时，由于重力作用而向下滑落，岩屑颗粒净上升速度取决于流体的上返速度与颗粒自身滑落速度之差，通常将岩屑净上升速度与钻井液上返速度比称作携带比，用来表示井筒的净化效率，即：

$$\frac{v_p}{v_f} = 1 - \frac{v_s}{v_f} \qquad\qquad 式 (3-10)$$

式中，v_p、v_f、v_s——岩屑净上升速度、钻井液上返速度、岩屑滑落速度，m/s。

可见，通过提高钻井液在环空的上返速度和降低岩屑的滑落速度来提高携带比，综合考虑钻井过程中的各种因素，上返速度不能大幅度提高。因此，如何尽量降低岩屑的滑落速度对井眼净化至关重要。岩屑的滑落速度除了与岩屑尺寸、岩屑密度、钻井液密度和流态等因素有关外，还与钻井液的有效黏度成反比。

研究表明，钻井液处于不同流态时，岩屑上升的机理是不相同的。层流时钻井液的流速剖面为一抛物线，中心线处流速最大，两侧流速逐渐降低，而靠近井壁或钻杆壁处的速度为零。片状岩屑在上升过程中各点受力是不均匀的，中心处流速高，作用力大；靠近两侧流速低，作用力小。岩屑受一个力矩作用，使其翻转侧立，向环空间两侧运移。有的岩屑贴在井壁上形成厚的"假泥饼"，有的沿侧壁向下滑落。受两侧向上液流阻力作用，岩屑下滑一定距离后又会进入流速较高的中心部位而向上运移。

岩屑翻转现象对携带岩屑是不利的，不仅延长了岩屑从井底返至地面的时间，而且容易使一些岩屑返不出地面，造成起钻遇卡、下钻遇阻、下钻下不到井底等复杂情况。实验表明，岩屑翻转现象与岩屑的形状有关，当岩屑厚度与其直径之比小于0.3或大于0.8时才会出现，此范围之外的岩屑将会比较顺利地被携带出来。

钻柱转动对层流携带岩屑是有利的，因为钻柱旋转改变了层流时液流的速度分布状况，使靠近钻柱表面的液流速度加大，岩屑以螺旋形上升。此时，岩屑的翻转现象仅出现在靠近井壁的那一侧。

2. 紊流携带岩屑的原理

钻井液在紊流流动时，岩屑不存在翻转和滑落现象，几乎全部都能携带到地面上来，环形空间里的岩屑比较少。

但是，紊流携带岩屑也有缺点，钻井液的上返速度高，泵的排量大，受到泵压和泵功率的限制，特别是当井眼尺寸较大、井较深以及钻井液黏度、切力较高时，更加难以实现；由于沿程压降与流速的平方成正比，功率损失与流速的立方成正比，所以用紊流携岩还会使钻头的水功率（水马力）降低，不利于喷射钻井；紊流时的高流速对井壁冲蚀严重，不能很好地形成泥饼，容易引起易塌地层井壁垮塌。

3. 平板型层流

提高岩屑携带效率的关键在于如何消除上述岩屑翻转现象。解决问题的途径是设法改变这种尖峰型流速分布。研究表明，通过调节钻井液的流变性能，增大 τ_o/μ_p 或减小 n 值，便可使钻井液的流速剖面的尖峰转为平缓。

相对于尖峰型层流和紊流来说，平板型层流可实现环空较低返速而有效地携带岩屑，现场经验表明，在多数情况下，即便是使用低固相钻井液，将环空返速保持在 0.5~0.6 m/s就可满足携带岩屑的要求，既能使泵压保持在合理范围，又能够降低钻井液在钻柱内和环空的压力损失，使水力功率得到充分、合理的利用。解决了低黏度钻井液有效携带岩屑的问题，尽管黏度较低，但只要保证 τ_o/μ_p 较高，使环空液流处于平板型层流状态，一般情况都能实现高效携带岩屑，保持井眼清洁，避免钻井液处于紊流状态对井壁的冲蚀，有利于保持井眼稳定。

一般认为，就有效携带岩屑而言，将钻井液的 τ_o/μ_p 保持在 0.36~0.48 Pa/（mPa·s）

或 n 值保持在 0.4~0.7 是比较适宜的。如果 τ_o/μ_p 过小，则会导致尖峰型层流；如果 τ_o/μ_p 过大，则往往会因 τ_o 值的增大引起泵压显著升高。当 τ_o/μ_p 超过 1 之后，变化十分有限了。n 值变化的影响也是如此。当然，为了减小岩屑的滑落速度，钻井液的有效黏度也不能太低，对于低固相聚合物钻井液，将 μ_p 保持在 6~12 mPa·s，是较为适宜的。

（二）钻井液流变性与井壁稳定

紊流对井壁有较强的冲蚀作用，容易引起易塌地层垮塌，不利于井壁稳定。其原因是紊流流动时液流质点的运动方向是紊乱和无规则的，而且流速高，具有较大的动能。因此钻井液循环时，一般应保持在层流状态，尽量避免出现紊流。

要做到这一点，钻井工程上需要比较准确地计算钻井液在环空的临界返速。临界返速在很大程度上受钻井液的密度、塑性黏度和动切力的影响。随着钻井液密度、塑性黏度和动切力的减小，临界流速明显降低，更容易形成紊流。

因此，在调整钻井液流变参数和确定环空返速时，既要考虑携岩问题，又要考虑到钻井液的流态，使井壁保持稳定。

（三）钻井液流变性与岩屑和加重剂悬浮

在钻进过程中，接单根、设备出现故障或其他原因，钻井液会多次停止循环。此时，要求钻井液体系内岩屑和加重剂悬浮起来，或以很慢的速度下沉，不至于出现沉沙卡钻。钻井液的悬浮能力取决于静切力和触变性。静切力高，钻井液形成空间网架结构的能力强，悬浮能力强，触变性好，循环停止时，钻井液能够很快地达到一定的切力值，有利于悬浮岩屑和加重剂。

（四）钻井液流变性与井内液柱波动压力

所谓井内液柱波动压力（也称压力激动）是指在起下钻和钻进过程中，由于钻柱上下运动、钻井泵开动等原因，使井内液柱压力发生突然变化（升高或降低），产生一个附加压力（正值或负值）的现象。

1. 起下钻时波动压力

钻柱具有一定的体积，钻柱入井或起出时，钻井液向上或向下流动，会产生一个附加压力。下钻时的波动压力为正值，对井内产生挤压作用，易引起井漏等复杂情况；起钻时则为负值，对井内产生抽吸作用，易引起井壁坍塌和井喷等事故。井深 1500 m 时波动压力值可达到 2~13 MPa，井深 5000 m 时可达到 7~8 MPa，因而对此不可忽视。

2. 开泵波动压力

由于钻井液具有触变性，停止循环后，井内钻井液处于静止状态，其中黏土颗粒所形成的空间网架结构强度增大，切力升高，开泵时泵压将超过正常循环时所需要的压力，造成激动压力。开泵时使用的排量越大，激动压力的值会越高。当钻井液开始流动后，结构逐渐被破坏，泵压逐渐下降，随着排量增大，结构的破坏与恢复达到平衡，泵压趋于平稳。

影响波动压力的因素是多方面的，除了起下钻速度、钻头与钻柱的泥包程度、环形空间的间隙、井深以外，与钻井液的黏度、切力密切相关。当其他条件相同时，随着钻井液黏度、切力增大，波动压力会更加严重。因此，一定要控制好钻井液的流变性，起下钻和开泵操作不宜过快过猛，开泵之前最好先活动钻具，特别是钻遇高压地层、易漏失地层或易坍塌地层，以防止因波动压力而引起的各种井下复杂情况。

（五）钻井液流变性与提高钻速

钻井液的流变性是影响机械钻速的一个重要因素。由于钻井液具有剪切稀释作用，在钻头喷嘴处的流速极高，一般在 150 m/s 以上，剪切速率高达 10 000 s^{-1} 以上。在如此高的剪切速率下，紊流流动阻力变得很小，因而液流对井底击力增强，更加容易渗入钻头冲击井底岩石时所形成的微裂缝中，可减小岩屑的压持效应和井底岩石的可钻性，有利于提高钻速。需要指出的是，各种钻井液的剪切稀释性存在着很大差别。试验表明，层流时表观黏度相同的钻井液，在喷嘴处的紊流流动阻力竟可相差 10 倍。如果钻井液塑性黏度高，动塑比小，一般情况下喷嘴处的紊流流动阻力会比较大，就必然降低和减缓钻头对井底的冲击和切削作用，使钻速降低。

如前所述，卡森模式参数 η_∞ 可用来近似表示钻井液在喷嘴处的紊流流动阻力，通过使用剪切稀释性强的优质钻井液，如低固相不分散聚合物钻井液，尽可能降低钻头喷嘴处的紊流流动阻力，是提高机械钻速的一条有效途径。当钻井液的 η_∞ 接近于清水黏度时，可获得最大的机械钻速。

第二节 钻井液的滤失和润滑性

一、钻井液的滤失与造壁性

（一）钻井液的滤失过程

在钻井过程的不同阶段，钻井液滤失情况各不相同，可以分为瞬时滤失、动滤失和静滤失三种情况。

1. 瞬时滤失

从钻头破碎井底岩石形成新井眼的瞬间开始，钻井液中的自由水便向岩石孔隙中渗透，直到钻井液中的固相颗粒及高聚物在井壁上附着开始出现泥饼之前，这段时间的滤失称为瞬时滤失。瞬时滤失时井底岩石表面尚无泥饼形成，所以滤失速率（单位时间内滤失液体的体积）很高，但持续时间短。

2. 动滤失

经过瞬时滤失后，随着滤失的进行，泥饼不断增厚，同时，循环的钻井液对出现的泥饼产生冲刷作用，泥饼的增厚速度与泥饼被冲刷的速度相等时，泥饼厚度不再变化，即达到动态平衡，此过程称为动滤失。动滤失的特点是压差较大，它等于静液柱压力加上环空压力降与地层压力之差，泥饼比较薄，滤失速率逐渐减小，直至稳定在某一值。

3. 静滤失

当起下钻或其他原因停止钻进时，钻井液停止循环，液流对泥饼的冲刷作用消失，随着滤失的进行，泥饼逐渐增厚，滤失速率逐渐减小。在此阶段，因压差较小（等于静液柱压力与地层压力之差），泥饼较厚，故通常滤失速率比动滤失量小。

再次钻进时，钻井液重新循环，滤失过程由静滤失转为动滤失。由于经历一段静滤失，循环的钻井液对静滤失过程形成的泥饼进行冲刷，随着滤失又有泥饼形成，当冲刷泥饼的速度与形成泥饼的速度相等时，再次达到新的动态平衡，这一阶段的动滤失量比前一次要小一些。井内的滤失就是这样交替进行的。

（二）影响钻井液滤失的因素

1. 影响静滤失的因素

钻井液的滤失是一个渗透过程，泥饼作为渗滤介质，其厚度是一个变量，它随静滤失时间的延长而增加。

（1）滤失时间对滤失量的影响

滤失量与渗滤时间的平方根成正比。测量时，通常用 7.5 min 滤失量乘以 2 作为 API 的滤失量。如果不考虑瞬时滤失，绘制出滤失量与渗滤时间平方根的关系是通过原点的直线，但钻井液实验结果表明，绘出的直线并不通过原点，而相交于纵轴上某一点，形成一定的截距。

（2）压差和滤液黏度对滤失量的影响

实际钻井液滤失量不一定与压差成平方根关系。因为钻井液组成不同，滤失时所形成泥饼的压缩性也不相同。随着压差的增大，渗透率减小的程度也有差异，因而滤失量与压差的关系也不同。

在低压差时，不同钻井液所测得的滤失量虽然相近，但在高压差下却可能有较大的差别。在深井和对滤失量要求严格的井段钻进前，要进行高压差滤失实验，以便正确选择配浆黏土和处理剂。

滤液黏度越小，钻井液的滤失量越大。滤液的黏度与有机处理剂的加量有关，有机处理剂如 CMC、PHP 等加量越大，滤液的黏度越大。因此，可以通过提高滤液黏度达到降低滤失量的目的。

油基钻井液滤失液（一般为柴油）的黏度随压力的增加而增加，滤失量随压力增加而减小。

（3）温度对滤失量的影响

温度升高，滤液黏度降低，滤失量增大。随着温度的升高，水分子热运动加剧，黏土颗粒对水分子和处理剂分子的吸附减弱，解吸附的趋势加强，使黏土颗粒聚结和去水化，从而影响泥饼的渗透性，造成滤失量上升。在高温的作用下，钻井液中的某些处理剂会发生不同程度的降解，并且会随着温度升高而加剧，最后失效。温度升高，水的黏度降低，也导致钻井液滤失量增大。

因此，不能用常温下的滤失量来预测较高温度下的滤失量。API 规定了两个滤失量测量标准，API 滤失量是测定钻井液在常温下（0.689±0.035）MPa 压力下，30 min 时间内通过滤失面积为（4580±60）mm^2 的标准滤失量；深井要测量 API 高温高压滤失量（HTHP），即井底实际温度、压差为 3.5 MPa 条件下，30 min 时间的标准滤失量。

（4）固相含量对滤失量的影响

泥饼的质量与钻井液中固相颗粒含量和分散度关系密切。若钻井液中细黏土颗粒多，粗颗粒少，形成的泥饼薄而致密，则钻井液的滤失量小；反之形成的泥饼厚而疏松，则钻井液的滤失量大。根据静滤失方程，钻井液滤失量与固相含量因素的平方根成正比，钻井液中的固相含量越高，泥饼中的固相含量越小，钻井液的滤失量越小。

（5）孔隙度和渗透性对滤失量的影响

岩层的孔隙和裂缝是钻井液滤失的天然通道，不同井位和层位，岩层的孔隙度和渗透率不同，组成和性能相同的钻井液在不同岩层的滤失量也是不同的，所形成的泥饼厚度也不一样。在渗透性大的砂岩、砾岩及裂缝发育的石灰岩井壁会形成较厚的泥饼；而在渗透性小的页岩、泥岩、石灰岩和其他致密岩石的井壁上形成的泥饼较薄，甚至不形成泥饼。由于泥饼的渗透性一般小于岩层的渗透性，岩层的孔隙性和渗透性在滤失初始阶段起重要作用，形成泥饼之后泥饼质量起主要作用。

在滤失过程中，钻井液中的固体颗粒在井壁上的堆积一般形成三个过滤层，即瞬时滤失渗入层，瞬时滤失时细颗粒侵入深度可达 $25 \sim 30mm$；架桥层（也称内泥饼），较粗的颗粒在岩层孔隙内部架桥而减小岩层的孔隙度；井壁表面形成较致密的外泥饼。

影响滤失量的决定因素是泥饼的孔隙度和渗透性。泥饼的渗透性取决于泥饼中固相的种类，固相颗粒的大小、形状和级配，处理剂的种类和含量，以及过滤压差等。通常泥饼厚滤失量大，泥饼薄滤失量小。颗粒尺寸均匀变化时，孔隙度最小，因为较小的颗粒可以充填在较大颗粒的孔隙之间。较大范围颗粒尺寸分布的混合物，其孔隙度比小范围颗粒尺寸分布的混合物要小。小颗粒多要比大颗粒多形成的泥饼孔隙度小。处理剂的种类和加量多少决定着颗粒是分散还是絮凝，以及颗粒四周可压缩性水化膜的厚度，从而影响泥饼的渗透率。

现场实验表明，钻井液中固相颗粒大小与所钻岩层孔隙所需架桥颗粒大小不匹配时，API 滤失实验可能会给出错误的结果，即室内实验结果可能与井下渗透性地层差异较大。

泥饼渗透率还受胶体种类、数量及颗粒尺寸的影响。例如，在淡水里膨润土悬浮液的泥饼具有极低的渗透率，因为黏土颗粒呈扁平片状，这些小薄片能在流动的垂直方向上将孔隙封死。在钻井液中加入沥青，只有当沥青是胶体状态时，才具有控制滤失的效果。如果混入的芳烃含量太高（苯胺点大约低于 $32\,℃$），就没有控制滤失的能力，因为此时沥青变成了真溶液。对于油基钻井液，通过使用乳化剂来形成油包水乳状液，体系中细小且稳定的水滴就像可变形的固相，产生低渗透率泥饼，从而有效地控制滤失量。

钻井液的絮凝使得颗粒间形成网架结构，从而使渗透率增大。在钻井液中添加稀释剂，其反絮凝作用就会使泥饼的渗透率降低。此外，大多数的稀释剂是钠盐，钠离子可以交换黏土晶片上的多价阳离子，使聚结状态转变为分散状态，从而可降低泥饼的渗透率。

2. 影响动滤失的因素

影响动滤失的因素与静滤失相似，不同的是剪切速率和钻井液流态对泥饼和处理剂作用有影响，从而影响动滤失量。

在动滤失条件下，泥饼厚度的增长受到钻井液冲蚀作用的限制。当岩层的表面最初暴露时，滤失速率较高，泥饼增长较快，但随着时间的推移，泥饼的增长速率减小，直到二者相等。此后泥饼厚度将不再发生变化。

静滤失泥饼表面有一松软层，当钻井液黏度较大、环空返速较低时，一些在井内翻转的钻屑会黏附在泥饼表面层上，使泥饼增厚。这种表面松软层的剪切强度很低，在钻井液的冲刷作用下，表面层就会被冲蚀掉。实验研究表明，钻井液动滤失时的泥饼厚度是剪切速率、流态以及泥饼剪切强度的函数。紊流对泥饼有很强的冲蚀作用，与层流时相比，紊流状态下形成的泥饼较薄，滤失量较大。平板型层流靠近井壁处的流速梯度较尖峰型层流大，冲蚀泥饼的力量较尖峰型层流强，因此泥饼也较尖峰型层流薄。尖峰型层流时所形成的泥饼最厚。使用低返速、高黏度的钻井液时，钻柱经常遇到阻卡，这可能是其中的原因之一。

钻井液处理剂的加入对静滤失和动滤失的影响是不同的。用某种处理剂使静滤失达到最小值时，动滤失并不一定达到最小；有些物质（如油类）在降低静滤失的同时，却使动滤失增加。有的处理剂降低静滤失量的能力不强，但能很好地降低动滤失量；有的处理剂降低静滤失量的能力很强，但降低动滤失量的能力却不强；淀粉能使静滤失和动滤失都有效地降低；对某种降滤失剂，动滤失量有一最小值，其加量也应有一最佳值。

处理剂对动滤失和静滤失作用效果不同，主要是液流冲刷作用的影响。如果形成的泥饼抗冲刷能力差，尽管有很好的降静滤失效果，但在钻井液液流的冲刷下，泥饼厚度变薄，降滤失的效果必然变差，甚至会增大；反之，如果形成的泥饼抗冲刷能力强，降低动滤失的效果就明显。

3. 影响瞬时滤失的因素

由于没有泥饼存在，影响瞬时滤失的主要因素是压差、岩层的渗透性、滤液的黏度及钻井液中固相颗粒的含量、尺寸和分布（形成泥饼的速度）。

（三）钻井液滤失性与钻井工作的关系

1. 滤失量过大的危害

滤液进入地层，引起井壁泥页岩吸水膨胀，导致井眼缩径、扩径或井壁坍塌，出现井壁稳定问题；井径扩大或缩小，将会引起卡钻、钻杆折断等事故，缩短钻头、钻具的使用寿命等问题。对于裂隙发育的破碎性地层，滤液渗入岩层的裂隙面，减小了层面间的接触摩擦力，在钻杆的敲击下，碎岩块落入井内，常引起掉块卡钻等井下事故。滤液及钻井液中的细黏土颗粒进入储层（特别是低渗透率和黏土含量高的储层）会引起黏土成分吸水膨胀、形成水锁效应和土锁作用，造成油气层损害，导致储层渗透率下降，降低油气采收率。滤失量大、泥饼过厚，则会减小井的有效直径，钻具与井壁的接触面积增大，从而可能引起各种复杂问题，如起下钻遇阻、旋转扭矩增大以及高的波动压力，功率消耗增加，甚至引起井壁坍塌或造成井漏、井涌等井下复杂事故；厚的泥饼易引起压差卡钻事故，使钻井成本上升；泥饼过厚会造成测井工具、打捞工具不能顺利地下至井底；泥饼过厚，还会影响测试结果的准确性，甚至不能及时发现低压生产层。

2. 对钻井液滤失性能的要求

一般来说，要求钻井液形成的泥饼一定要薄、致密且坚韧；钻井液的滤失量则要控制适当，应根据地层岩石的特点、井深、井身结构等因素来确定，还要考虑钻井液的类型。井浅时可放宽，井深时应从严；钻裸眼时间短时可放宽，钻裸眼时间长须从严；使用不分散性处理剂时可适当放宽，使用分散性处理剂时要从严；钻井液矿化度高者可放宽，钻井液矿化度低者应从严。总之，要从钻井实际出发，以保证井下情况正常为依据，适时测定并及时调整钻井液的滤失量。

对一般地层，API 滤失量应尽量控制在 10 mL 以内，HTHP 滤失量不应超过 20 mL，但有时可适当放宽，某些油基钻井液体系正是通过适当放宽滤失量来提高钻速的。

钻遇易坍塌地层和钻开油气层时，滤失量应严格控制，API 滤失量最好不大于 5 mL，钻开油气层时模拟井底温度的 HTHP 滤失量应小于 15 mL。

尽可能形成薄、坚韧、致密及润滑性好的滤饼，以利于固壁和避免压差卡钻。我国某些油田要求钻开储层时，API 滤失量实验测得的滤饼厚度不得超过 1 mm。

定时对滤失性进行现场测定，正常钻进时，应每 4 h 测一次常规滤失量；对定向井、丛式井、水平井、深井、超深井和复杂井要增测 HTHP 滤失量和泥饼的润滑性，相应地也要提高一些。

在控制总滤失量的同时，使钻井液保持一定的瞬时滤失对于钻头破岩、提高钻井的机械钻速是非常有利的。

3. 钻井液滤失性能的控制与调整

在影响钻井液滤失性的诸因素中，井温和地层的渗透性是无法改变的，其余因素可以通过改善泥饼的质量（渗透性和抗剪切强度）和确定适当的钻井液密度以减少液柱压差、提高滤液黏度、缩短钻井液的浸泡时间、控制钻井液返速和流态等方法来减少钻井液的滤失量；形成薄而坚韧的泥饼，既包括增加泥饼的致密程度，降低其渗透性，又包括增强泥饼的抗剪切能力和润滑性。其主要调整方法是根据钻井液类型、组成以及所钻地层的情况，选用合适的降滤失剂和封堵剂。

获得致密与渗透性小的泥饼的一般方法如下：

①用膨润土配基浆。膨润土颗粒细，呈片状，水化膜厚，能形成致密的泥饼，而且可在固相较少的情况下满足对钻井液滤失性能和流变性能的要求。一般情况下，加入适量的膨润土可以将钻井液的滤失量控制在钻井和完井工艺要求的范围内。膨润土既是常用的配

浆材料，也是控制滤失量和建立良好造壁性的基本材料。

②加入适量纯碱、烧碱或有机分散剂（如煤碱液等），提高黏土颗粒的电位、水化程度和分散度。

③加入 CMC 或其他聚合物以保护黏土颗粒，阻止其聚结，从而有利于提高分散度。同时，CMC 和聚合物分子长链也起堵孔作用，使滤失量降低。

④加入一些极细的胶体颗粒（如腐殖酸钙胶状沉淀）堵塞泥饼孔隙，以使泥饼的渗透性降低，抗剪切力提高。

⑤采用高效成膜水基钻井液。该类水基钻井液在页岩等类似地层的井壁表面形成膜，阻止钻井液滤液进入地层，从而在稳定井壁方面发挥着类似于油基钻井液的作用。

需要指出的是，钻井液滤液矿化度不同，对井壁岩层稳定性的影响也是不同的。与淡水滤液、碱性强的滤液相比较，高矿化度、碱性弱的滤液和含聚合物（如聚丙烯酰胺）的滤液不易引起井壁岩层的膨胀和坍塌。实践证明，即使滤失量大些，使用这类钻井液也要安全得多。因此，对于井壁稳定来说，不仅要注意滤失量的大小，还要考虑滤液的性质及其对井壁稳定造成的影响。

二、钻井液的润滑性能概述

钻井液的润滑性能通常包括泥饼的润滑性能和钻井液本身的润滑性两方面。钻井液和泥饼的摩阻系数是评价钻井液润滑性能的两个主要技术指标。钻井液的润滑性对钻井工作影响很大。特别是钻超深井、大斜度井、水平井和丛式井时，钻柱的旋转阻力和提拉阻力会大幅度提高。钻井液的润滑性对减少卡钻等井下复杂情况，保证安全、快速钻进起着至关重要的作用。

（一）钻井液的润滑性能

钻井液摩阻系数相当于物理学中的摩擦系数，用专用仪器进行测定，空气摩阻系数为 0.5，清水为 0.35，柴油为 0.07，大部分油基钻井液的摩阻系数为 0.08~0.09，各种水基钻井液的摩阻系数为 0.20~0.35，如加有油品或各类润滑剂，则可降到 0.10 以下。

一般来说，普通井钻井液摩阻系数在 0.20 左右可以满足钻井要求，水平井则要求钻井液的摩阻系数应尽可能保持在 0.08~0.10，以保持较好的摩阻控制。除油基钻井液外，其他类型钻井液的润滑性能很难满足水平井钻井的需要，需要改善钻井液的润滑性能。

钻井液润滑性好，可以减少钻头、钻具及其他配件的磨损，延长使用寿命，同时，可以防止黏附卡钻、减少泥包钻头，易于处理井下事故等；钻井液润滑性差，会造成钻具回转阻力增大，起下钻困难，甚至发生黏附卡钻；当钻具回转阻力过大时，会导致钻具振动，从而有可能引起钻具断裂和井壁失稳。

（二）钻井液润滑性的影响因素

1. 钻井作业中摩擦现象的特点

在钻井过程中，根据摩擦副表面润滑情况，摩擦可分为三种情况。

（1）边界摩擦

两接触面间有一层极薄的润滑膜时的摩擦称为边界摩擦。在有钻井液的情况下，钻铤在井眼中的运动属于边界摩擦。

（2）干摩擦

干摩擦又称障碍摩擦，属于无润滑摩擦，如空气钻井中钻具与岩石接触时的摩擦，或在井壁极不规则的情况下，钻具直接与部分井壁岩石接触时的摩擦。

（3）流体摩擦

两个相对运动的接触面之间存在流体，由两接触面间流体的黏滞性引起的摩擦称为流体摩擦。在钻进过程中，钻具与井壁不直接接触，间隙中有钻井液存在时的摩擦就是流体摩擦。

在钻进过程中的摩擦是混合摩擦，即部分接触面为边界摩擦，部分为流体摩擦。在钻井作业中，摩擦系数是两个滑动或静止表面间的相互作用以及润滑剂所起作用的综合体现。

在钻井作业中的摩擦现象较为复杂，摩擦阻力的大小不仅与钻井液的润滑性能有关，还和钻柱、套管、地层、井壁泥饼表面的粗糙度，接触表面的塑性，接触表面所承受的负荷，流体黏度与润滑性，流体内固相颗粒的含量和大小，井壁表面泥饼润滑性，井斜角，钻柱质量，滤失作用等因素有关。其中，钻井液的润滑性能是主要可调节因素。

2. 钻井液润滑性的主要影响因素

（1）钻井液固相

钻井液中固相含量对其润滑性影响很大，随着钻井液固相含量增加，通常其密度、黏度、切力等也会相应增大。在这种情况下，钻井液的润滑性能也会相应变差。这时，其润滑性能主要取决于固相的类型及含量，砂岩和各种加重剂的颗粒具有特别高的研磨性能。

随着钻井液固相含量增加，除使泥饼黏附性增大外，还会使泥饼增厚、易产生压差黏附卡钻。另外，固相颗粒尺寸的影响也不可忽视。研究结果表明，钻井液在一定时间内通过不断剪切循环，其固相颗粒尺寸随剪切时间的增加而减小，其结果是双重性的；钻井液滤失有所减小，从而钻柱摩阻力也有所降低；颗粒分散得更细微，使比面积增大，从而造成摩阻力增大。可见，严格控制钻井液黏土含量，搞好固相控制和净化，尽量用低固相钻井液，是改善和提高钻井液润滑性能措施之一。

（2）滤失性和岩石性质

致密、表面光滑、薄的泥饼具有良好的润滑性能。降滤失剂和其他改进泥饼质量的处理剂（如磺化沥青）主要是通过改善泥饼质量来改善钻井液的防磨损和润滑性能。

其他影响泥饼质量的因素对钻井液的润滑性能都会产生影响，比如，许多高分子处理剂都有良好的降滤失、改善泥饼质量、减少钻柱摩阻力的作用。有机高分子处理剂在钻柱和井壁上的吸附形成吸附膜，有利于降低井壁与钻柱之间的摩阻力，如聚阴离子纤维素、磺化酚醛树脂等具有提高钻井液润滑性的作用。许多高分子化合物通过复配、共聚等处理，可成为具有良好润滑性能的润滑材料。在相同钻井液条件下，岩石性质是通过影响所形成泥饼的质量以及井壁与钻柱之间接触表面粗糙度而起作用的。

（3）润滑剂

使用润滑剂是改善钻井液润滑性能、降低摩擦阻力的主要途径。钻井液常用润滑剂有液体和固体两类，前者如矿物油、植物油、表面活性剂等；后者如石墨、塑料小球、玻璃小球等。近年来，钻井液润滑剂品种发展最快的是惰性固体类润滑剂，液体类润滑剂中，主要发展了高负荷下起作用的极压润滑剂及有利于环境保护的无毒润滑剂。

（三）钻井液润滑性的调整

1. 对钻井液润滑剂的要求

钻井液润滑剂的选择应满足以下要求：

①润滑剂必须能润滑金属表面，并在其表面形成边界膜和次生结构。

②应与基浆有良好的配伍性，对钻井液的流变性和滤失性不产生不良影响。

③不降低岩石破碎的效率。

④具有良好的热稳定性和耐寒稳定性。

⑤不腐蚀金属，不损坏密封材料。

⑥不污染环境，易于生物降解，价格合理，且来源广。

⑦具有低荧光或无荧光性质。

基于上述要求，一般植物油类，既无荧光和毒性，又易于生物降解，且来源较广，较适合作为润滑材料。可选用的植物油有亚麻油、棉籽油等。

2. 钻井液中常用的润滑剂

（1）惰性固体类润滑剂

该类产品主要有塑料小球、石墨、炭黑、玻璃微珠及坚果圆粒等。

塑料小球用作润滑剂，具有高的抗压强度，是一种无毒、无荧光、耐酸、耐碱、抗温、抗压的透明球体，在钻井液中呈惰性，不溶于水和油，密度为 1.03~1.05 g/cm³，可耐温 205 ℃以上。它可与水基和油基的各种类型钻井液匹配，是一种较好的润滑剂，但成本较高。玻璃小球也可达到类似的效果，成本低于塑料小球。塑料小球和玻璃小球这类固体润滑剂由于受固体尺寸的限制，在钻井过程中很容易被固控设备清除，而且在钻杆的挤压或拍打下，有破坏、变形的可能，因此在使用上受到了一定的限制。

石墨粉作为润滑剂具有抗高温、无荧光、降摩阻效果好、用量小、对钻井液性能无不良影响等特点。弹性石墨在高含量情况下不会阻塞钻井液马达，即使在高剪切速率下，它也不会在钻井液中发生明显的分散。此外，它不会影响钻井液的动切力和静切力，与各种纤维质和矿物混合物具有良好的配伍性。石墨粉能牢固地吸附（包括物理和化学吸附）在钻具和井壁岩石表面，从而改善摩擦状态，起到降低摩阻的作用。同时，石墨粉吸附在井壁上，可以封闭井壁的微孔隙，因此兼有降低滤失和保护油层的作用。

固体润滑剂能够在接触面之间产生物理分离，其作用是在摩擦表面上形成一种隔离润滑薄膜，多数固体类润滑剂类似于细小滚珠，可以存在于钻柱与井壁之间，将滑动摩擦转化为滚动摩擦，从而大幅度降低扭矩和阻力。固体类润滑剂在减少带有加硬层工具接头的磨损方面尤其有效，尤其适合于下尾管、下套管和旋转套管。固体类润滑剂的热稳定性、化学稳定性和防腐蚀能力均良好，适合高温、低转速的条件下使用，但不适合在高转速条件下使用。

（2）液体类润滑剂

液体类润滑剂产品主要有矿物油、植物油和表面活性剂，如聚合醇等。

液体类润滑剂又可分为油性剂和极压剂。油性剂主要在低负荷下起作用，通常为醋；极压剂主要在高负荷下起作用，通常含有硫、磷、硼等活性元素。往往这些含活性元素的润滑剂兼有两种作用，既是油性剂，又是极压剂。性能良好的润滑剂必须具备两个条件：一是分子的烃链要足够长，不带支链，以利于形成致密的油膜；二是吸附基要牢固地吸附在黏土和金属表面上，以防止油膜脱落。

常用的作为润滑剂使用的表面活性剂有 OP-30、聚氧乙烯硬脂酸酯-6 和十二烷基苯磺酸三乙醇胺（ABSN）等。

在硬水中使用单一阴离子表面活性剂时，常常由于生成高价盐而失效或破乳。因此，一般采用以阴离子为主、非离子为辅的复合型活性剂配方。阴离子表面活性剂需要在碱性介质中才能保持稳定（但 pH 值过高时也会影响润滑效果），阳离子活性剂则相反，而非离子活性剂使用 pH 值的范围较大。

随着人们环保意识的增强，无毒可生物降解的润滑剂越来越受到关注，如以动物油和植物油为原料而制得的脂类有机物或矿物油类。这类润滑剂无毒或低毒，不污染环境，不干扰地质录井。

矿物油、植物油、聚合醇等表面活性剂主要是通过在金属、岩石和黏土表面形成吸附膜，使钻柱与井壁岩石接触（或水膜接触）产生的固-固摩擦，改变为活性剂非极性端之间或油膜之间的摩擦，或者通过表面活性剂的非极性端，再吸附一层油膜，从而使钻柱与岩石之间的摩擦阻力大大降低，减少钻具和其他金属部件的磨损。

极压（EP）润滑剂在高温高压条件下可在金属表面形成一层坚固的化学膜，以降低金属接触界面的摩擦阻力，从而起到润滑作用，故极压润滑剂更适应于水平井中高侧压力的情况下降低钻柱与井壁间的摩擦阻力。

（3）沥青类处理剂

沥青类处理剂主要用于改善泥饼质量和提高其润滑性。沥青类物质亲水性弱、亲油性强，可有效地涂敷在井壁上，在井壁上形成一层液膜。这样，既可减轻钻具对井壁的摩擦，又可减轻钻具对井壁的冲击作用。沥青类处理剂可使井壁岩石由亲水转变为憎水，所以可阻止滤液向地层渗透。

通常用于测定钻井液润滑性的仪器有滑板式泥饼摩阻系数测定仪、钻井液极压润滑仪、泥饼针入度计、LEM 润滑性评价及钻头泥包测定分析系统等。

第三节 钻井液的性能及测量

一、钻井液的滤失与造壁性测量

（一）滤失性能的评价方法

滤失性能包括滤失量和滤饼质量，分为静滤失评价和动滤失评价。国内外通常采用 API 滤失量测试装置进行静滤失量评价，包括常规和高温高压滤失仪两种；动滤失量评价目前尚未建立评价标准，所用的仪器有动滤失仪以及自行研制的动滤失装置。

(二) API 气压滤失仪

API 气压滤失仪是用于测定钻井液在常温及 0.689 MPa，30 min 内通过 4580 mm^2 滤失面积的标准滤失量的一种仪器。其主要由气源总体部件、安装板、减压阀、压力表、放空阀、钻井液杯、挂架和量筒等组成，其结构如图 3-3 所示。为了获得可比性结果，需要使用直径为 90 mm 的符合标准的滤纸。

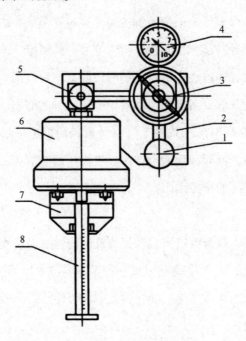

1—气源总体部件；2—安装板；3—减压阀；4—压力表；5—放空阀；

6—钻井液杯；7—挂架；8—量筒

图 3-3　API 气压滤失仪结构示意图

1. 用 API 气压滤失仪测定滤失量的步骤

①从箱中取出仪器，把气源总成悬挂在仪器箱的箱沿上，然后关闭减压阀和放空阀。

②接好气瓶管线，并使其与气源总成连接，顺时针旋转减压阀手柄，使压力表指示的压力低于 0.689 MPa。

③将钻井液杯口向上放置，用食指堵住钻井液杯上的小气孔，并倒入钻井液，使液面与杯内环形刻度线相平，然后将 "O" 形橡胶垫圈放在钻井液杯内台阶处，铺平滤纸，顺时针拧紧底盖卡牢。将钻井液杯翻转，使气孔向上，滤液引流嘴向下，逆时针转动钻井液杯 90°装入三通接头，并且卡好挂架及量筒。

④迅速将放空阀退回 3 圈，微调减压阀手柄，使压力表指示 0.689 MPa，并同时按动

秒表记录时间。

⑤在测量过程中应将压力保持为 0.689 MPa。

⑥30 min 时测试结束，切断压力源。如用气弹，则可将减压阀关闭，由放气阀将杯中的压力放掉，再按任意方向转动 1/4 圈，取下钻井液杯。

⑦滤失量测量结束后，应小心卸开钻井液杯，倒掉钻井液并取下滤纸，尽可能减少对滤纸的损坏；用缓慢水流冲洗滤纸上的滤饼，然后用钢板尺测量并记录滤饼厚度。

2. 测量结果处理

测量 30 min，量筒中所接收的滤液体积就是所测的标准滤失量。有时为了缩短测量时间，一般测量 7.5 min，其滤液体积乘以 2 即是所测标准滤失量，其单位为 mL。

测量 30 min，所得滤饼厚度即是钻井液滤饼厚度；若测 7.5 min，则所得滤饼厚度也须乘以 2。同时，对滤饼的外观进行描述，如软、硬、韧、致密性等。

（三）高温高压滤失量测定仪

对于深井钻井液，必须测量高温高压条件下的滤失量（HTHP 滤失量）。API 给出了测量高温高压条件下 API 滤失量的标准，测量压差为 3.5 MPa，测量时间为 30 min；由于高温高压滤失仪渗滤面积只有常规滤失仪的 1/2，因此，按照 API 标准，应将 30 min 的滤失量乘以 2 才是 HTHP 滤失量，其单位为 mL。当温度低于 204 ℃时，使用一种特制的滤纸；当温度高于 204 ℃时，则使用一种金属过滤介质或相当的多孔过滤介质盘。目前，国内也生产高温高压滤失仪。

（四）动态滤失量测定仪

目前，使用较多的动态滤失量测定仪有两种类型：一种是利用转动的叶片来使钻井液流动，渗滤介质为滤片；另一种用泵使钻井液循环流动，过滤介质为陶瓷滤芯。动态滤失量测定仪可用于测量模拟钻井条件下，当滤饼被冲蚀速度与沉积速度相等时的动态滤失量。国内也研制了不同型号的动态滤失量测定仪，所有动滤失装置都具有模拟高温高压的功能。

二、钻井液的 pH 值和碱度

（一）钻井液的 pH 值

pH 值表示钻井液的酸碱性。通常用 pH 试纸测量，要求的精度较高时，可使用 pH 值计测量。

1. pH 值对钻井液性能的影响

由于酸碱性的强弱直接与钻井液中黏土颗粒的分散程度有关，因此，pH 值在很大程度上会影响钻井液的黏度、切力和其他性能参数。

当 pH 值大于 9 时，表观黏度随 pH 值升高而剧增。其原因是当 pH 值升高时，会有更多 OH^- 被吸附在黏土晶层的表面，进一步增强表面的负电性，从而在剪切作用下使黏土更容易水化分散。在实际应用中，大多数钻井液的 pH 值要求控制在 8~11，即维持一个碱性环境，可以减轻对钻具的腐蚀，可以预防因氢脆而引起的钻具和套管的损坏，可以抑制钻井液中钙、镁离子的溶解；有相当多的有机处理剂需要在碱性介质中才能充分发挥其效能，如褐煤类和木质素磺酸盐类等处理剂。

对于不同类型的钻井液，所要求的 pH 值范围也有所不同。一般要求分散型钻井液的 pH 值在 10 以上，含有石灰的钙处理钻井液的 pH 值多控制在 11~12，含有石膏的钙处理钻井液的 pH 值多控制在 9.5~10.5，而在许多情况下，聚合物钻井液的 pH 值只须控制在 7.5~8.5。

2. pH 值的调节

提高 pH 值的方法是加入烧碱、纯碱、熟石灰等碱性物质。常温下，10%（质量分数）NaOH 水溶液，pH 值为 12.9；10%（质量分数）Na_2CO_3 水溶液，pH 值为 11.1；Ca $(OH)_2$ 饱和的水溶液，pH 值为 12.1；如果是石膏侵、盐水侵造成的 pH 值降低，可加入高碱比的煤碱液、单宁碱液等进行处理，其优点是既能提高 pH 值，又能降低黏切和滤失量，使钻井液性能变好。

降低 pH 值，现场中一般不加无机酸，而是加弱酸性的单宁粉。

（二）钻井液的碱度

由于使钻井液维持碱性的无机离子除 OH^- 外，还可能有 HCO_3^-、CO_3^{2-} 等离子，而 pH 值并不能完全反映钻井液中这些离子的种类和质量浓度。因此在实际应用中，除使用 pH 值外，还常使用碱度来表示钻井液的酸碱性。引入碱度参数主要有两点好处：一是由碱度测定值可以方便地测定钻井液滤液中 OH^-、HCO_3^- 和 CO_3^{2-} 三种离子的含量，从而可以判断钻井液碱性的来源；二是可以确定钻井液体系中悬浮石灰的量（储备碱度）。

1. API 测定标准

碱度是指溶液或悬浮体对酸的中和能力，为了建立统一的标准，API 选用酚酞和甲基橙两种指示剂来评价钻井液及其滤液碱性的强弱。酚酞变色点的 pH 值为 8.3。在进行滴定的过程中，当 pH 值降至该值时，酚酞即由红色变为无色。因此，能够使 pH 值降至 8.3 所需的酸量被称为酚酞碱度。钻井液及其滤液的酚酞碱度分别用符号 P_m 和 P_f 表示。甲基橙变色点的 pH 值为 4.3。当 pH 值降至该值时，甲基橙由黄色变为橙红色。能使 pH 值降至 4.3 所需的酸量，则被称为甲基橙碱度。钻井液及其滤液的甲基橙碱度分别用符号 M_m 和 M_f 表示。

按 API 推荐的试验方法，要求对 P_m、P_f 和 M_f 分别进行测定。并规定以上 3 种碱度的值，均以滴定 1mL 样品（钻井液或滤液）所需的 0.01mol/L H_2SO_4 溶液的体积（单位为 mL）来表示，毫升单位通常可以省略。

由测出的 P_f 和 M_f 可计算出钻井液滤液中 OH^-、HCO_3^- 和 CO_3^{2-} 的浓度。其根据在于，当 pH 值为 8.3 时，以下反应已基本进行完全，即：

$$OH^- + H^+ = HCO_3^-$$

而存在于溶液中的 HCO_3^- 不参加反应，当继续用 H_2SO_4 溶液滴定至 pH 值为 4.3 时，HCO_3^- 与 H^+ 的反应也已经基本进行完全，即：

$$HCO_3^- + H^+ = CO_2 + H_2O$$

若测得的结果为 $M_f = P_f$ 则表示滤液的碱性完全由 OH^- 所引起；若测得的结果为 $P_f = 0$，则表示碱性完全由 HCO_3^- 引起；如 $M_f = 2P_f$，则表示滤液中只含有 CO_2^{2-}。

测定碱度的另一目的是根据测得的 P_f 和 P_m 值确定钻井液中悬浮固相的储备碱度。所谓储备碱度，主要是指未溶石灰构成的碱度。当 pH 值降低时，石灰会不断溶解，这样一方面可为该处理钻井液不断地提供 Ca^{2+}，另一方面有利于使钻井液的 pH 值保持稳定。钻井液的储备碱度（单位为 kg/m^3）通常用体系中未溶 $Ca(OH)_2$ 的含量表示，其计算式为：

$$储备碱度 = 0.742(P_m - f_w P_f) \qquad 式（3-11）$$

式中，f_w——钻井液中水的体积分数。

2. pH 值与钻井液应用的关系

在钻井液中 HCO_3^- 和 CO_3^{2-} 均为有害离子，它们会破坏钻井液的流变性和降滤失性能，用 M_f 和 P_f 的比值可表示它们的污染程度。当 $M_f/P_f = 3$ 时，表明 CO_3^{2-} 浓度较高，即已出现 CO_3^{2-} 污染；当 $M_f/P_f \geqslant 5$ 时测为严重的 CO_3^{2-} 污染。根据其污染程度，可采取相应的处理措施。pH 值与这两种离子的关系是：当 pH>11.3 时，HCO_3^- 几乎不存在；当 pH<8.3 时，只存在 HCO_3^-。因此，在 pH = 8.3~11.3 时，这两种离子可以共存。

在实际应用中，也可用碱度代替 pH 值，表示钻井液的酸碱性。具体要求是：①一般

钻井液的 P_f 最好保持在 1.3~1.5 mL；②饱和盐水钻井液的 P_f（保持在 1 mL 以上即可，而海水钻井液的 P_f 应控制在 1.3~1.5 mL；深井抗高温钻井液应严格控制 CO_3^{2-} 的含量，一般应将 M_f/P_f 的值控制在 3 以内。

三、钻井液密度和含沙量

（一）钻井液密度概述

钻井液密度是指单位体积钻井液的质量，常用单位符号是 g/cm^3 或 kg/m^3。钻井液密度是确保安全、快速钻井和保护油气层的一个十分重要的参数。通过钻井液密度的变化，可调节钻井液在井筒内的静液柱压力，以平衡地层孔隙压力和地层构造应力，以避免发生井喷和井塌。如果密度过高，将引起钻井液过度增稠、易漏失、钻速下降、对油气层损害加剧和钻井液成本增加等一系列问题；而密度过低则容易发生井涌甚至井喷，还会造成井塌、井径缩小和携屑能力下降。因此，在一口井的钻井工程设计中，必须准确、合理地确定不同井段钻井液的密度范围，并在钻井过程中随时进行测量和适时调整。

1. 钻井液密度测量

钻井液密度用专门设计的钻井液密度计测定。钻井液密度计主要由秤杆、主刀口、钻井液杯、杯盖、游码、校正筒、水平泡和带有主刀垫的支架等组成。钻井液杯的容积为 140 mL。钻井液密度计的测量范围为 0.95~2.00 g/cm^3。秤杆上的最小分度为 0.01 g/cm^3，秤杆上带有水平泡，测量时用来调整到水平。

（1）密度的测量步骤。

①放好密度计的支架，使之尽可能保持水平。

②将待测钻井液注满清洁的钻井液杯。

③盖好钻井液杯盖，并缓慢拧动压紧，使多余的钻井液从杯盖的小孔中慢慢流出。

④用大拇指压住杯盖孔，清洗杯盖及秤杆上的钻井液并擦净。

⑤将密度计的主刀口置于主刀垫上，移动游码，使秤杆呈水平状态。

⑥读出并记录游码的左边边缘所示刻度，这就是所测钻井液的密度。

⑦清洗干净相关器械。

（2）密度计的校正

测定前要先用清水标定，在钻井液杯中注满清水（理论上是 4 ℃时的纯水，一般可用 20 ℃以下的清洁淡水），盖上盖子并擦干，置于刀架上。当游码左侧对准密度 1.00 g/cm^3 的刻度线时，秤杆呈水平状态，说明密度计是准确的，否则旋开校正筒上盖，增减其中的铅粒，直至水平泡处于两线中央，测出淡水密度为 1.00 g/cm³ 时为止。

（3）使用注意事项

①保持密度计清洁干净，以保证测量结果的准确性。

②要经常用规定的清水进行校正。

③使用后，密度计的刀口不能放在支架上，要保护好刀口，不得使其腐蚀磨损，以免影响测量数据的准确性。

④注意保护好水平泡，不能碰撞，以免损坏。

2. 钻井液密度调节

①加入重晶石等加重材料是提高钻井液密度最常用的方法。在加入重晶石前，应调整好钻井液的各种性能，特别要严格控制低密度固相的含量。一般情况下，所需钻井液密度越高，则加入重晶石前钻井液的固相含量及黏度、切力应控制得越低。

加入可溶性无机盐也是提高密度较常用的方法。如在保护油气层的清洁盐水钻井液中，通过加入 NaCl，可将钻井液密度提高至 1.20 g/cm³ 左右。

②为实现平衡压力钻井或欠平衡压力钻井，有时需要适当降低钻井液的密度。通常降低密度的方法有以下几种：

A. 用机械和化学絮凝的方法清除无用固相，降低钻井液的固相含量。

B. 加水稀释，但往往会增加处理剂用量和钻井液费用。

C. 混油，但有时会影响地质录井和测井解释。

D. 钻低压油气层时可选用充气钻井液等。

（二）钻井液含沙量

含沙量是指钻井液中不能通过 200 目筛网，即粒径大于 74 μm 的沙粒占钻井液总体积的百分数，即碳的体积分数。在现场应用中，碳的体积分数越小越好，一般要求控制在 0.5% 以下。

1. 含沙量过大时对钻井的危害

①使钻井液密度增大，对提高钻速不利。

②使形成的滤饼松软，导致滤失量增大，不利于井壁稳定，并影响固井质量。

③滤饼中粗沙粒含量过高会使滤饼的摩擦系数增大，容易造成压差卡钻。

④增加对钻头、钻具和其他设备的磨损，缩短其使用寿命。

2. 含沙量测量和控制

钻井液含沙量用专门设计的含沙量测定仪进行测量。该仪器由一个刻度瓶和一个带漏斗的筛网筒组成，所用筛网为 200 目。

（1）测量方法

①将一定体积（一般为 50 mL 或 100 mL）的钻井液注入刻度瓶中，然后注入清水至刻度线。

②用手堵住瓶口并用力振荡，然后将容器中的流体倒入筛网筒过筛。

③筛完后把漏斗套在筛网筒上翻转，漏斗嘴插入玻璃容器，将不能通过筛网的沙粒用清水冲入玻璃容器中。

④待沙粒全部沉淀后读出体积刻度。锥体中下部的刻度线为沙的体积分数的分度线，若取 50 mL 钻井液，读数乘以 2 就是所测钻井液的含沙量。

（2）降低钻井液含沙量的方法

①机械除沙。充分利用震动筛、除沙器、除泥器等设备，对钻井液的固相含量进行有效的控制。

②化学除沙。通过加入化学絮凝剂，将细小沙粒絮凝变大，再配合机械设备清除。常用的絮凝剂有聚丙烯酰胺或部分水解聚丙烯酰胺等。

四、钻井液固相含量及测量

（一）钻井液固相含量

钻井液固相含量通常用钻井液中全部固相的体积占钻井液总体积的百分数，即固相的体积分数来表示。固相含量的高低以及固相颗粒的类型、尺寸和性质均对钻井时的井下安全、钻井速度及油气层损害程度等有直接的影响。因此，在钻井过程中必须对其进行监测和有效控制。

1. 钻井液中固相的类型

一般情况下，钻井液中存在着各种不同组分、不同性质和不同颗粒尺寸的固相。根据其作用不同，可分为有用固相和无用固相。根据其性质的不同，可将钻井液中的固相分为活性固相和惰性固相。凡是容易发生水化作用或易与液相中某些组分发生反应的称为活性固相，主要是指膨润土；凡是不容易发生水化作用或不易与液相中某些组分发生反应的称为惰性固相，主要包括石英、长石、重晶石及造浆率极低的黏土等。除重晶石外，其余的惰性固相均被认为是有害固相，是需要尽可能加以清除的物质。

2. 钻井液固相含量与井下安全的关系

在钻井过程中，由于被破碎岩屑的不断积累，特别是其中的泥页岩等易水化分散岩屑的大量存在，在固控条件不具备的情况下，钻井液的固相含量会越来越高。过高的固相含量往往对井下安全造成很大的危害，其中包括：

①使钻井液流变性能不稳定，黏度、切力偏高，流动性和携岩效果变差。

②使井壁上形成厚的滤饼，而且质地疏松，摩擦系数大，从而导致起下钻遇阻，容易造成黏附卡钻。

③滤饼质量不好会使钻井液滤失量增大，常造成井壁泥页岩水化膨胀、井径缩小、井壁剥落或坍塌。

④钻井液易发生盐侵、钙侵和黏土侵，抗温性能变差，维护其性能的难度明显增大。

⑤在钻遇油气层时，由于钻井液固相含量高、滤失量大，还将导致钻井液浸入油气层的深度增加，降低近井壁地带油气层的渗透率，使油气层损害程度增大，产能下降。

3. 钻井液固相含量对钻速的影响

大量钻井实践表明，钻井液中固相含量增加是引起钻速下降的一个重要原因。此外，钻井液对钻速的影响还与固相的类型、固相颗粒尺寸和钻井液类型等因素有关。

有统计资料表明，当固相含量为零（清水钻进）时，钻速最高；随着固相含量增大，钻速显著下降，特别是在较低固相含量范围内钻速下降更快。在固相体积分数超过10%之后，对钻速的影响就相对较小了。

不同固相类型对钻速的影响不同，一般认为重晶石、砂粒等惰性固相对钻速的影响较小，钻屑、低造浆率劣土的影响居中，高造浆率膨润土对钻速的影响最大。钻井液中小于$1\mu m$的亚微米颗粒要比大于$1\mu m$的颗粒对钻速的影响大12倍。因此，如果钻井液中小于$1\mu m$的亚微米颗粒越多，所造成钻速下降的幅度越大。在相同固相含量条件下，使用不分散聚合物钻井液时的机械钻速比分散钻井液要大得多。固相含量与钻井液密度密切相关，在满足密度要求的情况下，固相含量尽可能小一些。

4. 钻井液固相含量的测量

用钻井液固相含量测定仪测量钻井液中固相及油、水的含量，并通过计算可间接推算出钻井液中固相的平均密度等。

（1）结构组成

固相含量测定仪是由加热棒、蒸馏器、冷凝器、量筒等部分组成。加热棒有两根，一根用220 V交流电，另一根用12 V直流电，功率都是100 W。蒸馏器由蒸馏器本体和带有蒸馏器引流导管的套筒组成，两者用螺纹连接起来，将蒸馏器的引流管插入冷凝器的孔中，使蒸馏器和冷凝器连接起来，冷凝器为一长方形的铝锭，有一余斗孔穿过冷凝器，下端为一弯曲的引流嘴。

（2）工作原理

工作时，由蒸馏器将钻井液中的液体（包括油和水）蒸发成气体，经引流管进入冷凝器，冷凝器把气态的油和水冷却成液体，经引流嘴进入量筒。量筒上为百分数刻度，可直接读出接收的油和水的体积分数。

（3）测量方法

①向蒸馏器内注入 20 mL 钻井液，将插有加热棒的套筒连接到蒸馏器上。

②将蒸馏器的引流管插入冷凝器的孔中，然后将量筒放在引流嘴下方，以接收冷凝成液体的油和水。

③接通电源，使蒸馏器开始工作，直至冷凝器引流嘴中不再有液体流出时为止。这段时间一般需 20~30 min。

④待蒸馏器和加热棒完全冷却后，将其卸开。用铲刀刮去蒸馏器内和加热棒上被烘干的固体，用天平称取固体的质量，并分别读取量筒中水、油的体积分数。

（4）测量结果的处理

通常用固相所占有的体积分数表示钻井液的固相含量。需要注意的是，对于含盐量小于1%的淡水钻井液，很容易由实验结果求出钻井液中固相的体积分数；但对于含盐量较高的盐水钻井液，被蒸干的盐和固相会共存于蒸馏器中。此时须扣除由于盐析出引起体积增加的部分，才能确定钻井液中的实际固相含量。在这种情况下，钻井液固相含量的计算式为：

$$f_s = 1 - f_w C_f - f_o \qquad 式（3-12）$$

式中，f_s、f_w、f_o——钻井液中固相、水和油的体积分数；

C_f——考虑盐析出而引入的体积校正系数，显然它总是大于 1 的无量纲常数。

5. 钻井液固相控制的方法

钻井液中的固相含量越低越好，要通过固相控制不断地清除钻屑等有害固相，使膨润土和重晶石等有用固相的含量维持在适当范围内，一般固相体积分数应控制在5%左右，实现提高钻速、保证安全的要求。固相控制有以下几种方法：

（1）清水稀释法

向钻井液中加入大量清水，可降低钻井液的固相含量，但该方法要增加钻井液的容器或放掉部分钻井液，这不仅增大成本，并且易使钻井液性能变坏。

（2）替换部分钻井液法

用清水或低固相钻井液替换一定体积高固相含量的钻井液，可减少清水和处理剂的用量，但仍有浪费。

（3）化学絮凝法

在钻井液中加入高分子絮凝剂，使钻屑等无用固相在钻井液中不水化分散，而絮凝成较大颗粒沉淀。

（4）机械设备清除法

其主要设备有震动筛、除沙器、除泥器、离心分离机等。

（二）钻井液中膨润土含量测定

膨润土作为钻井液配浆材料，在提黏切、降滤失等方面起着重要作用，但其用量又不宜过大。因此，在钻井液中必须保持适宜的膨润土含量。

膨润土含量测定，首先使用亚甲基蓝法测出钻井液的亚甲基蓝交换容量（MBT），其值与黏土阳离子交换容量（CEC）接近相等，可以通过 MBT 计算确定钻井液中膨润土含量。亚甲基蓝是一种常见染料，在水溶液中电离出有机阳离子和氯离子。其中的有机阳离子很容易与膨润土发生离子交换。其分子式为 $C_{16}H_{18}N_3SCl \cdot 3H_2O$。

1. 仪器和试剂

①亚甲基蓝溶液。用标准试剂级亚甲基蓝配制，质量浓度是 3.20 g/L。每次配制时，必须先测定亚甲基蓝的含水量。可将 1.000 g 亚甲基蓝在（93±3）℃温度下干燥至恒重，用下式对样品质量进行校正。

$$取样质量 = 3.20/甲基蓝干燥恒重质量$$

②3%（质量分数）过氧化氢（H_2O_2）溶液。

③约 10 mol/L 稀硫酸。

④2.5 mL 或 3 mL 的注射器，250 mL 的锥形瓶、10 mL 的滴定管、0.5 mL 的微型移液管、1 mL 带刻度的移液管、30 mL 的量筒、滤纸或亚甲基蓝试验纸。

2. 测定步骤

①用注射器准确地将 1 mL 钻井液样品（不含有气泡）加入到装有 10 mL 水的锥形瓶中，加入过氧化氢溶液 15 mL 和硫酸 0.5 mL，然后缓慢地煮沸 10 min，再加入蒸馏水稀释至 50 mL。

②以每次 0.5 ml 的量将亚甲基蓝溶液逐次加入到锥形瓶中，旋摇 30 s，在黏土颗粒仍悬浮的情况下，用搅拌棒取一滴悬浮液滴在滤纸上，当滤纸上的固体颗粒周围显现出绿蓝色圈时，表明已达到滴定终点。

③再旋摇锥形瓶 2 min，又取一滴悬浮液滴在滤纸上，如果蓝色环显示明显，证明终点的确已达到。如果蓝色环不再出现，则再加 0.5 mL 亚甲基蓝溶液继续试验，直到摇 2

min 后，取一滴滴在滤纸上能显示蓝色环为止。

3. 计算

亚甲基蓝交换容量计算式为：

亚甲基蓝交换容量（MBT）＝亚甲基蓝溶液用量（mL）/钻井液样品量（mL）

按膨润土的阳离子交换容量为 70mmol/100g，则可用式（3-13）计算钻井液中的等效膨润土含量。

$$f_c/(g \cdot L^{-1}) = 14.3 \times MBT \qquad 式（3-13）$$

式中，f_c——钻井液中的等效膨润土含量，g/L。

第四节　钻井液固相控制

一、常用固控设备

钻井液固相控制（以下简称固控）是指在保存适量有用固相的前提下，尽可能地清除无用固相。固控是实现优化钻井的重要手段，正确、有效地进行固控可以降低钻井扭矩和摩阻，减小环空压力波动，减少压差卡钻的可能性，提高钻井速度，延长钻头寿命，减轻设备磨损，改善下套管条件，增强井壁稳定性，保护油气层，以及减低钻井液费用。钻井液固控是现场钻井液维护和管理工作中最重要的环节之一。

（一）震动筛

1. 结构及工作原理

震动筛是一种过滤性的机械分离设备，是钻井液固控的关键设备。震动筛由底座、筛架、筛网、激震器、减震器等部件组成。激震器使筛架在一定振击力下产生高频振动，当钻井液流到筛面上时，直径大于筛孔的固体从筛网上滚下，钻井液连同小于筛孔的固体通过筛孔流入钻井液槽和钻井液堆。震动筛具有最先、最快分离钻井液固相的特点，大量钻屑首先经由震动筛被清除，如果震动筛发生故障，其他固控设备（如除沙器、除泥器、离心机等）都会因超载而不能正常、连续地工作。

2. 技术性能

震动筛能够清除固相颗粒的大小，依赖于网孔的尺寸及形状。由于基本尺寸相同的网孔可用各种不同直径的金属丝编成，所以表中筛分面积百分比有些差别。震动筛常用的筛网为 12 目、16 目、20 目，为了清除更细、更多的钻屑，应采用 80~120 目筛，最细可达 200 目。然而，细筛网的网孔面积小，处理量也小；所用的细钢丝强度较低，因而使用寿命降低；当高黏度钻井液通过细筛网时，网孔易被堵塞，甚至完全糊住，即出现所谓"桥糊"现象。为了提高筛网的寿命和抗堵塞能力，通常将两层或三层筛网重叠在一起，其中低层的粗筛网起支撑作用。或采用不同网孔尺寸的多层筛网组合，上层用粗筛网清除粗固相，减轻下层细筛网的负担，以便更有效地清除较细固相。其缺点是下层筛网的清洗、维护保养和更换较困难。

震动筛的处理能力应能适应钻井过程中的最大排量。影响震动筛处理量的因素很多，其中包括振击力大小、振动频率和振幅、筛网上质点的运动轨迹、钻井液的类型和钻井液性能、筛网目数和筛孔形状、筛网面积等。

震动筛的选择，一是主要根据钻井液中钻屑及固体的尺寸及各种尺寸的固体百分含量来选择合适目数的筛布，不能太粗或太细；二是调整好钻井液的性能，使钻井液有较好的流动性，较低的黏度和切力。筛网越细，钻井液黏度越高，则处理量越小，一般黏度每增加 10%，处理量降低 2% 左右。为了满足大排量的要求，有时需要 2~3 台震动筛并联使用。

3. 震动筛的使用与维护保养

（1）安装

①将设备固定在有足够刚度和强度的水平基础上，将进液管与进料箱入口法兰连接，检查橡胶浮子连接螺栓是否有松动，如有松动，则须紧固。

②按激震器说明书的要求，将规范电源接入震动筛的控制箱，卸下激震器轴承盖中心位置上的堵塞，启动电动机，观察电动机转子旋向，两台振动电动机旋向应相反，旋向确定后，装上堵塞，电动机按标记接地。

③根据使用要求选择不同目数的筛布，并由中间向两边拧紧，固定筛网的一端，然后再固定另一端。筛网下面的橡胶垫条发生断裂或磨损，应及时予以更换，否则筛网过早损坏。网孔尺寸以钻井液覆盖筛网总长度的 75%~80% 为宜。如发生钻屑堵塞筛孔的现象，应换用更细的筛布，而不是更换更粗的筛布，否则将不能起到清除钻屑的作用。

（2）震动筛的操作

①将皮带护罩打开，顺时针拉动皮带，使激震器转动，转动应灵活，无阻卡，盖好护罩。

②合闸启动电动机。双激震器震动筛先开启 1 号电动机，待 1 号电动机运转正常后，开启 2 号电动机。待震动筛运转正常后，开启进液阀，让钻井液进入筛箱，并观察筛网表面钻屑走向与钻井液流动方向是否一致。调整筛面角度，使液面覆盖达到筛箱长度的 2/3 为宜，随着流量、黏度的变化，应对筛面的角度进行适时调整。

③停机时先关闭进液阀，让震动筛持续运转 3 min，将筛面上的残留物排出完，先停 2 号电动机，再停 1 号电动机，用清水冲洗筛网。

（3）检查与保养

①每天润滑轴承，做到润滑良好，转动灵活。每周检查一次传动皮带的松紧程度及护罩是否固定。

②激震器的维护与保养。定期检查底脚螺栓是否有松动，定期检查激震器引入电缆悬挂是否有摩擦、挤压现象，拆装激震器时严禁使用铁器敲打，严禁自行调节激震器的激振力，激震器的润滑必须按电动机说明书执行，随时注意电动机的运转情况，设备停止不用时应清扫激震器外壳上的钻井液污物，严禁用水直接冲洗控制箱和分线盒。

③震动筛的维护与保养。定期检查所有连接螺栓是否松动，检查筛网下面的橡胶垫条是否发生断裂或磨损，检查进料箱是否聚积泥饼，长期搁置不用时或长途运输前，应清除震动筛上的钻井液污物。双层震动筛若只安装一层筛网时，应将筛网安装在下面一层。

（二）旋流分离器

1. 旋流分离器的结构与工作原理

用于钻井液固控的旋流分离器（简称旋流器）是一种带有圆柱部分的立式锥形容器。锥体上部的圆柱部分为进浆室，其内径为旋流器的规格尺寸，侧部有一沿切向的进浆口，顶部中心有一涡流导管，构成溢流口，壳体下部呈圆锥形，锥角为 15～20°，底部的开口称为底流口，分离出的钻屑由此排出，其口径大小可调。

旋流分离器工作时，含有固体颗粒的钻井液由进浆口沿切线方向进入旋流器，沿器壁高速旋转，由于离心作用，较大较重的颗粒被甩向旋流器内壁，同时，在中心部形成一个负压区。粗颗粒沿壳体螺旋下降，由底流口排出，而夹带细颗粒的旋流液在接近底部时容积越来越小，被迫改变方向进入负压区，形成内螺旋流向上运动，经溢流口排出。这样，在旋流器内向上和向下的两股螺旋液流在锥体内形成涡流，有些较大较重的颗粒也可能被钻井液带走从溢流口排出，而较小较轻的颗粒可能有一部分和粗颗粒一起从底流口排出。为了改善旋流器的工作性能和提高分散效率，可以调节底流口的直径。

2. 旋流器底流口直径调节

目前，用于钻井液固控的旋流器多为平衡式旋流器，其调节方法是先以纯液体通入旋流器，调节底流口，使底流口无液体流出，即达到平衡位置。而含有可分离固相的液体输入时，固体将会从底流口排出，每个排出的固体颗粒表面都黏附着一层液膜。此时的底流口大小称为该旋流器的平衡点。

如果底流口调节得比平衡点的开口小，则在底流开口内会形成脱水区，出现一个干的锥形砂层。当较细颗粒穿过砂层时会失去其表面的液膜而呈黏滞状，并造成底流口堵塞。这种情况常称为"干底"，由"干底"引起的故障又称为"干堵"。

如果底流口的开度大于平衡点所对应的尺寸，将有一部分液体从底流口排出，这种情况称为"湿底"。

处于理想工作状态的旋流器，底流口有两股流体相对流过，一股是空气的吸入，另一股则是含固相的稠浆呈"伞状"排出。当钻井液中固相含量过大，被分离的固相量超过旋流器的最大许可排量时测底流呈"绳状"排出，底流口无空气吸入，很容易发生堵塞，许多在旋流器清除范围之内的固相颗粒，会折回溢流管并返回钻井液体系。

一般情况下，可以通过调节底流口的大小来排除"绳流"。但当固相颗粒输入严重超载时，旋流器出现"绳状"底流是不可避免的。此时，只能通过改进震动筛的使用或增加旋流器数量等措施来加以防止。

3. 旋流器的类型

旋流器的分离能力与旋流器的尺寸有关，直径越小，分离的颗粒也越小。需要说明的是，处于可分离粒径范围的某尺寸颗粒，特别是较细的颗粒，并不可能全部从底流口排出。通常将某尺寸的颗粒在流经旋流器之后，有50%从底流口被清除的尺寸称为这种旋流器的分离点。显然，旋流器的分离点越低，表明其分离固相的效果越好。

旋流器按其直径不同，可分为旋流除泥器、旋流除沙器和微型旋流器三种类型。

（1）旋流除沙器

通常将直径为150~300 mm的旋流器称为除沙器。在输入压力为0.2 MPa时，各种型号的除沙器处理钻井液的能力为20~130 m^3/h。处于正常工作状态时，它能够清除大约95%大于74 μm的钻屑和大约50%大于30 μm的钻屑。为了提高使用效果，在选择其型号时，许可处理量应该是钻井时最大排量的1.25倍。

（2）旋流除泥器

通常将直径为100~150 mm的旋流器称为除泥器。在输入压力为0.2 MPa时，处理能力不应低于10~15 m^3/h。正常工作状态下的除泥器可清除95%大于40的钻屑和大约50%大于15的钻屑，许可处理量应为钻井时最大排量的1.25~1.5倍。

（3）微型旋流器

通常将直径为50 mm的旋流器称为微型旋流器，在输入压力为0.2 MPa时，其处理能力不应低于5 m^3/h。分离粒度范围为7~25 μm。其主要用于处理某些非加重钻井液，以清除超细颗粒。

4. 旋流器使用注意事项

①应根据钻井液泵的排量确定使用旋流器的个数，旋流除沙器或旋流除泥器的处理量应为钻井液泵排量的 1.5 倍。

②钻井液进口压力应保持在规定范围，使处理前后钻井液密度差大于 0.02 g/cm^3，底流密度大于 1.70 g/cm^3。

③微型旋流器与旋流除沙器、旋流除泥器不同，用于分离钻井液中的膨润土，可将钻井液中的膨润土95%分离出来，以便回收重晶石，使用时将钻井液加水稀释。

④旋流除沙器要尽早使用、连续使用，不要等钻井液的密度、含沙量上升后才使用。

⑤因重晶石的颗粒尺寸在旋流除泥器可分离范围内，加重钻井液只能使用震动筛、旋流除砂器，而不能使用旋流除泥器。

5. 旋流器的操作

①在上级固控设备（震动筛）正常工作状态下，逆旋打开旋流器（除沙器）上水阀门，闭合电源开关，启动旋流器，用手检查底流口，应为伞状排沙，并有空气吸入感。

②停用时，先停旋流器，再停震动筛。

（三）钻井液清洁器

钻井液清洁器是一组旋流器和一台细目震动筛的组合。上部为旋流器，下部为细目震动筛。钻井液清洁器工作时，旋流器将钻井液分离成低密度的溢流和高密度的底流。溢流返回钻井液循环系统，底流落在细目震动筛上，细目震动筛将高密度的底流再分离成两部分，一部分是重晶石和其他小于网孔的颗粒透过筛网回到循环系统，另一部分大于网孔的颗粒从筛网上被排出。所选筛网一般为100~325目，通常多使用150目。

钻井液清洁器主要用于从加重钻井液中除去比重晶石粒径大的钻屑。加重钻井液在经过震动筛的一级处理之后，仍含有不少低密度的固体颗粒。这时如果单独使用旋流器进行处理，重晶石则会大量流失。使用钻井液清洁器的优点在于既降低了低密度固体的含量，又避免了大量重晶石的损失。

二、钻井液固控工艺

（一）常用的固控方法

钻井液固控除采用机械方法外，常用的还有稀释法和化学絮凝法。机械法固控处理时间短、效果好，并且成本较低。

1. 稀释法

稀释法既可用清水或其他较稀的流体直接稀释循环系统中的钻井液，也可用清水或性能符合要求的新浆替换出一定体积的高固相含量的钻井液，使总的固相含量降低。如果用机械方法清除有害固相仍达不到要求、机械固控设备缺乏或出现故障的情况下，可采用稀释法降低固相含量。稀释法虽然操作简便、见效快，但在加水的同时，必须补充足够的处理剂，加重钻井液还须补充大量的重晶石等加重材料，因而会使钻井液成本显著增加。为了尽可能降低成本，一般应遵循以下原则：

①稀释后的钻井液总体积不宜过大。

②部分旧浆的排放应在加水稀释前进行，不要边稀释边排放。

③一次性多量稀释比多次少量稀释的费用要少。

2. 化学絮凝法

化学絮凝法是在钻井液中加入适量的絮凝剂，使某些细小的固体颗粒通过絮凝作用聚结成较大颗粒，然后用机械方法排除或在沉沙池中沉除。这种方法是机械固控方法的补充，两者相辅相成。目前，广泛使用的不分散钻井液体系正是依据这种方法，使其总固相含量保持在所要求的4%以下。化学絮凝方法还可用于清除钻井液中过量的膨润土（膨润土颗粒在5 μm以下，离心机无法清除）。化学絮凝总是安排在钻井液通过所有固控设备之后进行。

（二）加重钻井液的固相控制

1. 加重钻井液固控的特点

加重钻井液中同时含有高密度的加重材料和低密度的膨润土及钻屑。加重材料在钻井液中的含量很高，其费用在钻井液成本构成中所占比例较大。大量加重材料的加入必然会降低钻井液对来自地层的岩屑的容纳量，并对膨润土的加量有更为苛刻的要求。加重钻井液中，钻屑与膨润土的体积分数比一般不应超过2：1，而非加重钻井液中该比值可适当放宽。因此，对于加重钻井液来说，清除钻屑的任务比非加重钻井液更为重要，并且其难度也比非加重钻井液要大得多，既要避免加重材料的损失，又要尽量减少体系中钻屑的含量。加水稀释会造成加重钻井液性能恶性循环，不仅钻井液成本大幅度增加，而且常导致压差卡钻等复杂情况发生，加重钻井液固控不能采用单纯加水稀释的办法。

2. 加重钻井液的固控流程

加重钻井液的固控系统为震动筛、清洁器和离心机三级固控，震动筛和清洁器用于清除粒径大于重晶石的钻屑。对于密度低于1.8 g/cm³的加重钻井液，使用清洁器的效果十分显著，如果对通过筛网的回收重晶石和细粒低密度固相适当稀释并添加适量降黏剂，可基本上达到固控的要求，此时可以省去使用离心机。但是，当密度超过 1.8 g/cm³ 时，清洁器的使用效果会逐渐变差。在这种情况下，常使用离心机将粒径在重晶石范围内的颗粒从液体中分离出来。

在实际应用中，目前国内油田有时仍单独使用旋流除沙器处理加重钻井液，但是必须使用分离粒度大于 74 μm 的大尺寸除沙器。由于重晶石与钻屑颗粒的沉降直径比约为 1∶1.5，因此能清除 74 μm 以上钻屑颗粒的旋流除沙器，也会除掉 49 μm 以上的重晶石粉，重晶石中这部分颗粒占 10%～15%。经旋流除沙器进行过处理的加重钻井液再进入钻井液清洁器，便可大大减轻钻井液清洁器的负担。其缺点是损失部分粒度较大的重晶石。

将离心机用于加重钻井液固控，一方面可回收重晶石，另一方面可有效地清除微细的钻屑颗粒，降低低密度固相的含量，从而使加重钻井液的黏度、切力得以控制。但是，钻井液中有大约 3/4 的膨润土和处理剂，以及一部分粒径很小的重晶石粉会随钻屑颗粒一起从离心机溢流口被丢弃，还有相当一部分水也不可避免地被排掉。因此，为了维持正常钻进，必须不断地补充一些新浆。

（三）钻井液固控系统

钻井液固控系统是将各种常用固控设备及相应辅助设备按固控流程组装在一起的综合固控装置，是钻井液循环系统的主要组成部分。

固控系统循环及净化采用震动筛、真空除气器、旋流除沙器、旋流除泥器、离心机五级净化设备，主要由泥浆罐、震动筛、除气器、旋流除沙清洁器、旋流除泥清洁器、搅拌器、离心机、钻井液枪、混合加重漏斗、沙泵、灌注泵、加重泵、剪切泵等设备组成。钻井液固控系统具有结构紧凑、净化效率高、流程规范、连接配套方便、工作可靠、操作便捷的特点，能满足钻井液固控、循环、灌注、配制、加重、药品剪切及特殊情况下的事故处理和储备等工作。

国外成功研制一种"综合自控钻井液系统"，此系统包括固控设备自控监视器、钻井液处理剂自动加料器、主要钻井液指标连续监视器三项主要部位，并由中心监视和综合控制系统进行调整监控操作。其功能是自动控制各类固控设备的开启运转，自动分析固相含量的组分；自动添加钻井液处理剂，自动控制加药速度（如在一个循环周内加入定量的药品、加重剂），并能自动连续测量显示主要钻井液性能的指标；可随时提供压井钻井液，节省了为压井而准备的储罐及钻井液。经在海上试用，效果良好，大大提高了海上作业的安全性并降低了成本，其实用性和可靠性已得到海上作业者的认可。

第四章 钻进参数优选

钻进参数是钻进过程中的可控因素所包含的设备、工具、钻井液以及操作条件的重要性质的量。如钻头类型、钻井液性能参数、钻压、转速、泵压、排量、钻头喷嘴直径、钻头水功率等。

第一节 钻进过程中各参数间的基本关系

钻井的基本含义就是通过一定的设备、工具和技术手段形成一个从地表到地下某一深度处具有不同轨迹形状的孔道。在钻井施工中，大量的工作是破碎岩石和加深井眼。在钻进过程中，钻进的速度、成本和质量将会受到多种因素的影响和制约，这些影响和制约因素，可分为不可控因素和可控因素。不可控因素是指客观存在的因素，如所钻的地层岩性、储层埋藏深度以及地层压力等。可控因素是指通过一定的设备和技术手段可进行人为调节的因素，如地面机泵设备、钻头类型、钻井液性能、钻压、转速、泵压和排量等。所谓钻进参数就是指表征钻进过程中的可控因素所包含的设备、工具、钻井液，以及操作条件的重要性质的量。钻进参数优选则是指在一定的客观条件下，根据不同参数配合时各因素对钻进速度的影响规律，采用最优化方法，选择合理的钻进参数配合，使钻进过程达到最优的技术和经济指标。

钻进过程中参数优选的前提，是必须对影响钻进效率的主要因素以及钻进过程中的基本规律分析清楚，并建立相应的数学模型。

一、影响钻速的主要因素

钻进过程中的钻压、转速、水力因素、钻井液性能，以及钻头的牙齿磨损等是影响钻速的主要因素。

(一) 钻压对钻速的影响

在钻进过程中，钻头牙齿在钻压的作用下吃入地层、破碎岩石，钻压的大小决定了牙齿吃入岩石的深度和岩石破碎体积的大小，因此，钻压是影响钻速的最直接和最显著的因素之一。关于钻压对钻速的影响，人们进行了长期的研究工作。油田现场的大量钻进实践表明，在其他钻进条件保持不变的情况下，钻压与钻速的典型关系曲线如图4-1所示。

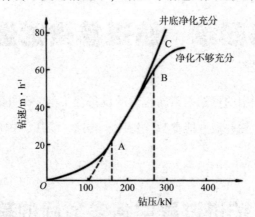

图4-1　钻压与钻速的典型关系曲线

由图4-1可以看出，钻压在较大的变化范围内与钻速是近似于线性关系的。目前，实际钻井中通用的钻压取值一般都在图中 AB 这一线性关系范围内变化，这主要是因为在 A 点之前，钻压太低，钻速很慢。在 B 点之后，钻压过大，岩屑量过多，甚至牙齿完全吃入地层，井底净化条件难以改善，钻头磨损也会加剧，钻压增大，钻速改进效果并不明显，甚至使钻进效果变差。因而，实际应用中，以直线段为依据建立钻压（中）与钻速的定量关系，即：

$$v_{pc} \propto (W - M) \qquad\qquad \text{式 (4-1)}$$

式中，v_{pc}——钻速，m/h；

W——钻压，kN；

M——门限钻压，kN。

门限钻压是 AB 线在钻压轴上的截距，相当于牙齿开始压入地层时的钻压，其值的大小主要取决于岩石性质，并具有较强的地区性。不同地区的门限钻压不可以相互引用。

（二）转速对钻速的影响

转速对钻速的影响是人们早就认识到，并已研究解决了的问题。随着转速的提高，钻速是以指数关系变化的，但指数一般都小于1。其原因主要是转速提高后，钻头工作刃与岩石接触时间缩短，每次接触时的岩石破碎深度减少。这反映了岩石破碎时的时间效应问题。在钻压和其他钻井参数保持不变的条件下，其关系表达式为：

$$v_{pc} \propto n^{\lambda} \qquad\qquad \text{式 (4-2)}$$

式中，λ ——转速指数，一般小于 1，数值大小与岩石性质有关；

v ——转速，r/min。

（三）牙齿磨损对钻速的影响

钻进过程中钻头在破碎地层岩石的同时，其牙齿也受到地层的磨损。随着钻头牙齿的磨损，钻头工作效率将明显下降，钻进速度也将随之降低，若钻压、转速保持不变，其数学表达式可写成：

$$v_{pc} \propto \frac{1}{1 + C_2 h} \qquad \text{式（4-3）}$$

式中，C_2 ——牙齿磨损系数，与钻头齿形结构和岩石性质有关，它的数值须由现场数据统计得到；

h ——牙齿磨损量，以牙齿的相对磨损高度表示，即磨损掉的高度与原始高度之比，新钻头时 $h = 0$，牙齿全部磨损时 $h = 1$。

（四）水力因素对钻速的影响

在钻进过程中，及时有效地把钻头破岩产生的岩屑清离井底，避免岩屑的重复破碎，是提高钻速的一项重要手段。井底岩屑的清洗是通过钻头喷嘴所产生的钻井液射流对井底的冲洗来完成的。表征钻头及射流水力特性的参数统称为水力因素。水力因素的总体指标通常用井底单位面积上的平均水功率（称为比水功率）来表示。一定的钻速，意味着单位时间内钻出的岩屑总量一定，而该数量的岩屑需要一定的水力功率才能完全清除，低于这个水功率值，井底净化就不完善。若钻进时的实际水力功率落入净化不完善区，则实际钻速就比净化完善时的钻速低，如果此时增大水功率，使井底净化条件得到改善，则钻速会在其他条件不变的情况下而增大。因而，水力因素对钻速的影响，主要表现在井底水力净化能力对钻速的影响，水力净化能力通常用水力净化系数 C_H 表示，其含义为实际钻速与净化完善时的钻速之比。即：

$$C_H = \frac{v_{pc}}{v_{pcs}} = \frac{P}{P_s} \qquad \text{式（4-4）}$$

式中，v_{pcs} ——净化完善时的钻速，m/h；

P ——实际比水功率，kW/cm^2；

P_s ——净化完善时所需的比水功率，kW/cm^2。

应引起注意的是，式（4-4）中的 C_H 值应小于等于 1，即当实际水功率大于净化所需的水功率时，仍取 $C_H = 1$，其原因是，井底达到完全净化，水功率的提高，不会再由于净化的原因而进一步提高钻速。

水力因素对钻速的影响还表现为另外一种形式，就是水力能量的破岩作用。当水力功率超过井底净化所需的水功率后，机械钻速仍有可能增加。水力破岩作用对钻速的影响主要表现为使钻压与钻速关系中的门限钻压降低。

（五）钻井液性能对钻速的影响

钻井液性能对钻速的影响规律比较复杂，其复杂性不仅在于表征钻井液性能的各参数对钻速都有不同程度的影响，而且几乎不可能在改变钻井液某一性能参数时不影响其他性能参数的变化。因此，要单独评价钻井液的某一性能对钻速的影响相当困难。大量的试验研究表明，钻井液的密度、黏度、失水量和固相含量及其分散性等，都对钻速有不同程度的影响。

1. 钻井液密度对钻速的影响

钻井液密度的基本作用在于保持一定的液柱压力，用以控制地层流体进入井内。钻井液密度对钻速的影响，主要表现为由钻井液密度决定的井内液柱压力与地层孔隙压力之间的压差对钻速的影响。室内试验和钻井实践证明，压差增加将使钻速明显下降。其主要原因是井底压差对刚破碎的岩屑有压持作用，阻碍井底岩屑的及时清除，影响钻头的破岩效率。在低渗透性岩层内钻进时，压差对钻速的影响比在高渗透性岩层内的影响更大，这是由于钻井液更难以渗入低渗透性的岩层孔，不能及时平衡岩屑上下的压力差。

2. 钻井液黏度对钻速的影响

钻井液的黏度并不直接影响钻速，它是通过对井底压差和井底净化作用的影响而间接影响钻速的。在一定的地面功率条件下，钻井液黏度的增大，将会增大钻柱内和环空的压降，使得井底压差增大和井底钻头获得的水功率降低，从而使钻速减小。

3. 钻井液固相含量及其分散性对钻速的影响

钻井液固相含量的多少，固相的类型及颗粒大小对钻速有很大影响，钻井液固相含量对钻进速度和钻头消耗量都有严重的影响。

固体颗粒的大小和分散度也对钻速有影响。钻井液内小于 1 μm 的胶体颗粒越多，它对钻速的影响就越大。固相含量相同时，分散性钻井液比不分散性钻井液的钻速低。固相含量越少，两者的差别越大。为了提高钻速，应尽量采用低固相不分散钻井液。

钻井实践证明，钻井液性能是影响钻速的极其重要的因素。但由于其对钻速的影响机理十分复杂，且钻井液性能常受井下工作条件的影响，难以严格控制，因此，至今没有一个能够确切反映钻井液性能对钻速影响规律的数学模式，作为优选钻井液性能的客观依据。

二、钻头磨损方程

钻进过程中，钻头在破碎岩石的同时，本身也在逐渐地磨损、失效。分析研究影响钻头磨损的因素以及钻头的磨损规律，对优选钻进参数、预测钻进指标和钻头工况具有重要意义。对牙轮钻头而言，其磨损形式主要包括牙齿磨损、轴承磨损和直径磨损。以下主要介绍牙轮钻头牙齿磨损和轴承磨损的影响因素及磨损规律：

（一）牙齿磨损速度方程

钻头牙齿的磨损主要与钻压、转速、地层以及牙齿自身的状况等因素有关。钻头牙齿的磨损速度可以用牙齿磨损量对时间的微分 dh/dt 来表示。

1. 钻压对牙齿磨损速度的影响

不同直径钻头牙齿磨损速度与钻压的关系式为：

$$\frac{dh}{dt} \propto \frac{1}{Z_2 - Z_1 W} \qquad\qquad 式（4-5）$$

式（4-5）中的 Z_1 与 Z_2 称为钻压影响系数，其值与牙轮钻头尺寸有关。当钻压等于 Z_1/Z_2 时，牙齿的磨损速度无限大，说明 Z_1/Z_2 的值是该尺寸钻头的极限钻压。

2. 转速对牙齿磨损速度的影响

钻压一定时，增大转速，牙齿的磨损速度也将加快。转速对牙齿磨损速度的影响其关系表达式为：

$$\frac{dh}{dt} \propto (a_1 n + a_2 n^3) \qquad\qquad 式（4-6）$$

式中的 a_1 和 a_2 是由钻头类型决定的系数。

3. 牙齿磨损状况对牙齿磨损速度的影响

钻头牙齿一般都是顶面积小、底面积大的梯形、锥形或球形齿。牙齿的工作面积随着齿高的磨损将不断增加，因此，当各种钻进参数不变时，牙齿的磨损速度也将随着齿高的磨损而下降。

（二）轴承磨损速度方程

牙轮钻头轴承的磨损量用 B 表示，新钻头时，$B=0$，轴承全部磨损时，$B=1$。轴承磨损速度用轴承磨损量对时间的微分 dB/dt 表示。

钻头轴承的磨损速度主要受到钻压、转速等因素的影响，轴承的磨损速度与钻压的 1.5 次幂成正比关系，与转速呈线性关系。轴承的磨损速度方程可表示为：

$$\frac{dB}{dt} = \frac{1}{b}W^{1.5}n \qquad\qquad 式（4-7）$$

式中，b——轴承工作系数，它与钻头类型和钻井液性能有关，应由现场实际资料确定。

三、钻进方程中有关系数的确定

描述钻进过程基本规律的钻速方程和钻头磨损方程，是在一定条件下通过实验和数学分析处理而得到的。方程中的地层可钻性系数 K_R、门限钻压 M、转速指数 λ、牙齿磨损系数 C_2，以及岩石研磨性系数 A_t 和轴承工作系数 b 与钻井的实际条件和环境有密切关系，需要根据实际钻井资料分析确定。确定各参数的基本步骤是：首先根据新钻头开始钻进时的钻速试验资料求门限钻压、转速指数和地层可钻性系数，然后根据该钻头的工作记录确定该钻头所钻岩层的岩石研磨性系数、牙齿磨损系数和轴承工作系数。

第二节　机械破岩钻进参数优选

钻进过程中的机械破岩参数主要包括钻压和转速。机械破岩参数优选的目的是寻求一定的钻压、转速参数配合，使钻进过程达到最佳的技术经济效果。为达到这一目的，首先需要确定一个衡量钻进技术经济效果的标准，并将各参数对钻进过程影响的基本规律与这一标准结合起来，建立钻进目标函数。然后，运用最优化数学理论，在各种约束条件下，寻求目标函数的极值点。满足极值点条件的参数组合，即为钻进过程的最优机械破岩参数。

一、目标函数的建立

衡量钻井整体技术经济效果的标准有多种类型。目前，一般都以单位进尺成本作为标准，其表达式为：

$$C_{pm} = \frac{C_b + C_r(t_f + t)}{H} \qquad\qquad 式（4-8）$$

式中，C_{pm}——单位进尺成本，元每米；

　　C_b——钻头成本，元每只；

　　C_r——钻机作业费，元每小时；

t_f ——起下钻、接单根时间，h；

t ——钻头工作时间，h；

H ——钻头进尺，m。

式（4-8）中的钻头进尺和钻头工作时间与钻进过程中所采用的各参数有关。建立各参数与 H 和 t 的关系，并代入进尺成本表达式，即形成以每米钻井成本表示的钻进目标函数。

钻头进尺表达式可写成：

$$h_f = \frac{J}{S} \cdot E \qquad\qquad 式（4-9）$$

在式（4-9）中，J 的物理意义是该钻头在式中各钻进参数作用下的初始钻速，即当牙齿磨损量 $h = 0$ 时的初始钻速。S 的物理意义是钻头牙齿在该钻进参数作用下的初始磨损速度，即当牙齿磨损量 $h = 0$ 时牙齿的磨损速度。它的倒数相当于不考虑牙齿磨损影响时的钻头理论寿命 J / S 的含义，即为不考虑牙齿磨损影响时的钻头理论进尺。E 的物理意义是考虑牙齿磨损对钻速和磨速影响后的进尺系数，它是牙齿最终磨损量的函数。

钻头工作时间表达式为：

$$t_f = \frac{F}{S} \qquad\qquad 式（4-10）$$

F 与进尺系数 E 相似，它的物理意义是考虑到牙齿磨损时钻速和磨速影响后的钻头寿命系数。它也是牙齿最终磨损量的函数。

将进尺表达式（4-9）和钻头工作时间表达式（4-10）代入成本表达式（4-8），则可求得包含各项钻进参数的目标函数表达式

$$C_{pm} = \frac{C_b S + C_r (t_f S + F)}{JE}$$

令

$$t_E = \frac{C_b}{C_r} + t_f$$

得

$$C_{pm} = \frac{C_r}{JE}(t_E S + F) \qquad\qquad 式（4-11）$$

式中，t_E ——钻头与起下钻成本的折算时间。当钻头成本和钻机作业费一定时，它仅与起下钻时间有关，而与各钻进参数无关。若把 J，E，S，F 的各项参数代入式（4-11），则可获得含有五个变量（W，n，h_f，C_h，C_p）的目标函数。即：

$$C_{pm} = \frac{C_r\left[\dfrac{t_E A_f (a_1 n + a_2 n^3)}{Z_2 - Z_1 W} + h_f + \dfrac{C_1}{2} h_f\right]}{C_h C_p K_R^2 \left[\dfrac{C_1}{C_2} h_f + \dfrac{C_2 - C_1}{C_2^2} \ln(1 + C_2 h_f)\right]} \qquad \text{式 (4-12)}$$

二、目标函数的极值条件和约束条件

钻进参数优选的目的是确定使进尺成本最低的各有关参数，也就是要寻求目标函数式 (4-12) 为极小值时的最优参数配合。根据经典的最优化理论，某一函数取得极值的必要条件是：在其定义域内，函数对各变量的偏导数分别等于零。通过大量数学运算证明，对于钻进成本函数，符合钻进目标函数极值条件的点就是该函数的极小值点。

在钻进目标函数中包括五个变量，即 W，n，h_f 和 C_h，C_p。首先分析 C_p 和 C_h 在函数表达式中所处的位置可以发现，为使钻进成本最低，C_p 和 C_h 的值应尽量增大。但按这两个系数的定义，其最大值只能取 1，故在钻井实践中，为使成本最低，C_h 和 C_p 的值应尽量等于 1。在确定了 C_h 和 C_p 的最优取值以后，目标函数的极小值条件即为

$$\frac{\partial C_{pm}}{\partial W} = 0, \quad \frac{\partial C_{pm}}{\partial n} = 0, \quad \frac{\partial C_{pm}}{\partial h_f} = 0 \qquad \text{式 (4-13)}$$

上式中 W，n，h_f 三个变量在实际工况限制下所确定的取值范围，即为目标函数的约束条件，归纳起来可用四组不等式描述。

①牙齿磨损量 h $0 \leqslant h \leqslant 1$

②轴承磨损量 B $0 \leqslant B \leqslant 10$

③钻压 W $M > 0$ 时 $M < W < Z_2 / Z_1$

$M < 0$ 时 $0 < W < Z_2 / Z_1$

④转速 n $n > 0$

凡不能同时满足以上约束条件的钻进参数组合，都是不可行的。另外，上面四组不等式中，有关轴承磨损量的不等式似乎不直接与目标函数有关。但对于同一个钻头，钻头的工作寿命同时是轴承磨损量和牙齿磨损量的函数。轴承磨损的约束条件可由相对应的牙齿磨损量表示。令轴承的最后磨损量为 B_f，由于：

$$t_f = \frac{Z_2 - Z_1 W}{A_f (a_1 n + a_2 n^3)} \left(h_f + \frac{1}{2} h_f^2\right)$$

$$t_f = \frac{b B_f}{n W^{1.5}} \qquad \text{式 (4-14)}$$

对同一个钻头，牙齿和轴承的工作时间相同，因此，由上两式可得：

$$B_f = \frac{(Z_2 - Z_1 W)\, n W^{1.5}}{A_f(a_1 n + a_2 n^3)\, b}\left(h_f + \frac{C_1}{2}h_f^2\right) \qquad \text{式（4-15）}$$

三、钻头最优磨损量、最优钻压和最优钻速

目标函数、极值条件和约束条件确定后，就可以通过最优化数学方法，求解出在约束条件限定范围内使钻井成本最低的一组最优钻压、最优转速和最优钻头磨损量组合。但由于其数学推导和计算过程十分复杂，这里从略。

下面介绍在一定参数组合条件下的最优磨损量、最优转速和最优钻压。

（一）钻头最优磨损量

对于一只在一定钻压、转速条件下工作的钻头，当钻头磨损到什么程度时起钻，钻井成本最低，这就是求最优磨损量的问题。根据成本函数表达式（4-12）和决定最优磨损量的必要条件，可以导出最优磨损量的表达式，即：

$$\frac{C_1}{2}h_f^2 + \left(\frac{C_1}{C_2} - 1\right)h_f - \frac{C_1 - C_2}{C_2^2}(1 + C_2 h_f)\ln(1 + C_2 h_f) - \frac{A_f t_E(a_1 n + a_2 n^3)}{Z_2 - Z_1 W} = 0$$

$$\text{式（4-16）}$$

式（4-16）是一个三维非线性方程式，它在 $W - n - h_f$ 的三维空间中组成一个曲面，称为最优磨损面。从理论上来讲，每一组 W，n 的数值，都可以在最优磨损面上找到一个对应点，即把每一组 W，n 的数值代入式（4-16）都可以解出一个最优磨损量 h_f，但因钻进成本函数要受到约束条件式（4-14）和式（4-15）的限制，凡超出约束范围的最优磨损量是不可取的，这时只能用钻头牙齿或轴承的极限磨损量作为最优磨损量。

（二）最优转速

在 $W - n - h_f$ 三维空间中的约束条件范围内，任取一对钻压和磨损量的值，都可找到一个使钻进成本最低的转速，此转速即为所取钻压和磨损量时的最优转速，由成本函数表达式（4-12），并令 $\frac{\partial C_{pm}}{\partial n} = 0$，则可以导出最优转速曲面方程：

$$n^3 + \frac{(1 - \lambda)a_1}{(3 - \lambda)a_2}n - \frac{1}{3 - \lambda} \cdot \frac{F(Z_2 - Z_1 W)}{t_E A_f a_2} = 0 \qquad \text{式（4-17）}$$

式（4-17）共有三个解，只有实数解对钻进参数才有意义。其实数解为：

$$n_{opt} = \sqrt[3]{\frac{V}{2} + \sqrt{\left(\frac{V}{2}\right)^2 + \left(\frac{U}{3}\right)^2}} + \sqrt[3]{\frac{V}{2} - \sqrt{\left(\frac{V}{2}\right)^2 + \left(\frac{U}{3}\right)^2}} \qquad \text{式（4-18）}$$

式中，

$$V = \frac{F(Z_2 - Z_1 W)\lambda}{t_E A_f a_2 (3 - \lambda)}$$

$$U = \frac{(1 - \lambda)a_1}{(3 - \lambda)a_2}$$

式（4-18）就是根据给定钻压 W 和钻头磨损量 h_f 求最优转速的通式。

（三）最优钻压

与最优转速的特点相似，在 $W - n - h_f$ 最三维空间中，在约束条件范围内，任取一对转速和磨损量值，都可以求得一个使钻进成本最低的最优钻压。由成本函数表达式（4-12）和确定最优钻压的极值条件 $\frac{\partial C_{pm}}{\partial W} = 0$，可以导出最优钻压方程为：

$$W_2 - 2\left[\frac{Z_2}{Z_1} + \frac{t_E A_f (a_1 n + a_2 n^3)}{Z_1 F}\right]W + t_E A_f \frac{a_1 n + a_2 n^3}{Z_1 F}\left(\frac{Z_2}{Z_1} + M\right) + \left(\frac{Z_2}{Z_1}\right)^2 = 0$$

式（4-19）

求解式（4-19）可得到钻压的两个解，一个大于 Z_2/Z_1，另一个小于 Z_2/Z_1。取钻压值小于 Z_2/Z_1 的解得：

$$W_{opt} = \frac{Z_2}{Z_1} + \frac{R}{F} - \sqrt{\frac{R}{F}\left(\frac{R}{F} + \frac{Z_2}{Z_1} - M\right)} \qquad 式（4-20）$$

式中，$R = \frac{t_E A_f (a_1 n + a_2 n^3)}{Z_1}$。

式（4-20）就是给定 n 和 h_f 值时，求最优钻压的通用公式。

在实际工作中，一般都是根据邻井或同一口井上一个钻头的资料，先确定牙齿或轴承的合理磨损量，然后根据钻机设备条件，确定转速的允许范围，最后求出不同钻压、转速配合时的钻进成本，从中找出最低的最优钻压、转速配合。

第三节　水力参数优化设计

在钻进过程中，及时地把岩屑携带出来是安全快速钻进的重要条件之一。把岩屑携带出来要经过两个过程，第一个过程是使岩屑离开井底，进入环形空间；第二个过程是依靠钻井液上返将岩屑带出地面。过去，人们认为第一个过程比较容易实现，第二个过程比较困难。所以，人们的注意力集中在第二个过程上，采取了"大排量洗井"的技术措施，以便加快岩屑的上返速度。这样钻速也确实有一定的提高，但大排量洗井受到了井壁冲刷问题和地面机泵条件的限制。另外，在钻井实践中人们还注意到了一种现象，即钻头水眼被刺坏后，排量并没有减少，而钻速却有明显下降。这一现象提醒人们重新认识这两个过程。经过多年的研究和理论分析，人们认识到第二个过程并不很困难，而困难的恰恰是第一个过程。也就是说，把岩屑冲离井底不是容易的事。岩屑不能及时离开井底，这正是影响钻进速度的主要因素之一。为了解决将岩屑及时冲离井底的问题，人们研究出了一种新的工艺技术，即在钻头水眼处安放可以产生高速射流的喷嘴，使钻井液通过钻头喷嘴后以高速射流的方式作用于井底，给予井底岩屑一个很大的冲击力，使其快速离开井底，保持井底干净。同时，在一定条件下，钻头喷嘴所产生的高速射流还可以直接破碎岩石。这就是钻井工程中经常提到的喷射式钻头和喷射钻井技术。

水力参数优化设计的概念是随着喷射式钻头的使用而提出来的。钻井水力参数是表征钻头水力特性、射流水力特性以及地面水力设备性质的量，主要包括钻井泵的功率、排量、泵压，以及钻头水功率、钻头水力压降、钻头喷嘴直径、射流冲击力、射流喷速和环空钻井液上返速度等。水力参数优化设计的目的就是寻求合理的水力参数配合，使井底获得最优的水力能量分配，从而达到最优的井底净化效果，提高机械钻速。然而，井底水力能量的分配，要受到钻头喷嘴选择、循环系统水力能量损耗和地面机泵条件的制约。因此，水力参数优化设计是在了解钻头水力特性、循环系统能量损耗规律、地面机泵水力特性的基础上进行的。

一、喷射式钻头的水力特性

喷射式钻头的主要水力结构特点就是在钻头上安放具有一定结构特点的喷嘴。钻井液通过喷嘴以后，能形成具有一定水力能量的高速射流，以射流冲击的形式作用于井底，从而清除井底岩屑或破碎井底岩石。

（一）射流及其对井底的作用

1. 射流特性

射流是指通过管嘴或孔口过水断面周界不与固体壁接触的液流。按射流流体与周围流体介质的关系划分，可分为淹没射流（射流流体的密度小于或等于周围流体的密度）和非淹没射流（射流流体密度大于周围流体密度）；按射流的运动和发展是否受到固壁限制，可分为自由射流（不受固壁限制）和非自由射流（受到固壁限制）；按射流压力是否稳定划分，又可分为连续射流（射流内某一点的压力保持稳定）和脉冲射流（射流流束内的压力不稳定）等。在喷射式钻头的井底条件下，钻井液从普通喷嘴喷出形成射流后，被井筒内的钻井液所淹没，并且其运动和发展受到井底和井壁的限制，因而属淹没非自由射流。

射流出喷嘴后，由于摩擦作用，射流流体与周围流体产生动量交换，带动周围流体一起运动，使射流的周界直径不断扩大。射流纵剖面上周界母线的夹角称为射流扩散角。射流扩散角表示了射流的密集程度。显然，射流扩散角越小，则射流的密集性越高，能量就越集中。

射流在喷嘴出口断面，各点的速度基本相等，为初始速度。随着射流的运动和向前发展，由于动量交换并带动周围介质运动，首先射流周边的速度分布受到影响，且影响范围不断向射流中心推进，使原来保持初始速度运动的流束直径逐渐减小，直至射流中心的速度小于初始速度。射流中心这一部分保持初始速度流动的流束，称为射流等速核。射流等速核的长度主要受喷嘴直径和喷嘴内流道的影响。由于周围介质是由外向里逐渐影响射流的，在射流的任一横截面上，射流轴心上的速度最高，自射流中心向外速度很快降低，到射流边界上速度为零。在等速核以内，射流轴线上的速度等于出口速度；超过等速核以后，射流轴线上的速度迅速降低。

射流撞击井底后，射流的动能转换成对井底的压能，形成井底冲击压力波，且射流流体在井底限制下沿井底方向流动，形成一层沿井底高速流动的漫流。

射流具有等速核和扩散角；在射流横截面上中心速度最大；在射流轴线上，超过等速核以后射流轴线上的速度迅速降低；撞击井底后，形成井底冲击压力波和井底漫流，这是淹没非自由连续射流的基本特征。

2. 射流对井底的清洗作用

射流撞击井底后，形成的井底冲击压力波和井底漫流是射流对井底清洗的两个主要作用形式。

①射流的冲击压力作用。射流撞击井底后形成的冲击压力波并不是作用在整个井底，而是作用在如图 4-2 所示的小圆面积上。就整个井底而言，射流作用的面积内压力较高，而射流作用的面积以外压力较低。在射流的冲击范围内，冲击压力也极不均匀，射流作用的中心压力最高，离开中心则压力急剧下降。另外，由于钻头的旋转，射流作用的小面积在迅速移动，本来不均匀的压力分布又在迅速变化。由于这两个原因，使作用在井底岩屑上的冲击压力极不均匀，极不均匀的冲击压力使岩屑产生一个翻转力矩，从而离开井底。这就是射流对井底岩屑的冲击翻转作用。

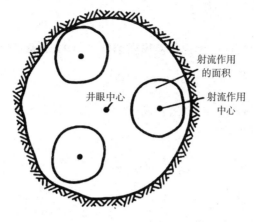

图 4-2　射流冲击面积

②漫流的横推作用。射流撞击井底后形成的漫流是一层很薄的高速液流层,具有附面射流的性质。研究表明,在表面光滑的井底条件下,最大漫流速度出现在距井底小于 0.5 mm 的高度范围内,最大漫流速度值可达到射流喷嘴出口速度的 50%~80%。喷嘴出口距井底越近,井底漫流速度越高。正是这层具有很高速度的井底漫流,对井底岩屑产生一个横向推力,使其离开原来的位置,而处于被钻井液携带并随钻井液一起运动的状态。因而,井底漫流对井底清洗有非常重要的作用。

3. 射流对井底的破岩作用

多年来的研究和喷射钻井实践表明,当射流的水功率足够大时,射流不但有清洗井底的作用,而且还有直接或辅助破碎岩石的作用。在岩石强度较低的地层中,射流的冲击压力超过地层岩石的破碎压力时,射流将直接破碎岩石。这种破岩形式在一口井的表层钻进中经常遇到。如有些地区钻鼠洞,只开泵不用旋转钻头就可完成。在岩石强度较高的地层中,钻头破碎井底岩石时,在机械力的作用下,在岩石中形成微裂纹和裂缝。高压射流流体挤入岩石微裂纹或裂缝,形成"水楔",使微裂纹和裂缝扩大,从而使岩石强度大大降低,钻头的破碎效率大大提高。

(二) 射流水力参数

射流水力参数包括射流的喷射速度、射流冲击力和射流水功率。从衡量射流对井底的清洗效果来看,应该计算的是射流到达井底时的水力参数。但由于射流在不同条件下其速度和压力的衰减规律以及不同射流横截面上的分布规律不同,直接计算井底的射流水力参数还有一定困难。因此,在工程上,选择射流出口断面作为水力参数的计算位置,即计算射流出口处的喷速、冲击力和水功率。

1. 射流喷射速度

钻头喷嘴出口处的射流速度称为射流喷射速度，习惯上称为喷速。其计算式为：

$$v_j = \frac{10Q}{A_o} \qquad \text{式 (4-21)}$$

其中

$$A_o = \frac{\pi}{4} \sum_{i=1}^{z} d_i^2$$

式中，v_j——射流喷速，m/s；

Q——通过钻头喷嘴的钻井液流量，L/s；

A_o——喷嘴出口截面积，cm^2；

d_i——喷嘴直径。= 1，2，…，z），cm；

z——喷嘴个数。

2. 射流冲击力

射流冲击力是指射流在其作用的面积上的总作用力的大小。喷嘴出口处的射流冲击力表达式可以根据动量原理导出，其形式为：

$$F_j = \frac{\rho_d Q^2}{100 A_o} \qquad \text{式 (4-22)}$$

式中，F_j——射流冲击力，kN；

ρ_d——钻井液密度，g/cm^3。

3. 射流水功率

射流在冲离岩屑、清洗井底和协助钻头破碎岩石的过程中，实质上是射流不断地对井底和岩屑做功。单位时间内射流所具有的做功能量越多，其清洗井底和破碎岩石的能力就越强。单位时间内射流所具有的做功能量，就是射流水功率，其表达式为：

$$P_j = \frac{0.05 \rho_d Q^3}{A_o^2} \qquad \text{式 (4-23)}$$

式中，P_j——射流水功率，kW。

（三）钻头水力参数

对井底清洗有实际意义的是射流水力参数。但射流是钻井液通过钻头喷嘴以后产生的。由于喷嘴对钻井液有阻力，要损耗一部分能量。因而，在水力参数设计中，不仅要计算射流的能量，而且还要考虑喷嘴损耗的能量。能反映这两部分能量的，就是钻头的水力参数。钻头水力参数包括钻头压力降和钻头水功率。

1. 钻头压力降

钻头压力降是指钻井液流过钻头喷嘴以后钻井液压力降低的值。当钻井液排量和喷嘴尺寸一定时，根据流体力学中的能量方程，可以得到钻头压力降的计算式为：

$$\Delta p_b = \frac{0.05\rho_d Q^2}{C^2 A_o^2} \qquad 式（4-24）$$

式中，Δp_b——钻头压力降，MPa；

C——喷嘴流量系数，无因次，与喷嘴的阻力系数有关，C 的值总是小于 1。

2. 钻头水功率

钻头水功率是指钻井液流过钻头时所消耗的水力功率。钻头水功率的大部分变成射流水功率，少部分则用于克服喷嘴阻力而做功。根据水力学原理，钻头水功率可用下式表示：

$$P_b = \frac{0.05\rho_d Q^3}{C^2 A_o^2} \qquad 式（4-25）$$

$$P_b = \frac{0.081\rho_d Q^3}{C^2 d_{ne}^4} \qquad 式（4-26）$$

式中，P_b——钻头水功率，kW。

对比式（4-23）与式（4-25）可以得出：

$$P_j = C^2 P_b \qquad 式（4-27）$$

由式（4-27）可以看出，钻头水功率与射流水功率之间只相差一个系数 $C^2 C^2$。实际上表示了喷嘴的能量转换效率。射流水功率是钻头水功率的一部分，是由钻头水功率转换而来的。为了提高射流的水功率，必须选择流量系数高的喷嘴。

射流的另两个水力参数也可以用钻头水力参数来表示，即：

$$v_j = 10C\sqrt{\frac{20}{\rho_d}} \cdot \sqrt{\Delta P_b} \qquad 式（4-28）$$

$$F_j = 0.2A_o C^2 \Delta P_b \qquad 式（4-29）$$

由以上两式可以看出，要提高射流喷速和射流冲击力，必须提高钻头压力降和选择流量系数高的喷嘴。

二、水功率传递的基本关系

钻头水功率是由钻井泵提供的。钻井液从钻井泵排出时，具有一定的水功率，称为钻井泵输出功率或简称泵功率。水功率从钻井泵传递到钻头上，是通过钻井液在循环系统中流动实现的。钻井液循环系统总体上可分为地面管汇、钻柱内、钻头喷嘴和环形空间四部分。钻井液流过这四部分时，都要消耗部分能量，使压力降低。当钻井液返至地面出口管时，其压力变为零。因而，泵压传递的基本关系式可表示为：

$$p_s = p_g + p_{st} + p_{an} + p_b \qquad\qquad 式（4-30）$$

式中，p_s ——钻井泵压力，kW；

p_g ——地面管汇压耗，kW；

p_{st} ——钻柱内压耗，kW；

p_{an} ——环空压耗，kW；

p_b ——钻头压降，kW。

根据水力学原理，水功率是压力和排量的乘积，钻井泵功率可用下式计算：

$$P_s = p_s Q \qquad\qquad 式（4-31）$$

式中，P_s ——钻井泵输出功率，kW；

Q ——钻井泵排量，L/S。

由于整个循环系统是单一管路，系统各处的排量应相等。因此，由式（4-31），泵功率传递的基本关系式可表示为：

$$P_s = P_g + P_{st} + P_{an} + P_b \qquad\qquad 式（4-32）$$

式中，P_g ——地面管汇损耗功率，kW；

P_{st} ——钻柱内损耗功率，kW；

P_{an} ——环空损耗功率，kW；

P_b ——钻头水功率，kW。

按水力参数优选的目的，希望获得较高的钻头压降和钻头水功率。由式（4-30）和式（4-32）可以看出，在泵压或泵功率一定的条件下，要提高钻头压降或钻头水功率，就必须降低地面管汇、钻柱内和环形空间这三部分的压力损耗。习惯上将钻井液在这三部分流动时所造成的压力损耗统称为循环系统压耗。

三、循环系统压耗的计算

钻井液在循环系统的流动，主要是在钻柱内的管内流动和钻柱外的环空流动。对流动介质钻井液本身，根据其流变性不同，又可分为宾汉流体、幂律流体和卡森流体等不同流型。根据钻井液在管内和环空的流动状态，又分为层流流动和紊流流动。根据流体力学的基本理论，不同流型的流体介质在不同的几何空间流动，其流态的判别方法不同，且不同流型的流体介质在不同的几何空间以不同的流态流动时，其压力损耗的计算方法也不同。对循环系统的压力损耗，如果按严格的流体力学理论计算，必须首先测定钻井液的流型及性能；再判断钻井液在循环系统的各个部分流动时的流态；然后根据不同流型和不同流态下的管内流或环空流的压耗计算公式，计算循环系统各部分的压耗；最后合并求出循环系统总的压耗。

从以上的分析可以看出，循环系统压力损耗的计算是一个非常复杂的问题。这是因为，一方面，钻井液是一种非牛顿流体，其流变性变化较大，有多种流型；另一方面，钻井循环系统各部分的几何形状不同，在同一排量下，各部分的流态也不相同；且钻井过程中钻柱在井内是旋转的，钻井液在钻柱井内和环空的流动并不是纯粹的轴向流动，有些问题在理论上还没有彻底解决。因此，在工程计算上，为应用方便，须在精度允许的范围内对循环系统的流动问题进行适当简化。实际上，在钻井条件下，钻井液在管内的流动总是紊流，环空流动则可能是层流也可能是紊流，但考虑到循环系统压耗的主要组成部分是管内压耗，而环空压耗在数值上较小，整个循环系统全按紊流流态计算，在工程上是可以保证足够精度的。另外，在紊流流态下，钻井液流动的剪切速率较高，高剪切速率条件下不同流型钻井液的流变性比较接近，将钻井液都看作宾汉流体，在工程计算中也可以达到足够的精度。因此，在循环系统压耗的实际工程计算中，进行了以下假设：

①钻井液为宾汉流体。

②钻井液在循环系统各部分的流动均为等温紊流流动。

③钻柱处于与井眼同心的位置。

④不考虑钻柱旋转。

⑤井眼为已知直径的圆形井眼。

⑥钻井液是不可压缩流体。

四、钻井泵的工作特性

提高地面机泵的泵压和泵功率是提高钻头水力参数的一个重要途径。但钻井现场不可能为了提高泵功率而经常更换地面机泵。因而，进行水力参数优选应该是在现有机泵条件的基础上，考虑怎样充分发挥地面机泵的能力，使钻井泵得到最合理的应用。这就要求对钻井泵的工作特性有所了解。

每一种钻井泵都有一个最大输出功率，称为泵的额定功率；每一种钻井泵都有几种直径不同的缸套，每种缸套都有一定的允许压力，称为使用该缸套时的额定泵压；在额定泵功率和额定泵压时的排量，称为泵的额定排量；额定排量时的泵冲数为泵的额定冲数。

一方面，由于泵压受到缸套允许压力的限制，即泵压最大只能等于额定泵压，因此，泵功率要小于额定泵功率。随着排量的减小，泵功率将下降。泵的这种工作状态称为额定泵压工作状态。另一方面，由于泵功率受到额定泵功率的限制，即泵功率最大只能等于额定泵功率，因此，泵压要小于额定泵压。随着排量的增加，泵的实际工作压力要降低。泵的这种工作状态称为额定功率工作状态。从泵的两种工作状态可以看出，只有当泵排量等于额定排量时，钻井泵才有可能同时达到额定输出功率和缸套的最大许用压力。因此，在选择缸套时，应尽可能选择额定排量与实用排量相近的缸套，这样才能充分发挥泵的能力。

五、水力参数优化设计概述

水力参数优化设计，是指在一口井施工以前，根据水力参数优选的目标，对钻进每个井段时所采取的钻井泵工作参数（排量、泵压、泵功率等）、钻头和射流水力参数（喷速、射流冲击力、钻头水功率等）进行设计和安排。分析钻井过程中与水力因素有关的各变量可以看出，当地面机泵设备、钻具结构、井身结构、钻井液性能和钻头类型确定以后，真正对各水力参数大小有影响的可控制参数就是钻井液排量和喷嘴直径。因此，水力参数优化设计的主要任务也就是确定钻井液排量和选择喷嘴直径。

进行水力参数优化设计，要进行以下几个方面的工作：

（一）确定最小排量 Q_a

最小排量是指钻井液携带岩屑所需要的最低排量。只要确定了携岩所需的最低钻井液环空返速，也就确定了最小排量。确定最小环空返速的方法有多种。一种方法是根据现场工作经验来确定；另一种方法是用经验公式计算。通常使用的经验公式为：

$$v_a = \frac{18.24}{\rho_d d_h} \qquad \text{式 (4-33)}$$

式中，v_a——最低环空返速，m/s；

ρ_d——钻井液密度，g/cm³；

d_h——井径，cm。

实质上，最低环空返速与钻井液的环空携岩能力有关，钻井液的携岩能力通常用岩屑举升效率（或称为岩屑运载比）来表示。岩屑举升效率是指岩屑在环空的实际上返速度与钻井液在环空的上返速度之比，即：

$$K_s = v_s / v_a \qquad \text{式 (4-34)}$$

式中，K_s ——岩屑举升效率，无因次；

v_a ——钻井液在环空的平均上返速度，m/s；

v_s ——岩屑在环空的实际上返速度，m/s。

在工程上为了保持钻进过程中产生的岩屑量与井口返出量相平衡，一般要求 $K_s \geq$ 0.5。因此，在用经验公式确定了最低环空返速以后，还应对岩屑举升效率进行计算，以确信 $K_s \geq 0.5$。

为计算 K_s，需求出岩屑的实际上返速度 v_s。设岩屑在钻井液中的下滑速度为如，则 $v_s = v_a - v_{sl}$。岩屑的下滑速度与钻井液的性能有关，其计算公式为：

$$v_{s1} = \frac{0.0707 d_s (\rho_s - \rho_d)^{\frac{2}{3}}}{\rho_d^{\frac{1}{3}} \mu_e^{\frac{1}{3}}} \qquad 式（4-35）$$

式中，v_{s1} ——岩屑在钻井液中的下滑速度，m/s；

d_s ——岩屑直径，cm；

ρ_s，ρ_d ——分别为岩屑和钻井液密度，g/cm³。

μ_e ——钻井液有效黏度，Pa·s。

μ_e 可按下式计算：

$$\mu_e = K \left(\frac{d_h - d_p}{1200 v_a}\right)^{1-n} \left(\frac{2n + 1}{3n}\right)^n \qquad 式（4-36）$$

式中，d_h，d_p ——分别为井径和钻柱外径，cm；

K ——钻井液稠度系数，Pa·sⁿ；

n ——钻井液流性指数，无因次。

根据以上各式求出的 K_s 若大于 0.5，则所确定的环空最低返速可用。若 $K_s < 0.5$，则需要适当调整钻井液性能或适当调整最低环空返速的值，以确保 $K_s \geq 0.5$。

最低返速确定以后，即可根据下式确定携岩所需的最小排量：

$$Q_a = \frac{\pi}{40}(d_h^2 - d_p^2) v_a \qquad 式（4-37）$$

式中，Q_a ——最小排量，L/S。

（二）计算不同井深时的循环系统压耗系数

将全井分为若干个井段，用每个井段最下端处的井深作为计算井深。根据前面所讲的公式，分别计算 K_g，K_p，K_e，m，a，最后计算不同井深时的循环系统压耗系数 $K_L = a + m$。

（三）选择缸套直径

钻井泵的每一级缸套都有一个额定排量，在所选缸套的额定排量 Q_r 大于携带岩屑所需的最小排量 Q_a 的前提下，尽量选用小尺寸缸套。缸套直径确定以后，P_r、Q_r、p_r 三个额定参数就确定了。需要注意的是，应根据所选用缸套的允许压力和整个循环系统（包括地面管汇、水龙带、水龙头等）耐压能力的最小值，确定钻井过程中钻井泵的最大许用压力 p_r。

（四）排量、喷嘴直径及各项水力参数的计算和确定

在确定排量之前先要选择水力参数优选的标准；根据所选择的优选标准计算第一和第二临界井深；根据优选标准、临界井深和获得最大水力参数的条件，计算各井段所用的排量和喷嘴直径；同时，计算出不同井段可获得的射流参数和钻头水力参数 v_j、F_j、Δp_b、P_b。

第五章 完井工艺

完井方式是油田开发中的一项重要工作，油藏开发方案和井下作业措施都要通过完井管柱来实现。目前完井方式有多种类型，但都有其各自的适用条件和局限性。只有根据油气藏类型和油气层的特性去选择最合适的完井方式，才能有效地开发油气田，延长油气井寿命和提高其经济效益。

第一节 直斜井完井方式

目前，国内外最常见的完井方式有套管或尾管射孔完井、割缝衬管完井、裸眼完井、裸眼或套管砾石充填完井等。由于现有的各种完井方式都有其各自适用的条件和局限性，因此，了解各种完井方式的特点是十分重要的。

一、射孔完井

射孔完井是国内外最为广泛和最主要使用的一种完井方式，其中，包括套管射孔完井和尾管射孔完井。

（一）套管射孔完井

套管射孔完井是钻穿油层直至设计井深，然后下油层套管至油层底部注水泥固井，最后射孔，射孔弹射穿油层套管、水泥环并穿透油层某一深度，建立起油流的通道。

套管射孔完井既可选择性地射开不同压力、不同物性的油层，以避免层间干扰，还可避开夹层水、底水和气顶，避开夹层的坍塌，具备实施分层注、采和选择性压裂或酸化等分层作业的条件。

（二）尾管射孔完井

尾管射孔完井是在钻头钻至油层顶界后，下技术套管注水泥固井，然后用小一级的钻头钻穿油层至设计井深，用钻具将尾管送下井悬挂在技术套管上，尾管与技术套管的重合段（一般不小于 50 m）。再对尾管注水泥固井，然后射孔。

尾管射孔完井由于在钻开油层以前上部地层已被技术套管封固，因此，可以采用与油层相配伍的钻井液以平衡压力、低平衡压力的方法钻开油层，有利于保护油层。此外，这种完井方式可以减少套管重量和油井水泥的用量，从而降低完井成本，目前，较深的油、气井大多采用此方法完井。射孔完井对多数油藏都能适用。

二、裸眼完井

裸眼完井方式有两种完井工序。

一是钻头钻至油层顶界附近后，下技术套管注水泥固井。水泥浆上返至预定的设计高度后，再从技术套管中下入直径较小的钻头，钻穿水泥塞，钻开油层至设计井深完井。

有的厚油层适合于裸眼完井，但上部有气顶或顶界邻近又有水层时，也可以将技术套管下过油气界面，使其封隔油层的上部分然后裸眼完井。必要时，再射开其中的含油段，国外称为复合型完井方式。

裸眼完井的另一种工序是不更换钻头，直接钻穿油层至设计井深，然后下技术套管至油层顶界附近，注水泥固井。固井时，为防止水泥浆伤害套管鞋以下的油层，通常在油层段垫砂或者替入低失水、高黏度的钻井液，以防水泥浆下沉。或者在套管下部安装套管外封隔器和注水泥接头，以承托环空的水泥浆，防止其下沉，这种完井工序一般情况下不采用。

裸眼完井的最主要特点是油层完全裸露，因而油层具有最大的渗流面积，这种井称为水动力学完善井，其产能较高。裸眼完井虽然完善程度高，但使用局限很大。砂岩油、气层，中、低渗透层大多需要压裂改造，裸眼完井则无法进行。同时，砂岩中大都有泥页岩夹层，遇水多易坍塌而堵塞井筒。碳酸盐岩油气层，包括裂缝性油、气层，如 20 世纪 70 年代中东的不少油田，我国华北任丘油田古潜山油藏，四川气田等大多使用裸眼完井。后因裸眼完井难以进行增产措施和控制底水锥进和堵水，以及射孔技术的进步，现多转变为套管射孔完成。

三、割缝衬管完井

割缝衬管完井方式也有两种完井工序。一是用同一尺寸钻头钻穿油层后，套管柱下端连接衬管下入油层部位，通过套管外封隔器和注水泥接头固井封隔油层顶界以上的环形空间。

由于此种完井方式井下衬管损坏后无法修理或更换，因此，一般都采用另一种完井工序，即钻头钻至油层顶界后，先下技术套管注水泥固井，再从技术套管中下入直径小一级的钻头钻穿油层至设计井深。最后在油层部位下入预先割缝的衬管，依靠衬管顶部的衬管悬挂器将衬管悬挂在技术套管上，并密封衬管和套管之间的环形空间，使油气通过衬管的割缝流入井筒。

这种完井工序油层不会遭受固井水泥浆的伤害，可以采用与油层相配伍的钻井液或其他保护油层的钻井技术钻开油层，当割缝衬管发生磨损或失效时也可以起出修理或更换。

割缝衬管的防沙机理是允许一定大小的，能被原油携带至地面的细小沙粒通过，而把较大的沙粒阻挡在衬管外面，大沙粒在衬管外形成"沙桥"，达到防沙的目的。

由于"沙桥"处流速较高，小沙粒不能停留在其中。沙粒的这种自然分选使"沙桥"具有较好的流通能力，同时，又起到保护井壁骨架沙的作用。割缝缝眼的形状和尺寸应根据骨架沙粒度来确定。

（一）缝眼的形状

缝眼的剖面应呈梯形，梯形两斜边的夹角与衬管的承压大小及流通量有关，一般为12°左右。梯形大的底边应为衬管内表面，小的底边应为衬管外表面。这种缝眼的形状可以避免沙粒卡死在缝眼内而堵塞衬管。

（二）缝口宽度

梯形缝眼小底边的宽度称为缝口宽度。割缝衬管防沙的关键就在于如何正确地确定缝口宽度。根据实验研究，沙粒在缝眼外形成"沙桥"的条件是：缝口宽度不大于沙粒直径的两倍，即：

$$e \leqslant 2D_{10} \qquad\qquad 式（5-1）$$

此处，e 代表缝口宽度，D_{10} 代表在产层沙粒度组成累积曲线上，占累积质量为10%所对应的沙粒直径。这就表明：占沙样总质量为90%的细小砂粒允许通过缝眼，而占沙样总质量为10%的大直径承载骨架沙不能通过，被阻挡在衬管外面形成具有较高渗透率的"沙桥"。

缝眼的排列形式有沿着衬管轴线的平行方向割缝或沿衬管轴线的垂直方向割缝两种。

由于垂直方向割缝的衬管比平行方向割缝的衬管强度低，因此，一般都采用平行方向割缝。其缝眼的排列形式以交错排列为宜。

（三） 割缝衬管的尺寸

根据技术套管尺寸、裸眼井段的钻头直径，可确定应下入的割缝衬管外径，见表5-1。

表 5-1 割缝衬管完井，套管、钻头、衬管匹配表

技术套管		裸眼井段钻头		割缝衬管	
公称尺寸 /in	查管外径 /mm	公称尺寸 /in	钻头直径 /mm	公称尺寸 /in	衬管外径 /mm
7	177.8	6	152	$5 \sim 5\frac{1}{2}$	127 ~ 140
$8\frac{5}{8}$	219.1	$7\frac{1}{2}$	190	$5\frac{1}{2} \sim 6\frac{5}{8}$	140 ~ 168
$9\frac{5}{8}$	244.5	$8\frac{1}{2}$	216	$6\frac{5}{8} \sim 7\frac{5}{8}$	168 ~ 194
$10\frac{3}{4}$	273.1	$9\frac{5}{8}$	244.5	$7\frac{5}{8} \sim 8\frac{5}{8}$	194 ~ 219

（四） 缝眼的长度

缝眼的长度应根据管径的大小和缝眼的排列形式而定，通常为20~300 mm。由于垂向割缝衬管的强度低，因此垂向割缝的缝长较短，一般为20~50 mm。平行向割缝衬管的缝长一般为50~300 mm。小直径高强度衬管取高值，大直径低强度衬管取低值。

（五） 缝眼的数量

缝眼的数量决定了割缝衬管的流通面积。在确定割缝衬管流通面积时，既要考虑产液量的要求，又要顾及割缝衬管的强度。其确定原则应该是：在保证衬管强度的前提下，尽量增加衬管的流通面积。国外一般取缝眼的总面积为衬管外表总面积的2%。

缝眼的数量可由下式确定：

$$n = \frac{\alpha F}{el} \qquad \qquad 式（5-2）$$

式中，n ——缝眼的数量，条/m；

α ——缝眼总面积占衬管外表总面积的百分数，一般取2%；

F ——每米衬管外表面积，mm²/m；

e——缝口宽度，mm；

l——缝眼长度，mm。

割缝衬管完井方式是当前主要的完井方式之一。它既起到裸眼完井的作用，又防止了裸眼井壁坍塌堵塞井筒的作用，同时，在一定程度上起到防沙的作用。由于这种完井方式的工艺简单，操作方便，成本低，故而在一些出沙不严重的中粗沙粒油层中不乏使用，特别在水平井中使用较普遍。

四、砾石充填完井

对于胶结疏松出沙严重的地层，一般应采用砾石充填完井方式。它是先将绕丝筛管下入井内油层部位，然后用充填液将在地面上预先选好的砾石泵送至绕丝筛管与井眼或绕丝筛管与套管之间的环形空间内，构成一个砾石充填层，以阻挡油层沙流入井筒，达到保护井壁、防沙入井之目的。砾石充填完井一般都使用不锈钢绕丝筛管面，不用割缝衬管。其原因如下：

①割缝衬管的缝口宽度由于受加工割刀强度的限制，最小为 0.5 mm。因此，割缝衬管只适用于中、粗沙粒油层。而绕丝筛管的缝隙宽度最小可达 0.12 mm，故其适用范围要大得多。

②绕丝筛管是由绕丝形成一种连续缝隙，流体通过筛管时几乎没有压力降。绕丝筛管的断面为梯形，外窄内宽。具有一定的"自洁"作用，轻微的堵塞可被产出流体疏通。

③绕丝筛管以不锈钢丝为原料，其耐腐蚀性强，使用寿命长，综合经济效益高。为了适应不同油层特性的需要，裸眼完井和射孔完井都可以充填砾石，分别称为裸眼砾石充填和套管砾石充填。

（一）裸眼砾石充填完井方式

在地质条件允许使用裸眼而又需要防砂时，就应该采用裸眼砾石充填完井方式。其工序是钻头钻达油层顶界以上约 3 m 后，下技术套管注水泥固井，再用小一级的钻头钻穿水泥塞，钻开油层至设计井深，然后更换扩张式钻头将油层部位的井径扩大到技术套管外径的 1.5~2 倍，以确保充填砾石时有较大的环形空间，增加防沙层的厚度，提高防沙效果。一般砾石层的厚度不小于 50 mm。

扩眼工序完成后，便可进行砾石充填工序。

（二）套管砾石充填完井方式

套管砾石充填的完井工序是：钻头钻穿油层至设计井深后，下油层套管于油层底部，注水泥固井，然后对油层部位射孔。要求采用高孔密（30~40孔/m），大孔径（20~25.4 mm）射孔，以增大充填流通面积，有时还把套管外的油层沙冲掉，以便于向孔眼外的周围油层填入砾石，避免砾石和地层沙混合增大渗流阻力。充填液有两种，一是用 HEC 或聚合物作为充填液，高密度充填，携沙体积比达 96%（12 lb/gal），也就是 1 m^3 液体要充填 0.96m^3 砾石。另一种是采用低黏度盐水作为携沙液，携沙比为 8%~15%（1~2 lb/gal），这样可以减少高黏携沙液对地层的伤害。

虽然有裸眼砾石充填和套管砾石充填之分，但二者的防沙机理是完全相同的。

充填在井底的砾石层起着滤沙器的作用，它只允许流体通过，而不允许地层沙粒通过。其防沙的关键是必须选择与出沙粒径匹配的绕丝筛管及与油层岩石颗粒组成相匹配的砾石尺寸。选择原则是既要能阻挡油层出沙，又要使砾石充填层具有较高的渗透性能。因此，绕丝筛管和砾石的尺寸、砾石的质量、充填液的性能、高沙比充填［要求沙液体积比达到（0.8~1）：1］及施工质量是砾石充填完井防沙成功的技术关键。

（三）砾石质量要求

充填砾石的质量直接影响防沙效果及完井产能。因此，砾石的质量控制十分重要。砾石质量包括砾石粒径的选择、砾石尺寸合格程度、砾石的球度和圆度、砾石的酸溶度、砾石的强度等。

1. 砾石粒径的选择

国内外推荐的砾石粒径是油层沙粒度中值 D_{50} 的 5~6 倍。

2. 砾石尺寸合格程度

API 砾石尺寸合格程度的标准是大于要求尺寸的砾石质量不得超过沙样的 0.1%，小于要求尺寸的砾石质量不得超过沙样的 2%。

3. 砾石的强度

API 砾石强度的标准是抗破碎试验所测出的破碎沙质量含量不得超过表 5-2 所示的数值。

充填沙粒度/目	破碎沙质量百分含量/%
8~16	8
12~20	4
16~30	2
20~40	2

续表

充填沙粒度/目	破碎沙质量百分含量/%
30~50	2
40~60	2

4. 砾石的球度和圆度

API砾石圆、球度的标准是砾石的平均球度应大于0.6，平均圆度也应大于0.6。

5. 砾石的酸溶度

API砾石酸溶度的标准是：在标准土酸（3%HF+12%HCL）中砾石的溶解质量百分数不得超过1%。

6. 砾石的结团

API的标准是砾石应由单个石英砂粒组成，如果砂样中含有1%或更多个砂粒结团，该砂样不能使用。

（四）绕丝筛管缝隙尺寸的选择

绕丝筛管应能保证砾石充填层的完整，故其缝隙应小于砾石充填层中最小的砾石尺寸，一般取为最小砾石尺寸的1/2~2/3。例如，根据油层砂粒度中值，确定砾石粒径为16~30目，其砾石尺寸的范围是0.58~1.19 mm，所选的绕丝缝隙应为0.3~0.38 mm。

（五）多层砾石充填工艺

对于一个多层且需要防沙的油井，应按照油藏开发的要求，将油层划分为几个层段分段防沙。这样做的优点是在油井生产过程中，通过钢丝作业和井下作业对各层可以分层控制和分层采取措施；有利于控制含水上升和提高油井产量，从而提高油田采收率。分段防沙方法如下：

1. 逐层充填法

首先从最底层开始，逐层往上进行。其作业过程与单层油井充填过程一样，只是在每层之间的封隔器中多下一个相应的堵塞器，堵塞器形状如图5-1所示。它起一个临时桥塞作用，以免伤害下部油层。这样可以在封隔器以上进行试压、射孔和清洗等作业。在上层射孔作业完成后，必须将堵塞器捞出，然后下入防沙筛管，进行防沙作业。这样一层一层地往上进行。

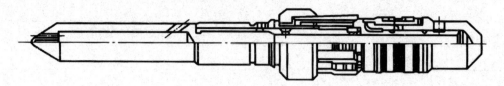

图 5-1　堵塞器

2. 一次多层砾石充填法

一次一趟或一次两趟管柱充填二三层。南海某油田有 2~8 个油层段，每个层段都需要防沙。为了减少充填作业时间，采用一次两趟管柱防沙二三层的方法。所谓两趟管柱是指第一趟把筛管及封隔器坐封工具总成的管柱下入井内，并在全部封隔器坐封、验封后起出此管柱，然后下入第二趟管柱，即砾石充填管柱对二三层分别进行防沙。

其井下固定部分、坐封工具总成、充填工具总成及充填工艺如下：

①一次两趟多层井下固定部分的总成包括：底部封隔器插入密封总成、下层绕丝筛管、盲管、隔离封隔器总成（定位指示接头、密封短节、滑套、隔离封隔器）、绕丝筛管、盲管、顶部防沙封隔器总成（定位指示接头、密封短节、滑套、密封短节、内密封套筒、顶部防沙封隔器）。

②一次两趟多层坐封工具总成包括盲堵、弹性爪指示器、冲管、密封短节、带孔短节、密封短节头、冲管、液压坐封工具总成。

③一次两趟多层充填工具总成包括密封短节、带孔短节、冲管、滑套开关，冲管、弹性爪指示器，冲管、变扣（内装单向球）、密封件，循环短节、密封件、冲管，限位接头、冲管，内密封套下入工具和密封套筒，顶部作业工具。

④充填工具：将防沙井下固定部分及坐封工具总成下到预定位置，投球加压坐封顶部封隔器，验封后右转上提将作业工具脱手，继续上提到反循环位置，反循环出坐封球。然后起出坐封工具总成。下入充填管柱，对各层分别进行防沙。

一次一趟或一次两趟管柱多层砾石充填工艺的优点：减少起下钻次数，节省作业时间，特别对多层防沙井，经济效益好。

利用水力封隔式封隔器（不带卡瓦）对各层进行封隔。几乎所有井下工具都不需要转动，坐封后右转脱手是唯一转动，因而在斜井中作业安全可靠。

（六）水力压裂砾石充填技术

高排量水砾石充填（HRWP）和端部脱沙预充填（TSO-Prepack）。这两项技术都是用海水或盐水将油层压裂开形成短裂缝进行砾石充填，可根据不同类型油层采用其中一项技术。其共同特点是通过压裂穿过油层伤害带，在近井地区充填砾石，形成高导流能力区。防止聚合物高黏度携沙液在将砾石输送到长裂缝过程中形成空穴，也避免了聚合物携砂液沙胶不彻底而降低裂缝导流能力，同时，节约了作业成本。

1. 高排量水砾石充填（HRWP）

此法适用于层状油层需要防沙的油井。施工前，预先对地层进行试压，证明海水或盐水可将地层压裂开，然后高排量注水，排量为 1.59 m³/min，先将第一层压裂开，裂缝长度控制在 1.5~3 m；紧接着泵入稀沙浆，浓度为 120~240 kg/m³ 直至端部脱沙，压力上升，则"自行分流"，压裂开第二层。再充填第二层，直至全部射孔井段都充填完。

由于这一"自行分流"的特征，高排量水砾石充填在处理长达 137 m 的井段中，已经取得了效果。

2. 端部脱沙预充填（TSO-Prepack）

端部脱沙预充填方法，用于油层伤害严重而又漏失的油井，对这类井不宜采用高排量水砾石充填。端部脱沙预充填是采用冲洗炮眼的前置液，该前置液中加入与地层孔隙尺寸匹配的碳酸钙颗粒和聚合物桥堵剂。它能控制滤失，可迅速地在裂缝面上形成滤饼，将裂缝面上以及压开地层的漏失减少至最低限度，待前置液建立压力场后，再将地层压裂开，紧接着以低排量 0.8 m³/min 泵水，采用低携沙比充填，最后端部脱沙，形成 3~6 m 的支承裂缝。充填厚度应小于 30 m，土下隔层厚度不小于 3 m。水力压裂端部脱沙还可在尾沙中加入树脂包沙，以防止压后吐沙，有时还可以与酸化联作。此工艺主要用作预处理，即预处理后再在套管内进行砾石充填，也可在端部脱沙后即投产。

五、其他防沙筛管完井

（一）预充填砾石绕丝筛管

预充填砾石绕丝筛管是在地面预先将符合油层特性要求的砾石，填入具有内外双层绕丝筛管的环形空间而制成的防砂管。将此种筛管下入井内，对准出砂层位进行防砂。

使用该防沙方法的油井产能低于井下砾石充填的油井产能，防沙有效期不如砾石充填长，因其不像砾石充填能防止油层沙进入井筒，只能防止油层沙进入井筒后不再进入油管。但其工艺简便、成本低，在一些不具备砾石充填的防沙井，仍是一种有效方法。因而国外仍普遍采用，特别在水平井中更常使用。

预充填砾石粒径的选择及双层绕丝筛管缝隙的选择等，皆与井下砾石充填相同，外筛管外径与套管内径的差值应尽量小，一般以 10 mm 左右为宜，以增加预充填砾石层的厚度，从而提高防沙效果。预充填砾石层的厚度应保证在 25 mm 左右。内筛管的内径应大于中心管外径 2 mm 以上，以便能顺利组装在中心管上。

（二）金属纤维防沙筛管

不锈钢纤维是主要的防沙材料，由断丝、混丝经滚压、梳分、定形而成。它的主要防沙原理是：大量纤维堆集在一起时，纤维之间就会形成若干缝隙，利用这些缝隙阻挡地层沙粒通过，其缝隙的大小与纤维的堆集紧密程度有关。通过控制金属纤维缝隙的大小（控制纤维的压紧程度）达到适应不同油层粒径的防沙。此外，由于金属纤维富有弹性，在一定的驱动力下，小沙粒可以通过缝隙，避免金属纤维被填死。沙粒通过后，纤维又可恢复原状而达到自洁的作用。

在注蒸汽开采条件下，要求防沙工具具备耐高温（360 ℃）、耐高压（18.9 MPa）和耐腐蚀（pH 值为 8~12）等性质，不锈钢纤维材质特性符合以上要求。

（三）陶瓷防砂滤管

胜利油田研制的陶瓷防沙滤管，其过滤材料为陶土颗粒，其粒径大小以油层沙中值及渗透率高低而定，陶粒与无机胶结剂配成一定比例，经高温烧结而成。其形状为圆筒形，装入钢管保护套中与防沙管连接，即可下井防沙。

该滤沙管具有较强的抗折抗压强度，并能耐高矿化度水、土酸、盐酸等腐蚀。现已在油田现场推广使用。

（四）多孔冶金粉末防沙滤管

这种防沙滤管是用铁、青铜、锌白铜、镍、蒙乃尔合金等金属粉末作为多孔材料加工而成的。它具有以下特点：

①可根据油层沙粒度中值的大小，选用不同的球形金属粉末粒径（20~30 μm）烧结，从而形成孔隙大小不同的多孔材料，因而其控沙范围大，适用广。

②一般渗透率在 10 μm^2 左右，孔隙度在 30% 左右。不仅沙控能力强，而且对油井产能影响较小。

③一般采用铁粉烧结，因而成本低。

④用铁粉烧结的防沙管，其耐腐蚀性较差，应采取防腐处理。

（五）多层充填井下滤沙器

多层充填井下滤沙器是由基管、内外泄油金属丝网、三四层单独缠绕在内外泄油网之间的保尔（Pall）介质过滤层及外罩管组成。该介质过滤层是主要的滤沙原件，它是由不锈钢丝与不锈钢粉末烧结而成的，因此可根据油层沙粒度中值，选用不同粒径的不锈钢粉末烧结，其控制范围广。

（六）外导向罩滤沙筛管

外导向罩滤沙筛管是绕丝筛管与滤沙管结合于一体的新产品。它既具有绕丝预充填筛管，又具有滤沙管的性能，而且优于其各自的性能。该滤沙筛管由四个部件组成，一是带孔的基管，其外面是绕丝筛管，但钢丝由原来的梯形改为圆形的断面。筛管外面包以由细钢丝编织绕结的网套，代替原先的预充填沙粒，再外面是一外导向罩，用于保护滤沙筛管。这一结构提供了最优的生产能力，并延长了筛管的寿命，可用于垂直井、水平井的套管射孔或裸眼完井。

1. 外导向罩

外导向罩起着保护筛管和导向的作用。在筛管下井时可防止井眼碎屑、套管毛刺损害筛管，一旦油井投产，导向罩流入结构可使地层产出携带沙的液体改变流向，以减弱对筛管冲刺，因而延长了筛管的寿命。

2. 钢丝编织滤沙网套

钢丝编织滤沙网套比预充填筛管的流入面积大 10 倍，提供了最大的流入面积和均匀的孔喉，有助于形成一个可渗透的滤饼，此外，携带沙的液体再一次改变流向，而减少对筛管冲刺。更重要的是此滤沙网套可以反冲洗，可清除吸附在滤沙网套上的细沙泥饼。

3. 绕丝筛管

携沙的液体先进入外导向罩，再通过钢丝编织滤沙网套，最后通过绕丝筛管，将油层出沙放在整套滤沙筛管外，而让流体进入筛管中心管的孔眼，再进入油管产出地面。此绕丝筛管与原来绕丝筛管一样，都是焊接在骨架上，其不同之处是绕丝的断面由梯形改为圆形，可充分利用圆形的全部表面积，改变液体转向，从而减弱冲蚀，提高了使用寿命。

其技术规范如下：绕丝间隙为 25 μm；毁坏试验达到 41.4 MPa；拉伸载荷伸长率为 2%；破碎试验达到原直径的 60%；扭矩试验扭曲 3.3（°）/m。

由于该筛管改进了结构，改善材质和制造工艺，可防粗、中、细粒度的沙，并提高了防沙效果，延长了使用寿命。

六、化学固沙完井

化学固沙是以各种材料（水泥浆、酚醛树脂等）为胶结剂，以轻质油为增孔剂，以各种硬质颗粒（石英沙、核桃壳等）为支撑剂，按一定比例拌和均匀后，挤入套管外堆集于出沙层位。凝固后形成具有一定强度和渗透性的人工井壁防止抽层出沙。或者不加支撑剂，直接将胶结剂挤入套管外出沙层中，将疏松沙岩胶结牢固防止油层出沙。还有辽河油田的高温化学固沙剂，主要是在注蒸汽井上使用，可以耐温 350 ℃以上。此外，还有胜利油田研制成功并用于生产的酚醛树脂地下合成防沙，加拿大阿尔伯达研究中心（ARC）用聚合物等材料制成的化学固沙剂可防细粉沙。化学固沙虽然是一种防沙方法，但在使用上有其局限性，仅适用于单层及薄层，防沙油层一般以 5 m 左右为宜，不宜用在大厚层或长井段防沙。各种完井方式适用的条件见表 5-3。

表 5-3　各种完井方式适用的地质条件（垂直井）

完井方式	适用的地质条件
射孔完井	①有气顶或有底水、含水夹层、易塌夹层等复杂地质条件，要求实施分隔层段的储层 ②各分层之间存在压力、岩性等差异，要求实施分层测试、分层采油、分层注水分层处理的储层 ③要求实施大规模水力压裂作业的低渗透储层 ④砂岩储层、碳酸盐岩裂缝性储层
裸眼完井	①岩性坚硬致密，井壁稳定不坍塌的碳酸盐岩地层 ②无气顶、无底水、无含水夹层及易塌夹层的储层 ③单一厚储层，或压力、岩性基本一致的多层储层 ④不准备实施分隔层段，选择性处理的储层
割缝衬管完井	①无气顶、无底水、无含水夹层及易塌夹层的储层 ②单一厚储层，或压力、岩性基本一致的多层储层 ③不准备实施分隔层段，选择性处理的储层
裸眼砾石充填	①无气顶、无底水、无含水夹层的储层 ②单一厚储层，或压力、岩性基本一致的多层储层 ③不准备实施分隔层段，选择性处理的储层 ④岩性疏松出砂严重的中、粗、细沙粒储层
套管砾石充填	①有气顶、或有底水、或有含水夹层、易塌夹层等复杂地质条件，要求实施分隔层段的储层 ②各分层之间存在压力、岩性等差异，要求实施选择性处理的储层 ③岩性疏松，出沙严重的中、粗、细沙粒储层

续表

完井方式	适用的地质条件
复合型完井	①岩性坚硬致密，井壁稳定不坍塌的碳酸盐岩地层 ②裸眼井段内无含水夹层及易塌夹层的储层 ③单一厚储层，或压力、岩性基本一致的多层储层 ④不准备实施分隔层段，选择性处理的储层 ⑤有气顶，或储层顶界附近有高压水层，但无底水的储层

第二节 水平井完井方式

国外早在 20 世纪 20 年代就开始了利用钻水平井来提高油气田采收率的尝试，70 年代，水平井钻井技术有了较大的突破。特别是 80 年代发展了导向钻井技术，引起了当今水平井开采的技术革命，产生了一场巨大的石油工业技术变革，在世界 20 多个产油国形成了用水平井开采油气田的较大工业规模。随着技术的不断发展，90 年代，分支水平井和大位移水平井技术也得到了飞速的发展，目前，已成为石油天然气工业领域内的重大技术。

目前，常见的水平井完井方式有裸眼完井、割缝衬管完井、带管外封隔器（ECP）的割缝衬管完井、射孔完井和砾石充填完井五类。水平井按其造斜和曲率半径可分为短、中、长三类（见表 5-4）。

表 5-4 水平井类型

标志	短	中	长
曲率半径	20~40 ft 6~12 m	165~700 ft 50~213 m	1000~3000 ft 305~914 m
造斜率	1.5~3（°）/ft 5~10（°）/m	8（°）/100 ft~30（°）/100 ft 26（°）/100 m~9（°）/100 m	2（°）/100 ft~6（°）/100 ft 7（°）/100 m~20（°）/100 m

由于水平井的各种完井方式有其各自的适用条件，故应根据油藏具体条件选用。

一、裸眼完井方式

这是一种最简单的水平井完井方式，即技术套管下至预计的水平段顶部，注水泥固井封隔，然后换小一级钻头钻水平井段至设计长度完井。裸眼完井主要用于碳酸盐岩等坚硬不坍塌地层，特别是一些垂直裂缝地层。

二、割缝衬管完井方式

完井工序是将割缝衬管悬挂在技术套管上，依靠悬挂封隔器封隔管外的环形空间。割缝衬管要加扶正器，以保证衬管在水平井眼中居中。目前，水平井发展到分支井及多底井，其完井方式也多采用割缝衬管完井。

割缝衬管完井主要用于不宜用套管的射孔完井，又要防止裸眼完井时地层坍塌的井。因此完井方式简单，既可防止井塌，还可将水平井段分成若干段进行小型措施，当前水平井多采用此方式完井。

三、射孔完井方式

技术套管下过直井段注水泥固井后，在水平井段内下入完井尾管、注水泥固井。完井尾管和技术套管宜重合 100 m 左右，最后在水平井段射孔。

这种完井方式将层段分隔开，可以进行分层增产及注水作业，可在稀油和稠油层中使用，是一种非常实用的方法。

四、管外封隔器（ECP）完井方式

这种完井方式是，依靠管外封隔器实施层段的分隔，可以按层段进行作业和生产控制，这对于注水开发的油田尤为重要。

五、砾石充填完井方式

在水平井段内，不论是进行裸眼井下砾石充填或是套管内井下砾石充填，其工艺都很复杂，目前，正处在矿场试验阶段。

裸眼井下砾石充填时，在砾石完全充填到位之前，井眼有可能已经坍塌。

裸眼井下砾石充填时，扶正器有可能被埋置在疏松地层中，因而很难保证长筛管居中。

裸眼水平井预充填砾石绕丝筛管完井，其筛管结构及性能同垂直井一样，但使用时应加扶止器，以便使筛管在水平段居中。

水平井裸眼及套管完井井下砾石充填时，因井段太长，充填液的滤失量过大，充填过程中不仅易造成脱沙、沙堵而充填失败，而且会造成油层伤害，因而长井段水平井砾石充填一直处于试验阶段。近年来，国外在此方面有了技术改进，裸眼完成井，在钻井液中加入暂堵剂将地层全部暂堵住。套管射孔完成井，在完井液中也加入暂堵剂，将射开的孔眼全部暂堵住。两者暂堵后渗透率均为零，做到无滤失，从而为砾石充填创造条件，充填液可采用盐水、$CaCl_2$水或低黏度充填液，沙比为 $240\sim480$ kg/m³，充填长度已达 1000 m 左右，充填沙量 13 608 kg 左右。在充填作业完成后，通过酸化或其他化学剂来解除暂堵堵塞。

虽然水平井砾石充填的技术问题可以解决，但工艺较复杂，成本高，因而，水平井的防沙完井目前仍多采用预充填砾石筛管、金属纤维筛管或割缝衬管等方法完成。

表 5-5　各种水平井完井方式的优缺点

完井方式	优点	缺点
裸眼完井	成本最低储层不受水泥浆的伤害 使用可膨胀式双封隔器，可以实施生产控制和分隔层段的增产作业 使用转子流量计，可以实施生产检测	疏松储层，井眼可能坍塌难以避免层段之间的窜通 可选择的增产作业有限，如不能进行水力压裂作业 生产检测资料不可靠
割缝衬管完井	成本相对较低 储层不受水泥浆的伤害 可防止井眼坍塌	不能实施层段的分隔，不可避免地有层段之间的窜通 无法进行选择性增产增注作业 无法进行生产控制，不能获得可靠的生产测试资料
带 ECP 的割缝衬管完井	相对中等程度的完井成本 储层不受水泥浆的伤害 依靠管外封隔器实施层段分隔，可以在一定程度上避免层段之间的窜通 可以进行生产控制、生产检测和选择性的增产增注作业	管外封隔器分隔层段的有效程度，取决于水平井眼的规则程度，封隔器的坐封和密封件的耐压、耐温等因素
射孔完井	最有效的层段分隔，可以完全避免层段之间的窜通 可以进行有效的生产控制、生产检测和包括水力压裂在内的任何选择性增产增注作业	相对较高的完井成本 储层受水泥浆的伤害 水平井的固井质量目前尚难保证要求较高的射孔操作技术

续表

完井方式	优点	缺点
裸眼预充填砾石完井	储层不受水泥浆的伤害 可以防止疏松储层出沙及井眼坍塌 特别适宜于热采稠油油藏	不能实施层段的分隔,不可避免有层段之间的窜通 无法进行选择性增产增注作业 无法进行生产控制等
套管内预充填砾石完井	可以防止疏松储层出沙及井眼坍塌 特别适宜于热采稠油油藏 可以实施选择性地射开层段	储层受水泥浆的伤害 必须起出井下预充填砾石筛管后,才能实施选择性的增产增注作业

六、分支水平井完井

我国新疆、塔里木、辽河、胜利、冀东、大庆、四川等油田都先后钻成不少分支井,现已步入世界水平井分支的行列。

分支水平井开发油气田的主要优越性为:能增大泄油面积,提高纵向和水平方向的扫油范围;能开采薄油层,屋脊油层;能动用常规方式难以动用的储量及剩余储量;能暴露更多的天然裂缝系统;一口主眼井能起到多口井的作用,提高单井产量;可同时开采多个产层;注水井可增加注水量;能减少水、气脊进;减少岩性各向异性影响;降低水平井成本。一般来说单一水平井的产能至少是直井的两三倍,而成本为直井的 1.5~2 倍,对于分支水平井,多钻一分支,增加的成本为水平井的 1/10 左右,产量却能得到大幅度提升。

多分支井的经济效益具体表现在以下几方面:

①能增大井眼与油藏的接触面积,增大泄油面积,改善油藏动态流动剖面,降低锥进效应,提高泄油面积,从而提高采收率。

②可应用于多种油气藏的经济开采。能有效地开采稠油油藏,存在天然裂缝的致密油藏和非均质油藏;能有效开发地质结构复杂,断层多和孤立分散的小断块、小油层;在经济效益接近边际的油田,也可以通过钻多分支井降低开发费用,使其变为经济有效的可开发油田。

③可在 1 个主井眼或可利用的老井眼,在需要调整的不同目标层,钻多分支井和在同一层位钻分支井,减少无效井段,降低成本。

④提高油田开发的综合经济效益。从主眼井(或老井眼)加钻分支井眼,增加油藏内所钻的有效进尺与总钻井进尺的比率,以降低成本。

⑤用多分支井开发油田,由于井口数目减少,在陆上减少了地面工程和管理费用,在

海上可减少平台数或减少平台井口槽数目，缩小平台尺寸，综合成本大幅度下降。

（一）分支水平井类型

随着分支水平井的发展，已经出现了很多类型的分支水平井。按照几何形状分类，归纳起来约有 10 种类型的分支水平井。

①叠加式双分支或三分支水平井。就是在两个或三个不同深度的相同方向钻两支或三支水平井。

②反相双分支水平井。就是在两个相反的方向各钻一支水平井。

③二维双分支水平井。就是在同一深度的相同方向钻两支平行的水平井。

④二维三分支水平井。就是在同一深度的相同方向钻三支平行的水平井。

⑤二维四分支水平井。就是先钻一支主水平井，然后在该主水平井的一侧钻三支平行的水平井。

⑥辐射状三分支水平井。就是在同一深度的三个方向钻三支水平井。

⑦叠加辐射状四分支井。就是在不同深度的四个相互垂直方向钻四支水平井。

⑧辐射状四分支水平井。就是在同一深度的四个垂直方向钻四支水平井。

⑨鱼刺形分支水平井。就是先钻一支主水平井，然后在该主水平井的两侧各钻多支水平井。

⑩叠加/定向三分支水平井。就是先钻一支主水平井，然后在该主水平井的上侧钻两支定向井。

（二）分支水平井的完井方式及完井分级

分支水平井的完井方式大体有三种，裸眼完井、割缝衬管完井和侧向回接系统完井。分支井存在井壁坍塌等问题，如水平段的岩性比较硬可用裸眼完井或割缝衬管完井，一般较软岩石可用侧向回接系统完井。侧向回接系统完井能从单个主井眼中钻多个分支井眼，并对这些分支井眼进行下套管和尾管回接，使尾管与主套管分割开而无须磨铣套管，在各个生产尾管之间建立一种复杂的相互联系，同时，维持井筒的整体完整性。有了该系统就能够迅速地建立再次进入所有分支井眼进行井下作业及修井。

国际上为了对分支井的发展规定一个统一的方向，对分支井完井按照复杂性和功能性建设了 TAML 分级体系，TAML 评价分支井技术的三个特性是连通性、隔离性和可及性（可靠性、可达性、含重返井眼能力）。根据这一原则，把分支井完井分为 1~6S 级。1~6S 级随级别的增加，分支井完井的功能在增加，分支井连接处的复杂程度也在增加。连接处的复杂程度越高，完井作业越困难，成本越高。这一分级方法同样适用于分支水平井。

1. TAML1 级

主井筒裸眼，分支井筒裸眼或下入割缝衬管，分支连接处无支持。这种完井类型主要应用在较坚硬、稳定的地层中，分支井是采用标准钻井方法钻出的，没有提供机械支承或水力封隔，也很少或没有完井设备，不需要磨铣套管，不需要回收造斜器，不需要下衬管和注水泥，也不需要安装生产控制设备。其优点是：裸眼段不使用套管从而节约成本；钻进作业简便。缺点是：由于无套管支承，使得井眼的稳定性受到限制，井壁坍塌容易发生；不能控制生产，只能合采，不能有选择地关井；没有可靠的系统保证在将来的工作中具有重返井眼的能力。

2. TAML2 级

主井筒下套管并固井，分支井筒保持裸露或下入简单的割缝衬管或沙管。这种完井类型的优势在于：完井完全在标准的套管中进行，主井筒的套管提高了井眼的稳定性，成本低。

在主井筒套管完井并根据需要采取增注措施后，可将永久性定向封隔器安装在设计的造斜点下面。为将来的再进入作业提供方向和深度上的控制。然后将造斜器下入封隔器中，并朝向预定的造斜方向。接下来铣去套管壁并钻分支井，一旦分支井钻至预定深度，取出造斜器，并根据油井的要求，采用不同的完井方法。

①第一种方法是在定向封隔器和位于侧钻点上方的第二封隔器之间装一滑套。利用滑套开口对双分支井进行混合开采。可提供主井筒支承及生产控制，而且也可以任一支井眼单独生产。如果下部分支井开始衰竭或出水，可以在下面的封隔器中装有堵塞装置以关闭下面的井眼。如果需要关闭上面的分支井，可以简便地将滑套转换到关闭位置。这种方法的一个缺点是始终依赖地层提供窗口处井眼的稳定性，如果窗口附近的地层不坚实，窗口将崩塌，就会失效。另一缺点是没有分层开采的能力，只能在窗口处合采。并且没有重返分支井的能力，因为装有滑套，重返分支井的唯一方法是从井中取出上部完井装置。

②第二种方法是下入一中空斜向器，并通过套管出口窗在上部分分支井筒下入割缝衬管。这种用中空斜向器完井的最大优点，是在附加费用最小时提供了在分支井窗口处的机械支持。然而，这种方法不能重返井眼，并且必须混合开采，也不能关闭任一分支井生产。也可使用一个割缝衬管对下部井段进行完井，这种做法不仅降低了井段坍塌的可能性，而且还可以进入下部生产井段。

3. TAML3 级

主井筒下套管并固井，分支井筒下套管（或衬管）但不固井。这种完井类型依然不具有选择性采油的功能，井下工具进入分支井筒有困难。

对于三级别的分支井一般有三种完井选择。在三种完井方式中，都先在主井筒内下入定向封隔器。定向封隔器坐封之后，下入使用地面导向的磨铣钻具组合并固定在定向封隔器上。在完成窗口磨铣和分支井筒的钻井作业之后，回收造斜器。

①第一种三级分支井的完井选择中，下入一种中空的转向器并固定在定向封隔器之上，然后下入割缝衬管并通过悬挂器挂在主井筒中。使用割缝衬管和这种中空的转向器时，只能进行混合开采。

②第二种完井方式不需要使用中空斜向器，而使用一种带有弯接头衬管组合，在井口进行操作以使割缝衬管进入分支井筒。接下来通过尾管悬挂器挂在主井筒中。

前两种完井方式都不允许再进入主井筒，因为在主井筒内有割缝衬管的存在，阻挡了井下工具的下入。

③第三种三级完井方式可以选择 HOOK 衬管悬挂系统进行完井，这种系统可以使井下工具再进入分支井筒和主井筒。HOOK 衬管悬挂系统主要由一段带有预制窗口的套管接头、内置的用于再进入的导向机构和一个能够挂在预制窗口下面的挂钩，这个挂钩能够使衬管挂在窗口上面。再进入是通过使用分支井筒的再进入模块来作为油管或挠性管下部组合来实现的。

4. TAML4 级

主井筒和分支井筒都下套管并固井，所有的井眼在连接处都固水泥。所以主井筒和分支井筒之间具有最大机械连接性。主井筒和分支井筒之间有可靠的机械连接，完井时，一般都采用套管悬挂系统，优点在于具有选择性采油的功能，完井技术复杂。

多数四级的分支井完井时都采用 Root 系统或者 HOOK 衬管悬挂系统。

①Root 系统。在主井筒内下套管完井之后，首先在主井筒的设计分支位置处放置一个定向封隔器（MIZXP 封隔器或 Torque Master 封隔器）。在对定向封隔器进行定位作业之后，进行分支段的钻井作业，挂尾管固井或挂带封隔器的筛管完井。在这些作业完成之后，下入套铣打捞筒，把伸入主井筒套管内的分支段尾管铣断，再向下套铣斜向器，并全部打捞上来（定向封隔器仍留在井下），贯通分支井段。

在接下来的完井过程中，可以使用双封隔器滑套衬管完井或者使用侧向进入短节（LEN）来进行单管柱选择性再进入作业。通过油管下入侧向进入短节，使侧向进入短节的出口点对准开窗窗口，这时如果在 LEN 内放入一个临时的转向器，就可以使通过油管的工具进入分支井筒。相反，如果在 LEN 内放入一个盲滑套，就可以关闭分支井筒。这样就可以提供选择性采油的功能。

②如果使用 HOOK 衬管悬挂系统（一种带有挂钩的衬管悬挂器），就不需要使用 LEN，也不需要进行套铣作业来取出衬管在主井筒中的部分。这种悬挂装置通过一种椭圆形的挂钩使衬管挂在主井筒开窗窗口处。而在悬挂器的上部有一个预先加工好的出口，出口正好对准主井筒的中心线，为选择性进入主井筒下部井段做准备。而完成修井管柱或者挠性管工具的选择性进入分支井筒或主井筒下部（即贯通性），是由一个弯接头和悬挂器的控制槽联合实现的。分支衬管的内径和悬挂器出口（主井筒方向上的）的直径，都同开窗窗口上部的悬挂器的直径大小一样。在固井以后，需要对下部井段进行一次清理作业。

5. TAML5 级

连接处压力是一个完整的系统，通过完井管柱来实现。分支处具有良好的连接性和封隔性，可防止地层不稳定对分支连接处造成伤害；可进行双层完井，保证选择性地再进入分支井筒，实现选择性采油功能；完井技术复杂。

在进行 TAML5 级分支作业时，一般使用 Root 系统。完井的简单过程是这样的：如果要钻一口新的分支井，首先要钻主井筒，然后套管固井，接下来钻下部井眼并完井。在进行分支井筒的作业中，首先要进行套管开窗作业，然后钻上部井眼，回收造斜器。接下来在分支井筒内下入衬管并固井，套铣并取出分支套管在主井筒中的部分。以后的完井作业有两种方式可以选择，即选择性再进入工具（SRT）完井和双层完井。

①衬管在主井筒中的部分被取出之后，对于选择性再进入工具完井，就需要下入勺头转向器并坐在开窗口下面的定向封隔器上，以实现对下部井段的封隔。接下来通过勺头转向器下入分支井油管以实现对上部分支井筒的分隔。然后，在勺头转向器上面下入选择性再进入完井工具（SRT），而 SRT 把两个油管汇合在一起，并通过一根油管连接到井口。最后在 SRT 上面再下入一个单油管封隔器。选择性再进入，是通过一个在 SRT 中的临时性转换器实现的，可以使通过油管的工具进入任何一个井眼。必要的情况下，在 SRT 里下入一个盲滑套或者油管堵就可以关闭任何井眼，最终实现选择性采油功能。

②对于双层完井，同样需要下入勺头转向器来实现下部井段的封隔。再通过勺形头把油管下入到分支井筒的封隔器中。接着在勺头转向器上面下入双层完井封隔器，来完成分支连接处的完井。最后把两根油管回接到井口完成作业。

6. TAML6 级

连接处压力是一个完整的系统，通过套管来实现，不需要固井。通过特殊套管来实现分支连接处的机械连续性和封隔性，与 TAML5 级完井最显著的区别是，风险性小、施工简单、施工顺序从上而下。

这套完井系统的一个优点就是不产生金属碎屑，因为没有进行套管开窗或者其他磨铣作业。这套应用特殊变形金属技术可以产生一个全尺寸多分支连接部分，在下入时，系统的有效外径要比两个分支连接部分的套管座外径的和要小。在进行分支井筒的钻井和完井之前就可以对分支连接处进行施工。过程是把预制的分支连接系统下入井中，进行变形和固井作业后进行压力检测。这些作业都在对分支井筒的钻井和完井之前进行，这样减少相对成本又减少经济风险。

7. TAML6S 级

这种完井系统在导管中或者在技术套管中有一个井下分流头，从分流头可以钻两口井并完井。井下分流头座在导管上，分流头带有一个双井眼悬挂头来悬挂两个衬管。对于导管完井作业的简单过程是：首先在导管中设置井下分流头，然后下入一种包括有标准浮鞋的特殊导向密封组合，进入分流头中第一个分支内。接下来对导管和分流头进行注水泥固井。

在固井之后，对第一个分支进行钻进并钻到目标深度，然后进行完井，起出这套密封组合，导向进入分流头的两个分支。接下来的作业与第一分支相同，根据具体要求，要以使用常规的回接衬管进行双层完井或者使用 SRT 进行混合采油。这种双分支完井系统完全实现了连接性和封隔性。

七、大位移水平井完井

（一）概述

大位移钻井（ERD）通常定义为水平位移与垂直深度之比（HD/TVD）大于 2.0 以上的井。大位移井中，当井斜等于或大于 86° 延长段的井称为大位移水平井。特大位移井是指 HD/TVD 大于 3.0 的井。如果大位移井因地质或工程原因在设计轨迹中改变方位的，称三维多目标大位移井。

（二）完井特殊性

大位移井的完井方法一般与水平井相似，可参照水平井执行，但由于大位移井所具有的大水平位移性，在完井方法上也存在一定的特殊性，须在如下几个方面加以注意：

1. 套管结构设计原则

①表层套管和导管。表层套管一般下在直井段，否则套管会损坏，而且在钻下面的井

段时，钻井的扭矩会很大。

如果表层套管下入造斜段，那么其连接部分需要有抗弯能力，而且在下套管作业中，连接部分要有足够的抗拉强度。

对于大直径的表层套管和导管，一般有两种连接方式：一种是焊接，另一种是螺纹连接。在大直径的表层套管中采用螺纹连接将更易使其下入。

②技术套管。技术套管下入中要通过造斜段而且还可能通过大位移井的部分切线段。在一般情况下，都采用 $\varphi339.72$ mm 套管。还有一种选择就是 $\varphi339.72$ mm 和 $\varphi346.08$ mm 的套管混合使用，因为 $\varphi346.08$ mm 套管通过造斜段时更不易损坏。如果 $\varphi339.72$ mm 的套管没有下到井底，那么必须下 $\varphi298.45$ mm 尾管。在这种情况，尾管的连接部分必须是整体连接（不带接箍），以使该尾管能通过 $\varphi339.72$ mm 的套管。

2. 下套管工艺技术

为确保套管能顺利下至设计深度，必须认真计算允许下入的最大套管重量（取决于井眼临界摩擦角，临界摩擦角由岩性、钻井液以及其他因素等决定），下套管的摩擦损失（在井斜角超过临界摩擦角的井段，必须施加力将套管推进该井段）以及下套管的机械损失（由钻屑、井壁坍塌、压差卡钻以及稳定器嵌进井壁等造成），尽量优化下套管作业。另外，作为应急措施，可以采取顶部驱动装置以辅助下套管，它具有能循环、上下活动和旋转套管以及挤压套管等功能。

为解决在大位移井中由于摩阻大致使套管难以顺利下至设计井深这一难题，国外近几年应用选择性浮动装置、尾管水力解脱工具及套管加重法下套管等技术。下面分别给予简单介绍：

①选择性浮动装置。选择性浮动装置的主要原理是在套管内全部或部分充满空气，通过降低套管柱在井内钻井液中的重量达到降低摩阻（摩阻与套管重量成正比）的目的。较多采用的方法是部分套管内充满空气即选择性浮动装置，这种方法可以使套管法向力下降高达80%，运用这种方法可将套管顺利下至测深/直深之比为4.0的大位移井中，根据阻力曲线，预先确定空套管的长度并下入井内。接着把一个塞子（膨胀式封隔器或回收桥塞）装入下一根套管接头处，这样可把套管柱分成两个密封室。隔离塞以上的套管内灌满钻井液并下到预定井深。下完套管后，使用钻杆把隔离室打开，这样允许钻井液和空气在套管内混合。隔离塞可以收回或利用下胶塞把它泵入井底，也可以钻掉。

②尾管水力解脱工具。本工具允许把衬管旋转下入井底，以减小有效的阻力，可以保持高达 135 600 N·m 的扭矩。尾管可以安全旋转下入井眼，也可以在尾管注水泥时旋转和上下活动。该工具包括两个回压解脱系统，以提供安全保障，当尾管旋转到下入深度且

注水泥后，通过钻杆下入一个阀球，这样可把尾管从送入钻柱下靠液压解脱出来。

③用加重法下衬管技术。下衬管时，可在衬管上部接头处下入 10 根左右的 121 mm 钻铤以增加垂直部分重量，克服阻力。

当衬管接近水平井裸眼部分时，井下阻力增大，此时在尾管送入工具上部再下入 $\varphi 203$ mm 的钻铤、$\varphi 114$ mm 的加重钻杆和 $\varphi 159$ mm 的钻铤以增加重量，直到尾管到达预定深度。此时把尾管留在井眼内或悬挂在封隔器下，而把钻铤与加重钻杆回收。

3. 固井完井技术

与水平井相比，大位移井固井难度更大，认真设计钻井液、洗井液以及水泥浆性能是确保大位移井固井成功的关键。首先，钻井液流变性应适当。提前稠化会降低顶替效果，增大注水泥时的当量循环密度；过稀会出现重晶石下沉现象，给下套管作业带来困难。适宜的做法是在下套管前先稀释钻井液。由于在大位移井中进行下套管作业时间较长，钻井液会继续变稠，因而在注水泥前，应再稀释一次钻井液。

其次，洗井液性能也应适当，过稀过稠均会出现上述情况。采用未加重的稀洗井液可以最大限度地降低当量循环密度，也无重晶石沉降之虑。而且在大斜度段，这种洗井液不会显著降低静水压力，因为井眼失稳的可能性较低。最后，水泥浆应具有较高的稳定性，否则会在井眼高边形成水窜槽。因此，应严格控制水泥浆中的自由含水量，建议控制自由水为零。另外，应该优化水泥浆的稠化时间。

从固井工艺上讲，大位移井涉及长井段固井问题，对于长井段固井方式主要有：a1 双级或多级注水泥；b1 单级注水泥；c1 尾管注水泥。如果采用单级注水泥技术，则要求水泥浆有足够的缓凝时间，这会影响水泥浆的稳定性；另外，还要求顶替量大，如果有漏失的可能，而且钻井液或水泥浆成本高的话，就必须认真考虑长管柱单级注水泥措施的合理性，如采用低密度水泥浆固井等。

大位移井一般采用尾管完井方式，并在裸眼段下筛管或割缝衬管。下预制防沙筛管到裸眼段的完井方案，对成功的防沙完井风险最小。

第三节　完井方式选择

一、完井方式的选择

完井方式，国内外统一将其分为裸眼完井和射孔完井两大类。对于这两种完井方法的基本要求，为完井后直井的井筒和水平段的地层不垮塌堵塞井眼，以及地层不出沙或少出沙不影响油气井正常生产，为了达到这个目标，石油院校开展了相关的机理研究，为合理地选择完井方法提供理论依据，为油田对完井方式的选择做出正确决策。

（一）井眼的力学稳定性判断

从能否支承井壁来看，完井方法可分为能支承井壁的完井方法（例如，射孔完井、割缝衬管完井、绕丝筛管完井、预充填筛管完井）和不能支承井壁的完井方法（即井眼完全裸露的裸眼完井）。生产过程中井眼稳定性判断的目的就是判定该井是采用能支承井壁的完井方法还是裸眼完井。

井眼的稳定性受化学和力学稳定性的综合影响。化学稳定性指油层是否含有膨胀性强容易坍塌的黏土夹层、石膏层、岩盐层。这些夹层在开采过程中遇水后极易膨胀和发生塑性蠕动，从而导致失去支承而垮塌。

（二）裸眼完井的地应力与井眼稳定性的关系

井壁岩石形变取决于应力状态与岩石的抗变能力的相对关系。研究要从两个方面入手，一方面，要研究井壁岩石实际承受的应力状态，另一方面，也要研究岩石的物理性质。

完井工程（直井）中研究地应力应抓住最重要的指标，即两个水平主应力之差 $(\sigma_H - \sigma_h)$。显然这个差值很大时井壁上敏感点（切向应力最大的点，在最小主应力方向上）的切向应力值 $(3\sigma_H - \sigma_h)$ 也非常大，而且井壁一周的最大最小切向应力的差异也特别大 $[约 2(\sigma_H - \sigma_h)]$，因此，井壁最不稳定。也就是应力差（最大主应力与最小主应力之差）是岩石形状改变的原动力，岩体内部的最大剪应力应等于应力差的一半。井壁的法向应力以有效应力表示，永远为零，所以井壁岩石所受的应力差一般就等于该处的切向应力。在井壁一周中，切向应力最大的点在最小主应力方向上。该点的应力差是一周中最大的，因此，是最敏感的最易变形的点。此点的切向应力 $3\sigma_H - \sigma_h$ 就等于井壁内最大的应力差。

直井的问题相对简单，水平井和定向井则相对复杂很多。还有一个指标也很重要，然而不大为人注意，这就是以有效应力表示的围限压力。围限压力就是岩体所承受的三个主应力的平均值 $[\sigma = (\sigma_1 + \sigma_2 + \sigma_3)/3]$。在构造应力微弱的地区，其值约为垂向主应力（即上复负荷）的 60% 左右。它是岩石体积变化（包括压缩及压实）的原动力，与岩石形状变化无直接关系，但与岩石破裂条件有着重大关系。岩石破裂条件包括克服内聚力的抗剪强度（破裂面正应力为零时）和克服内摩擦所需的剪应力的两个部分。后者与围限压力正相关，在地壳内其值很大，不可忽视。流体压力起撑开孔隙即裂缝的作用，有流体存在时，破裂条件当然要用考虑了流体压力的有效应力。以有效应力表示的围限压力随深度而增加。对于特定深度，在大多数油田内其值差别不大，一般不成问题。但在特殊条件下，其值可以很小，岩石很容易破裂，就不能不考虑了。

1. 对地应力与井壁应力的研究

只有知道地应力，才能准确估算井壁岩石承受的应力状态，所以最好能系统取得所处目的层实际地应力状态的资料，实测地应力的方法很多，虽然费时费资金，但在必要时是唯一能准确解决问题的办法。实测不但可以得到地应力的数值，而且可以知道最大、最小主应力的方向。

（1）垂向主应力（σ_z）为最小主应力

最大水平主应力（σ_H）远大于垂向主应力和另一个水平主应力（σ_h）。这种情况见于紧邻近带强烈挤压力来源的狭窄地带内。这里（$3\sigma_H - \sigma_h$）非常大，不仅井壁敏感部位应力差极大，塑性岩层容易缩径，脆性岩层容易崩塌；而且井壁不同方向的应力差异也非常大，井壁稳定性会极差。相应的完井方式选择及措施必须认真对待。而且最小主应力在垂直方向，水平压裂往往产生水平缝，而不易生成垂直缝。如果钻水平井而且将水平段布置在最大水平主应力方向内，则井壁应力状况将大为改善。

（2）垂向主应力（σ_z）为中间主应力

这种情况见于邻近上述第一类的地区紧邻近带强烈压扭力来源的地带内。这里最大水平主应力（σ_H）不会很大，但σ_h很小，所以σ_H和σ_h的差值也不是很小。因而井壁最大切向应力（$3\sigma_H - \sigma_h$）和应力差，以及井壁一周内应力的差异都处于不大不小的中等程度。所以井壁相对稳定，单稳定性也不是非常好。由于最小主应力在水平方向，水力压裂往往产生垂直缝。如果钻水平井，而且将水平段布置在最大水平主应力方向内，则井壁应力状况也将大为改善。

（3）垂向主应力（σ_z）为最大主应力

大多数油田都属于这种情况，包括近带受拉张力的整个盆地及受到挤压、压扭力的盆地内部广大地区。这里两个水平主应力都很小，且其差值也很小，不仅最大切向应力（$3\sigma_H - \sigma_h$）和应力差很低，而且井壁一周内应力的差异比较小，所以稳定性一般是比较好的，井壁比较稳定。由于最小主应力在水平方向，水力压裂往往产生垂直缝。这种区域内，在非常特殊的条件下可能出现特低的有效应力和井壁不稳定。出现以下三个地质条件时应特别注意这个问题：

①特高的流体压力。一般的异常高流体压力，如压力系数在 1.5 以下时，问题不会太

严重。但如果压力系数在1.5以上甚至接近2.0时，有可能出现严重问题。

②特低的地应力。如上覆地层内有巨厚低密度岩层，岩盐的密度只有2.17，只有常见造岩矿物石英长石的85%。如果岩盐厚度占上覆地层的50%，则垂向主应力和围限压力可能只有正常的90%左右。

③储层有发育的天然裂缝。

如果以上三个条件同时出现，则井壁稳定性特别低。如某油田盐丘内部的盐下油层，以上三个条件同时出现。估计油层有效应力只有正常情况的1/3，只要有稍大的激动，井壁就可能垮塌，所以裸眼完成的井会出现井筒堵塞。这种地质条件下不宜采取裸眼完井。

2. 对地应力与井壁岩石物性的研究

井壁是否稳定还取决于岩石强度能否抵抗住应力差的作用。即使应力环境较好，强度非常低的岩层也可能出现不稳定。最好能取得完井所涉及地层的实际物性数据，主要是破裂强度和屈服强度。缺少实测数据时只能借用类似岩石的数据。

塑性变形的屈服强度，一般都用极限剪切应力来表示，破裂强度有时用抗张极限强度和抗剪强度（围限压力为零时）表示，它可以直接与最大剪应力（应力差之半）相比较以判断稳定性。后者在用以判断破裂条件时要加上克服随围限压力而增加的内摩擦所需的剪应力。但有人采用一定条件下测定的模拟破裂强度，例如单轴抗压强度，这是二向度自由条件下得到的数据，但井壁处于一向度自由条件，其破裂强度要略高于单轴抗压强度，但又略低于三轴抗压实验所得抗压强度，这是运用这些数据时须注意的。

如果储层有发育的天然裂缝，由于失去了内聚力，破裂条件有所降低，井壁容易失去稳定性。薄层状储层的层理是薄弱面，可视为天然的水平裂缝。

完井过程中往往产生激动，激动的实质是压力急剧变化引起的压力波，当井壁应力差接近岩石强度（接近临界状态）时，较大的激动就可能破坏井壁的稳定，这种情况下就要避免强烈激动。一方面，降低压力被动幅度，另一方面，减慢波动速度，下套管速度要慢，起下钻速度也不要太快，因为相同的压力波动幅度在较长时间内完成，其激动强度就会低些。实际上完井过程中一定强度的激动总是难以避免的，所以井壁允许的应力差要留有一定的余地。余地应该留多少，要参照当地的井眼来确定。

水平井完井过程中地应力资料的应用是一个新的课题，目前还不成熟，对于水平井来说，决定井壁应力的地应力指标是垂向主应力（σ_z）和与井筒直交的水平应力（σ_x）。后者不一定是一个水平主应力，所以精确计算是非常复杂的，但是定性粗略思考问题时可以当作水平主应力来对待。估计水平井井壁稳定性最有用的指标是差值$\sigma_z - \sigma_x$，用它代替直井的井筒的$\sigma_H - \sigma_h$。同一地点，$\sigma_z - \sigma_x$与$\sigma_H - \sigma_h$可以相近，也可以相差很大，因此，直井与水平井的井壁稳定性可以相近，也可以相差很大。可以是直井的井壁稳定性较好而水平井的井壁稳定性很差，也可以是水平井的井壁稳定性较好而直井的井壁稳定性很差。

在这些地区，$\sigma_z - \sigma_x$ 差值特大，例如，接近强挤压力来源处且水平段与挤压力正交时，水平井井壁稳定性特差，这是因为这种地方 σ_z 是地应力的最小主应力，而 σ_x 是地应力的最大主应力，且其值特别大。如果将水平段方向转过 90°，井壁稳定性会大大改善，显然，有时优选水平段方向对井壁稳定性有重大影响。

对于水平井井壁稳定性有影响的另一个因素是井壁的非均质性。直井一般横穿地层，井筒一周往往是同一岩层，岩性差别不大，可当作水平均质处理。水平井则井筒往往纵穿岩层界面，井筒一圈往往包含两种或多种差别很大的岩性。

井眼稳定性与地应力、井壁应力、岩石物性及其非均质性有密切关系，必须进行互相结合，进行综合性研究。因为水平段长达数百米，甚至超过千米，岩性变化大，有的甚至穿过断层，却难保证某井段不垮塌。而对于水平井的稳定性研究，因素很多，条件复杂，目前技术水平短期恐难以解决。当前，最现实的办法就是在裸眼中下入割缝衬管（含打孔管）完井，此完井方式称为裸眼割缝衬管完井，不能称为裸眼完井。

此外，国内外都在推广水平分支井技术，因为分支井井眼直径小，分支多，因而有的分支用套管射孔，有的用割缝衬管，其余分支只好用裸眼完井，个别裸眼井筒垮塌，但对整个井筒产量影响不会太大。

（三）地层出沙的判断概述

砂岩地层出沙的危害性体现在：油气井出沙会造成井下设备、地面设备及工具（如泵、分离器、加速器、管线）的磨蚀和损害，也会造成井眼的堵塞，降低油气井产量或迫使油气井停产。因此，对于出沙的砂岩地层来说，一般都要采取防沙的完井方法。

所以，弄清油气井出沙的机理及正确判断地层是否出沙，对于选择合理的防沙完井方式及搞好油气田的开采是非常重要的。

1. 地层出沙机理及出沙的影响因素

对于出砂井，地层所处的沙分两种：一种是地层中的游离沙，另一种是地层的骨架沙。石油界对于防沙的观点也随着技术的进步和认识的深化在不断变化。在此之前，一些防砂的理论主要是针对地层中的游离沙，防沙设计也是为了能阻挡地层中的游离沙产出，但是，近几年来，人们的看法有了较大变化。认为地层产出的游离沙并不可怕，反倒能疏通地层孔隙喉道，对提高油井产量有利。真正要防的是地层骨架沙的产出，因为一旦地层出骨架沙，可能导致地层的坍塌，使油井报废。

那么，什么时候地层将产出骨架沙呢？按岩石力学观点，地层出沙是由于井壁岩石结构被破坏所引起的。而井壁岩石的应力状态和岩石的抗张强度（主要受岩石的胶结强度——压实程度低、胶结疏松的影响）是地层出沙与否的内因。开采过程中生产压差的大小及地层流体压力的变化是地层出沙与否的外因。如果井壁岩石所受的最大张应力超过岩石的抗张强度，则会发生张性破裂或张性破坏，其具体表现在井壁岩石不坚固，在开采过程中将造成地层出骨架沙。因此，影响地层出沙的因素归结起来主要有以下几个方面：

①地层岩石强度。一般来说，生产压差越大，地层出沙的可能性就越大。

②地层压力的衰减，随着地层压力的下降，井壁岩石所受的应力就会增大，地层出砂的可能性就会随着增大。

③生产压差。一般来说，生产压差越大，地层出沙的可能性就越大。

④地层是否出水和含水率的大小。生产过程中，随着地层的出水和含水率的上升，地层出沙的可能性就越大。

⑤地层流体黏度。地层流体黏度越大，地层出沙的可能性就越大。

⑥不适当的措施或管理。不适当的增产措施（如酸化或压裂）或不当的管理（如造成井下过大的压力激动）都会引起地层出沙。

2. 地层出沙的判断

生产过程中地层出沙的判断就是要解决油井是否需要采用防沙完井的问题。其判断方法主要有现场观测法、经验法及力学计算方法。

（1）现场观测法

①岩心观察。疏松岩石用常规取心工具收获率低，很容易将岩心从取心筒中拿出或岩心易从取心筒中脱落；用肉眼观察、手触等方法判断时，疏松岩石或低强度岩石往往一触即碎或停放数日自行破碎或在岩心上用指甲能刻痕；对岩心浸水或盐水，岩心易破碎。如果产生上述现象，则说明生产过程中地层易出沙。

②DST测试。如果DST测试期间油气井出沙（甚至严重出沙），说明生产过程中地层易出沙。

有过DST测试期间未出沙，但仔细检查井下钻具和工具，在接箍台阶等处附有沙粒，或在DST测试完毕后沙面上升，说明生产过程中地层易出沙。

③邻井状态。同一油气藏中，邻井生产过程中出沙，本井出沙的可能性大。

（2）经验法

①声波时差法。声波时差≥295 μs/m，地层容易出沙。

② G/C_b 法。根据力学性质测井所求得的地层岩石剪切模量 G 和岩石体积压缩系数 C_b，可以算 G/C_b 的值，其计算公式如下：

$$\frac{G}{C_b} = \frac{(1-2\mu)(1+\mu)}{6(1-\mu)^2(\Delta t_c)^4} \times (9.94\rho \times 10^8)^2 \qquad 式（5-3）$$

式中，G ——地层岩石剪切模量，MPa；

$\quad$ C_b ——岩石体积压缩系数，1/MPa；

$\quad$ μ ——岩石泊松比，无量纲；

$\quad$ ρ ——岩石密度，g/cm^3；

$\quad$ Δt_c ——声波时差，μs/m。

当 G/C_b >3.8×10^{7}MPa^2 时，油气井不出沙；而当 G/C_b <3.3×10^{7}MPa^2 时，油气井要出沙。

（3）组合模量法

根据声速及密度测井资料，用下式计算岩石的弹性组合模量 E_c：

$$E_c = \frac{9.94\rho \times 10^8}{\Delta t_c{}^2} \qquad 式（5-4）$$

式中，E_c ——地层岩石弹性组合模量，MPa；

$\quad$ 其他符号同上。

一般情况下，E_c 越小，地层出沙的可能性就越大。胜利油田也采用此法在一些油气井上做过出沙预测，准确率在80%以上，出沙与否的判断方法如下：

① $E_c \geqslant 2.0×10^4$MPa，正常生产时不出沙。

②1.5×10^{4}MPa< E_c <2.0×10^{4}MPa，正常生产时轻微出沙。

③ $E_c \leqslant 1.5×10^4$MPa，正常生产时严重出沙。

（4）力学计算法

根据研究成果，垂直井井壁岩石所受的切向应力是最大张应力，最大切向应力由下式计算：

$$\sigma_t = 2\left[\frac{\mu}{1-\mu}(10^{-6}\rho g H - p_s) + (p_s - p_{vf})\right] \qquad 式（5-5）$$

根据岩石破坏理论，当岩石的抗压强度小于最大切向应力 σ_t 时，井壁岩石不坚固，将会引起岩石结构的破坏而出沙，因此，垂直井的防沙判据为：

$$C \geqslant 2\left[\frac{\mu}{1-\mu}(10^{-6}\rho g H - p_s) + (p_s - p_{wf})\right] \qquad 式（5-6）$$

式中, σ_t ——井壁岩石的最大剪应力, MPa;

C ——地层岩石的抗张强度, MPa;

μ ——岩石的泊松比, 无量纲;

ρ ——上覆岩层的平均密度, kg/m³;

g ——重力加速度, m/s²;

p_s ——地层流体压力, MPa;

p_{wf} ——油井生产时的井底流压, MPa。

如果式 (5-6) 成立 (即 $C \geqslant \sigma_t$), 则表明在上述生产压差 ($p_s - p_{wf}$) 下, 井壁岩石是坚固的, 不会引起岩石结构的破坏, 也就不会出骨架沙, 可以选择不防沙的完井方法。反之, 地层胶结强度低, 井壁岩石的最大切向应力超过岩石的抗张强度引起岩石结构的破坏, 地层会出骨架沙, 需要采取防沙完井方法。

而水平井井壁岩石所受的最大切向应力 σ_t 则可由式 (5-7) 表达:

$$\sigma_t = \frac{3-4\mu}{1-\mu}(10^{-6}\rho gH - p_s) + 2(p_s - p_{mf}) \qquad \text{式 (5-7)}$$

各参数符号意义同上。对比式 (5-5) 和式 (5-7) 可以看出, 由于岩石的泊松比一般在 0.15~0.4 之间, 故 $\frac{3-4\mu}{1-\mu} > \frac{2\mu}{1-\mu}$, 因此, 在相同埋深及生产压差 ($p_s - p_{wf}$) 下, 水平井井壁岩石所承受的切向应力要比垂直井的大, 如果地层岩石的胶结程度较差, 以致地层岩石的抗压强度经受不住井壁岩石的切线应力时, 产层的岩石结构就会遭到破坏而出骨架沙, 所以在同样埋深处垂直井不出沙的地层, 打水平井就不一定不出沙。同理, 水平井井壁岩石的坚固程度判别式为:

$$C \geqslant \frac{3-4\mu}{1-\mu}(10^{-6}\rho gH - p_v) + 2(p_s - p_{wf}) \qquad \text{式 (5-8)}$$

对于其他角度的定向井, 其井壁岩石的坚固程度判据为:

$$C \geqslant \frac{3-4\mu}{1-\mu}(10^{-6}\rho gH - p_s)\sin\alpha + \frac{2\mu}{1-\mu}(10^{-6}\rho gH - p_s)\cos\alpha + 2(p_s - p_{wf})$$

$$\text{式 (5-9)}$$

很显然, 当井斜角 α 为 0°时, 式 (5-9) 变为式 (5-6); 而当井斜角 α 为 90°时, 式 (5-9) 变为式 (5-8), 所以式 (5-9) 为通式。

由此可以看出:

①在地层岩石抗压强度 C、地层压力 p_s 不变的情况下, 当生产压差 ($p_s - p_{wf}$) 增大时, 原来不出沙的井可能会开始出沙。也就是说, 生产压差增大是出沙与否的一个重要

外因。

②当地层出水后，特别是膨胀性黏土含量高的沙岩地层，其岩石的胶结强度将会大大下降，从而导致岩石的抗压强度 C 下降，使原来不出沙的井（不出水的井）可能会开始出沙。

③在地层岩石抗压强度 C 不变时，随着地层压力 p_s 的下降，即使生产压差保持常数，原来不出沙的井也可能会开始出沙。

以上第②和第③点可以解释为什么许多油井在初产阶段不出沙，但生产一段时间后（地层出水，地层压力 p_s 下降）开始有出沙现象。

（四）沙粒粒径大小和沙粒胶结对出沙的影响

1. 沙粒粒径分级

粒径≤0.1mm 为细粉沙；粒径 0.1~0.25mm 为细沙；粒径 0.25~0.5mm 为中沙；粒径 0.5~1.0mm 为粗沙。

此外，地层沙均质性指的是沙粒分选的均匀性，一般用均匀系数 c 来表示，即：

$$c = \frac{d_{40}}{d_{90}} \qquad 式（5-10）$$

式中，d_{40}——地层沙筛析曲线上占累积重量 40% 的地层沙粒径；

d_{90}——地层沙筛析曲线上占累积重量 90% 的地层沙粒径。

对于出沙的砂岩地层来说，地层沙的粒度大小和均匀性系数是选择防沙方法的基本依据之一。

对于细沙、中沙、粗沙的防沙工具、工艺和技术已基本配套，已在生产上推广应用。用防细沙、中沙、粗沙的方法去防细粉沙是无效的。一旦将细粉沙防住了则油气也防住了，什么都不出了。近年来用纤维加树脂，复合防细粉沙的方法，已初见成效，正扩大推广应用。

2. 出沙与沙粒之间胶结的关系

油层沙之间胶结有钙质、硅质、黏土、原油胶结，有的游离沙根本没有胶结。至于钙质或硅质胶结的沙粒，只要不破坏其岩石骨架，是可以做到不出沙或少出沙的。若出沙则防沙，但对于黏土、原油胶结或游离沙，若避免激动或缩小生产压差，可以少出沙，但仍会出少量沙，最终还是要防沙。青海涩北气田、气层、沙粒之间不胶结，后采取缩小生产压差，可以维持生产，但产量很低。稠油层沙粒多与原油胶结，出油即出沙，不防沙即无法生产。因此，地层出沙判断是非常重要的，根据判断不同出沙情况，预先采取相应措施，以保证油气田能正常投产和生产。

二、完井方式选择依据及流程

完井方式选择必须以油田地质、油藏工程研究和油田开发方案要求为依据，完井方式的选择对象是油气井单井，虽然单井属同一油藏类型，但其所处结构位置不同，所选择的完井方式也不尽相同。

（一）直井完井方式选择

直井完井方式是国内外自石油开发至今的完井基本方式，今后也将会如此，直井完井适应范围广、工艺技术简单、建井周期短、造价低。按油、气井地层岩性可分为砂岩、碳酸盐岩和其他岩性三大类，这三大类型岩性均可以采用直井完井。

1. 砂岩稀、中质油气藏

砂岩油藏分为层状、块状和岩性油藏。在陆相沉积地层中，层状油藏所占比例大。块状或岩性油藏中其物性、原油性质和压力系统大致是一致的，因而完井方式无须做特殊考虑。但层状油藏，特别是多套层系同井合采时，就应认真考虑其完井方式。首先应考虑的是各层系间压力、产量差异，若差异不大，则可同井合采；若差异大，特别是层间压力差异大，因层间干扰大，高压层的油将向低压层灌，多套层系开采的产量反而低于单套层系的产量，在这种情况下，即应按单套层系开采；但有时单套层系的储量丰度又不足以单独开采，此时只能采用同井双管采油，每根油管柱开采一套层系，以消除层间干扰，保证两套层系都能正常生产。如南海油田、塔里木轮南油田即采用了双管完井。

2. 砂岩稠油油藏

砂岩油藏从原油黏度来分，可分稀油、稠油油藏。陆相沉积地层的特点是层透率偏低，而且地层能量低。稀油油藏大多需要注水，补充地层能量开发，而且多套层系都要进行压裂增产措施。这类砂岩油藏只宜采用套管射孔完成，不应采用裸眼或割缝衬管等方式完井，因为裸眼或割缝衬管完井都无法分层注水或分层压裂。

至于砂岩稠油油藏，因稠油层不论普通稠油或特、超稠油，油层大多胶结疏松，生产过程大多出沙，因而必须采取防沙措施。

砂岩普通稠油大多采用注水开发，如胜利孤岛、孤东、堤东和胜坨油田都是采用注水开发。采用套管射孔完成即能分层控制，并可在注水井中采用树脂固沙方法；在生产井可采用树脂固沙、防沙滤管或绕丝筛管砾石充填防沙的方法，上述油田从 20 世纪 70 年代直至 80 年代开发实验证明这种完井方式是适合的。

至于特、超稠油都是采用注蒸汽开采，辽河高升油田为大厚抽油田，有气顶、底水，油层厚度为 $60 \sim 80\ m$，早期采用裸眼完成，绕丝筛管砾石充填防砂，后因裸眼完成难以控制气顶和底水，也难以调整吸汽剖面，后改用套管射孔完成。至于一些层状或薄互层的稠油层，如辽河欢喜岭、曙光、河南井楼等油田以及胜利乐安油田的砂砾岩油层都是采用套管射孔完成，只射开油层，避射隔、夹层并绕丝筛管砾石充填或滤砂管防砂，上述油田的完井都经受了注蒸汽的考验。

砂岩油藏不论为何种油藏类型，若为低渗透油藏，则需要进行压裂增产措施；若为高渗透油藏，油层胶结疏松，油层易坍塌或出砂，就需要防砂。再就是稀油油藏需要注水开发，稠油油藏需要注蒸汽开采，而且要分层控制及调整其吸水、采油和吸汽剖面，因而宜采用套管射孔完成。至于一些单一油层，无气顶、底水，油层渗透率适中，依靠天然能量开采，不进行压裂增产措施，采用裸眼下割缝衬管完井也是可行的。

至于砂岩气藏，大多为致密砂岩，渗透率低，都必须进行压裂增产措施，特别是一些底水汽藏，要防止底水锥进，所以应采用套管射孔完成，不宜采用裸眼完成。

3. 碳酸盐岩油气藏

碳酸盐岩油藏按渗流特征可分孔隙性和裂缝性或裂缝和孔隙双重介质油藏。如胜利纯化油田的假蠕状石灰岩即为孔隙性油层，华北任丘油田雾迷山油层则为裂缝为主和基质孔隙双重介质油藏。孔隙性油层完全可以按砂岩油层一样完井，因为此类油层需要进行酸化或压裂酸化增产措施，因而多采用套管射孔完井。裂缝性或裂缝和孔隙双重介质油藏，如华北任丘油田古潜山油藏有气顶和底水，开发初期采用裸眼完井，发展了一套裸眼封隔器进行堵水和酸化措施，但不如在套管中进行井下作业措施可靠。后来又采用了套管射孔完成，这样对控制气窜、底水锥进和进行酸化措施就有效多了。但是这类油藏若无气顶和底水，也可采用裸眼完井。

碳酸盐岩气藏与油藏一样有两种类型，如四川磨溪气田即属孔隙型气藏，靖边气田也属此类型，而四川其他气田则大多属于裂缝型气藏。这两种气藏大多有底水，孔隙型气藏完全可以按孔隙型油藏完井一样对待。其增产措施与油层一样，要进行酸化或压裂酸化，因而多采用套管射孔完井。底水裂缝型气藏，也同样需要酸化和控制底水措施，因而宜采用套管射孔完井，有时也可选择裸眼完井。俄罗斯天然气井裸眼完井都下有打孔管，以防井筒坍塌。

4. 火成岩、变质岩等油藏

这类油藏是指火山岩、安山岩、喷发岩、花岗岩、片麻岩等油藏。这类油藏都属次生古潜山油藏，是由生油层的原油运移至上述岩石的裂缝或者空穴中而形成的油藏，这种类型的油藏都为坚硬的岩石，可按裂缝性碳酸盐油藏完井。

（二）水平井完井方式选择

1. 按曲率半径选择完井方式

短曲率半径的水平井，当前基本上采用裸眼完井。主要在坚硬垂直裂缝的油层中裸眼完井，如美国奥斯丁白垩系地层，或者是致密裂缝砂岩，因为这些地层都不易坍塌，虽然是裸眼，仍能保持正常生产。至于砂岩油层水平井不宜采用短曲率半径完井，此完井方式无法下套管射孔或下割缝筛管完井，因为砂岩油层在生产过程易坍塌而堵塞井筒，而在短曲率半径的井中进行井下作业困难。同时短曲率半径的水平段短，目前的水平在100 m左右，增产倍数有限，故在砂岩油层选择此完井方式应慎重。

中、长曲率半径的水平井国内外普遍采用的完井方式可以根据岩性、原油物性、增产措施等因素选择。当今水平井技术发展很快，水平井水平段也不断增长。现在又发展了大位移水平井，水平段长达1000 m以上。在这些长水平井段，特别是砂岩生产过程中地层难免坍塌，因而不宜采用裸眼完井，通常采用的是割缝衬管加套管外封隔器（ECP）完井或套管射孔完井。

2. 按开采方式及增产措施选择完井方式

对于稠油油藏，加拿大在Saskatchewan地区大量采用水平井注蒸汽开采稠油，其完井方式大多采用割缝衬管完成，或下金属纤维滤沙管或预充填绕丝筛管防沙。我国胜利乐安油田采用了割缝衬管和套管射孔完井，下金属纤维或陶瓷砂管或其他方法防沙。稠油层胶结疏松，地层易坍塌，不能用裸眼完井。

对于一些低渗透油层的水平井，需要进行压裂措施，因而只能用套管射孔完成。即使采用割缝衬管加套管外封隔器完井，因为分隔层段太长（长度为100~200m或更长），只能进行小型酸化措施，而无法进行压裂措施。另一方面，高速携沙压裂液会将割缝衬管的缝隙刺大或破坏。

至于定向井的完井方式选择，因定向井井斜大致在45度左右，其完井方式基本同直井一样选择。

第四节　保护油气层

在钻开油气层过程中，钻井完井液中的固相及其滤液进入油气层而与油气层的岩石和流体发生作用，以及不适当的工艺措施，都可能引起油气层的渗透率降低而造成油气层损害。油气层的损害不仅降低油气井的产量，还可能损失宝贵的油气资源并增加勘探开发成本。所以，钻开油气层过程中的保护油气层技术是加快勘探速度、提高油气采收率和增储上产的重要技术组成部分，是保护油气资源的重要战略措施。

一、保护油气层的重要性

（一）有利于发现和正确评价油气层

探井的完井过程中，如果没有保护好油气层而造成油气层的损害，就可能使一些有希望的油气层被误判为干层或不具有工业开采价值。搞好保护油气层的工作有利于发现油气层和正确评价油气层。

（二）有利于提高油气井产量和油气田开发效益

保护油气层配套技术的应用，可减少对油气层的损害，提高油气层的产量与勘探开发效益。例如，新疆的夏子街油田，勘探初期采用普通钻井液钻井，油井产量较低，每天仅3~6 t；该油田投入开发时，采用与油气层特性相匹配的低密度两性离子聚合物水包油屏蔽暂堵钻井液钻开油层，完井后采用压裂投产，日产油 8~9 t，最高达每天 24 t。可见，搞好保护油气层工作，有利于提高油气井的产量和油气田开发效益。

要想减少油气层的损害，保护好油气层，就必须首先弄清楚对油气层造成损害的原因，然后对症下药，采取合理的保护油气层措施。

二、油气层损害的内因

（一）油气层储集和渗流空间

油气层的储集空间主要是孔隙，渗流通道主要是喉道，喉道是指连通孔隙的狭窄部分，是容易受损害的敏感部位。

①喉道越大，油气层越易受到固相颗粒侵入的损害，水锁损害的可能性较小；喉道较小，固相损害的可能性小，水锁、黏土水化膨胀损害的可能性大；喉道细小，水锁、黏土水化膨胀损害的可能性较大，还会产生乳化堵塞。

②喉道弯曲程度越大，喉道越易受到损害。

③孔隙连通性越差，油气层越易受到损害。

（二）油气层敏感性矿物

①油气层中的水敏和盐敏性矿物与外来水相作用后产生水化膨胀或分散、脱落等，这会导致油气层渗透率降低。水敏和盐敏性矿物主要有蒙脱石、伊利石–蒙脱石间层矿物和绿泥石–蒙脱石间层矿物。

②油气层中的碱敏性矿物与高 pH 值外来液作用后产生分散、脱落或新的硅酸盐沉淀和硅凝胶体，会引起油气层渗透率降低。碱敏性矿物主要有长石、微晶石英、各类黏土矿物和蛋白石。

③油气层中的酸敏性矿物与酸液作用后产生新的无机沉淀和凝胶体，会引起油气层渗透率降低。酸敏矿物可分为盐酸酸敏性矿物和土酸酸敏性矿物两类。前者主要有铁绿泥石、铁方解石、铁白云石、磁铁矿、菱铁矿和水化黑云母，后者除盐酸酸敏性矿物外，还有石灰石、白云石、钙长石、氟石和各类黏土矿物。

④油气层中的速敏微粒矿物在流体流动剪切作用下发生运移，会堵塞油气层狭窄喉道。速敏微粒矿物主要有黏土矿物及粒径小于 37 的各种非黏土矿物微粒，如石英、长石、方解石等。

（三）油气层流体

1. 地层水对油气层的损害

①当入侵流体与地层水不配伍时，会生成碳酸钙、硫酸钙、硫酸钡、氢氧化钙等无机沉淀。

②油气层中高矿化度盐水可引起进入油气层的高分子处理剂发生盐析。

2. 原油对油气层损害

①地层原油中的蜡质、胶质和沥青质可形成有机沉淀物，堵塞油层喉道。

②外来油与地层水或外来水相与油气层中的油相混合，形成油包水或水包油乳状液或增加原油的黏度，可以堵塞油气层通道，从而引起乳化堵塞损害。

3. 天然气的性质对油气层损害

天然气中含有的硫化氢和二氧化碳会腐蚀设备产生铁锈或其他微粒堵塞油气层。

三、油气层损害的外因

油气层损害的内因在没有外因作用的诱导下，自身是不会自动造成油气层损害的。因此，油气层损害的外因如何诱发内因起作用而造成油气层的损害是研究的关键。所谓外因，就是在施工作业过程中，任何能够引起油气层微观结构或流体原始状态发生改变而引起油气层损害的外部因素。实际上，在油气井工程的各个环节中，如钻开油气层、固井、射孔、试油、修井等都将不同程度地产生近井地带油气层的污染问题。井筒内的固相、液相侵入油气层，与地层内的固相和液相发生固-固、固-液、液-液的物理和化学作用，使油气层的有效渗透率受到不同程度的损害。

①外来流体中固相颗粒堵塞油气层造成损害，当井筒中流体的液柱压力大于油气层孔隙压力时，固相颗粒就会随液相一起被压入油气层，从而缩小油气层孔径，甚至堵死喉道，造成油气层损害。

A. 外来流体中固相颗粒浓度越大，损害越严重。

B. 井筒中流体的液柱压力与油气层孔隙压力的差越大、剪切速率越高和作业时间越长，损害越严重。

C. 固相颗粒直径小于喉道直径的1/4且浓度较低时，颗粒侵入深度较深，而损害程度较轻，但损害程度会随着时间的延长而加大。

D. 对于中、高渗透率砂岩油气层，尤其是裂缝性油气层来说，外来固相颗粒侵入油气层的深度和所造成的损害程度相对较大。

E. 严重的固相损害一般在近井地带。

F. 固相颗粒粒径与孔径匹配较好、颗粒大小配合适当且有足够的压差时，固相颗粒可在井壁附近很小的范围内形成致密的暂堵滤饼，有利于阻止固相和滤液的进一步侵入，而大大减少侵入量，降低损害的深度。投产时可通过射孔穿透滤饼，解除暂堵损害。

②外来流体（水、碱液、酸液）与水敏性矿物、碱敏性矿物、酸敏性矿物发生作用对油气层造成堵塞损害。

③外来水相、油相与油气层中的地层水、原油不配伍生成无机沉淀、有机沉淀、乳状液等堵塞油气通道。

④细菌堵塞，油气层中原有的细菌或者随外界流体一起进入的细菌生长时，会导致以下三方面的油气层损害：

A. 大量繁殖形成菌落堵塞油气层孔道。

B. 细菌排出的黏液堵塞油气层。

C. 细菌代谢产物引起硫化亚铁、碳酸钙、氢氧化亚铁等无机沉淀生成。

影响细菌生长的因素有环境条件（温度、压力、矿化度和pH值等）和营养物。

⑤外来水相进入油气层后，会产生水锁损害，增加油气流动的阻力，导致油气层渗透

率降低。外来水相的侵入量越大、水锁损害越严重，喉道较小的油气层、低渗和低压油气层比较容易发生该类损害。

⑥钻井压差，钻井液液柱压力与油气层孔隙压力之差（钻井压差）是造成油气层损害最主要的因素之一。在一定压差下，钻井液中的滤液和固相就会渗入地层内，造成固相堵塞和黏土水化膨胀堵塞等问题。井底压差越大，对油气层损害的深度越深，对油气层渗透率的影响也就更为严重。若是压漏了油气层，钻井液会漏失到油气层深部，将造成难以解除的油气层损害。

在钻井过程中，由于过平衡压力条件下钻井促使液相与固相侵入地层，会使油气层的渗透率降低 10%~75%。由此可见，压差是造成油气层损害的主要原因之一，降低钻井压差是保护油气层的重要技术措施。

钻井过程中，造成井内压差增大的原因有：采用过平衡钻井液密度、管柱在充有流体的井筒内向下运动产生的压力激动、地层压力检测不准确、水力参数设计不合理、井身结构不合理、钻井液流变参数设计不合理、井控方法不合理、井内钻屑浓度过高及开泵引起的井内压力激动等。

⑦油气层浸泡时间，在钻开油气层的过程中，钻井液滤失到油气层中的数量随钻井液浸泡时间的延长而增加。浸泡过程中除滤液进入地层外，钻井液中的固相在压差作用下也逐步侵入地层，其侵入地层的数量及深度随时间增加，浸泡时间越长侵入越多。因此，钻开油气层时间越短，对保护油气层越有利。

在钻井过程中，油气层的浸泡时间包括从钻入油气层开始至完井电测、下套管、注水泥这一段时间。另外，在钻开油气层过程中，若钻井措施不当，或其他人为原因，造成掉牙轮、卡钻、井喷、井漏或溢流等井下复杂情况和事故后，就要花费大量的时间去处理井下复杂事故，这样将成倍地增加钻井液对油气层的浸泡时间。

⑧环空流速。

A. 高的环空流速，即环空流态为紊流时，井壁被冲刷，使井眼扩大，造成井内固相含量增加。

B. 高环空流速在环空产生的循环压降将增大钻井液对井底的有效液柱压力，即增大对井底的压差。

C. 环空流速越大，钻井液对井壁泥饼的冲蚀越严重，不利于形成阻止钻井液中固相和滤液侵入油气层的致密泥饼，使钻井液的动滤失量增加，钻井液固相和滤液对油气层伤害的深度与程度也随之增加。

一般情况下，产生高环空流速的原因有：水力参数设计中未考虑井壁冲蚀条件，致使排量设计大而导致环空流态为紊流；起下钻速度太快，在环空形成高流速；开泵时快速下放管柱会在环空产生极高的流速。

⑨固井质量不好引起油气资源损失，固井作业中，由于水泥浆顶替效果不好，水泥浆环中有大量钻井液槽带；水泥与地层和套管胶结情况不好，形成环隙；水泥浆凝结过程中，失重造成的静水压力低于油气层压力，使油、气、水侵入水泥浆形成通路等。这些因素都可能导致环空封隔质量不好，固井质量不合格，引起油气在地层之间互窜和窜到地面，最终使有些油气资源不能有效采出，从而引起油气资源损失。

⑩水泥浆对油气层的损害，水泥浆对油气层损害与钻井液相比有如下特点：损害压差大、固相含量高、滤失速度大、滤液离子浓度高。所以，尽管损害时间短，但有可能造成比较严重的损害；水泥浆污染处于钻井液污染之后，如钻井过程形成了优质的内、外泥饼，对水泥浆滤液和颗粒侵入油气层会有明显的阻挡作用，因此，会减少水泥浆对油气层的损害。

A. 水泥浆中固相颗粒对油气层的损害。水泥浆中粒径为 $5\sim30~\mu m$ 的颗粒约占固相总量的 15%，而多数砂岩油藏的孔隙或喉道直径大于这个数值。因此，水泥浆中固相颗粒有可能进入油气层，并在油气层孔隙中水化固结、堵塞油气层的孔隙或喉道，造成油气层的永久堵塞。

B. 水泥浆滤液对油气层的损害。水泥浆滤液中的钙、镁等无机离子处于过饱和状态时，就有可能析出 $Ca(OH)_2$、$Mg(OH)_2$ 等结晶沉淀，从而堵塞油气层孔隙而造成损害。水泥浆滤液对油气层的损害，要比水泥浆固相颗粒造成的损害严重。

四、护油气层

（一）选用能保护油气层的钻井液体系

钻开油气层的钻井液不仅要满足安全、快速、优质、高效的钻井工程施工要求，而且还要满足保护油气层的技术要求。通过多年的研究与实践，可将这些要求归纳为以下几个方面：

1. 具有不同的密度系列与密度可调

我国油气层的压力系数从 0.4 到 2.87 分布很广，部分低压、低渗、岩石坚固的油气层，可能还需要采用负压差钻井来减少对油气层的损害。因而，必须具有从空气密度到 $3.0~g/cm^3$ 的不同密度与不同类型的系列钻井液，才能满足各种压力系数的油气层需要。同时，钻井液的密度应易于调整，以满足不同压力油气层近平衡压力钻井的需要。

2. 钻井液固相对油气层损害小

为了减轻钻井液固相对油气层的损害，钻井液中除保持必需的膨润土、加重剂和暂堵剂外，应尽可能地降低钻井液中的膨润土和无用固相的含量，尽可能采用无固相或无膨润土相钻井液钻开油气层。同时，应依据所钻油气层的喉道直径，选择尺寸大小、级配和数量匹配的暂堵剂固相颗粒，以减少固相侵入油气层的数量与深度，在油井投产时再进行解堵。

3. 钻井液与油气层岩石必须配伍

为了防止因钻井液与油气层岩石不配伍而引起水敏、盐敏、碱敏、酸敏等损害，对于中、强水敏性油气层的钻井液，应有较强的抑制性，以防止黏土水化膨胀引起水敏损害；对于盐敏性油气层，钻井液的矿化度应控制在临界矿化度以上；对于碱敏性油气层，钻井液的 pH 值应尽量控制在临界 pH 值以下；对于酸敏性油气层，尽量不要选用酸溶性暂堵剂。

4. 钻井液滤液与油气层流体必须配伍

钻井液滤液中的无机离子和处理剂应不与油气层流体发生反应，生成无机及有机沉淀，以及不与油气层中流体作用产生乳化堵塞；滤液的表面张力应低，以减轻水锁损害；钻井液滤液中应尽量避免含有在油气层环境中可以大量繁殖的细菌，以防止产生细菌堵塞损害。

5. 钻井液的常规性能应有利于保护油气层

钻井液的造壁性要好，泥饼渗透率低，高温、高压滤失量最好低于 10 mL，这有利于减少钻井液的侵入量；钻井液的润滑性好、摩擦阻力低、流变性好，以降低起下钻或开泵时的激动压力。

国内比较成熟的保护油气层钻井完井液（或流体）可分为三种不同的类型：

①水基钻井完井液。包括甲酸盐钻井完井液、低膨润土聚合物钻井完井液、无膨润土聚合物暂堵型钻井完井液、水包油型钻井完井液、阳离子聚合物钻井完井液、正电胶钻井完井液。

②油基钻井完井液。包括纯油基钻井完井液、抗高温高密度油包水乳化钻井完井液、低胶质油包水钻井完井液。

③气体型钻井完井流体。包括气体钻井完井流体、雾化钻井完井流体、泡沫钻井完井流体、充气钻井完井液。

不同类型的钻井完井液（或流体）各有其优缺点和适用范围，这些内容在钻井液课程中进行讲授。

（二）采用合理的钻井液密度，降低钻井液液柱压力与地层压力之间的差值

为了防止井喷，钻井液液柱压力一般应高于地层压力，这一压力差是造成油气层污染的主要原因。适当降低钻井液液柱压力与地层压力之间的差值，使钻井液的液柱压力与油气层压力大体相等。在此压力下钻开的油气层可使油气层受污染最小。为了降低钻井液液柱压力与地层压力之间的差值，国内外都推广使用近平衡压力钻井、平衡压力钻井技术，在特殊的油气层中还采用空气钻井、雾化钻井、天然气钻井、泡沫钻井、充气钻井液钻井和轻质钻井液钻井等欠平衡钻井技术。

平衡压力钻井技术主要包括：利用地震法、邻井资料对比法预测地层压力；利用机械钻速法、页岩密度法监测地层压力；保持钻井液密度稍大于地层压力当量钻井液密度；尽量减少抽吸压力、激动压力与环空流动阻力；保证在任何钻井工况下井底压力都大于地层压力等。平衡压力钻井就是在井喷边沿进行钻井，为了有效地防止井喷，就必须用井控技术（详细内容在井控技术课程中讲授）进行保障。

（三）减少油气层浸泡时间

①采用平衡压力钻井和欠平衡钻井技术，有效地降低了井筒内的压差，使得机械钻速明显增加，从而缩短了钻井液对油气层的浸泡时间，进而减轻了对油气层的污染。

②从钻入油气层开始至完井电测、下套管、注水泥这一段时间，应加快各项施工作业，防止钻井事故的发生，尽量减少钻井液对油气层的浸泡时间。

③把已钻开的油气层下入一层套管封固起来，可以防止上部油气层继续被钻井液浸泡。

（四）采取保护油气层的固井工艺技术

①努力改善水泥浆的顶替效率，增强水泥浆与井壁和套管的胶结强度；使用特种水泥体系，如防气窜水泥、不渗透水泥和膨胀水泥，以克服油气水在水泥浆中的窜失。

②注水泥过程中的液柱压力要等于或稍大于地层压力。另外，对于低压地层，在水泥浆体系中就需要使用降密度添加剂。降密度添加剂可归纳为三大类：水基类（黏土化学填充剂）、降密度剂（火山灰、煤基材料和沥青基材料、膨胀珍珠岩）和超低密度剂（空心微球、泡沫水泥）等。

③严格控制水泥浆失水。控制水泥浆失水不仅是保证固井安全与质量的关键手段，而

且是保护油气层免遭损害的关键所在。所以，在固井作业中应使用和研究高效降失水剂，把失水控制在最低限度。根据现有试验，长链高分子聚合物添加剂有利于形成良好的内泥饼，可以减少对油气层损害的深度。

④严格控制下套管速度，减小压力激动引起的压差损害。

⑤合理设计水泥浆流变性。从保护油气层的观点出发，应尽可能地采用塞流注水泥，减少环空压力。

⑥合理设计套管柱及其下入程序。

第六章　石油钻井技术创新

中国加入 WTO 后，国内石油市场日趋国际化，这一方面有利于中国石油企业进入国际市场，另一方面也意味着中国的石油企业将面临更加激烈的全方位的国际竞争，而对主要靠技术和服务生存的石油钻井行业而言，所面临的形势愈加严峻，为了在激烈的竞争中赢得市场，为了钻井行业的生存和发展，需要不断进行科技创新，提高核心技术的竞争能力和技术水平，为巩固已有市场，拓展新的国内外市场提供保障。

第一节　钻井提速技术

一、钻井液对钻井效率的影响

钻井液影响钻井效率主要在于其性能，性能好坏决定了钻速和纯钻时间能否提高，从而应对井下复杂情况，进而使钻井周期缩短。大量实验结果表明，对钻速产生不同程度影响的钻井液性能包括密度、固相、黏度及失水等。

（一）钻井液性能

1. 钻井液密度

钻井时，钻井液密度通过液柱产生对井底和井壁的压力，从而确保地层中的油、气压力和岩石侧的压力达到一定平衡，防止井喷的发生并保护井壁，同时，避免高压油、气、水侵入到钻井液内，对其性能造成破坏，导致井下复杂情况的发生。

钻进和起下钻的顺利进行要求钻井液保持一定的密度。实际钻井作业中，钻井液密度须适用于具体情况，钻井液会对钻速产生很大影响，钻井液密度大导致很大的液柱压力，可使钻速变慢，钻井液密度过高，会造成液柱压力与地层孔隙压力的压差，从而使岩石强度增加，使钻屑压持，阻碍岩屑的清除，会造成岩屑的重复破碎，对钻头的破岩效率造成影响，导致钻速出现降低。实验证明，钻井液与地层流体之间的压差增加降低钻速达 75%之多。原因随着压差的增大，对井底岩屑的压持作用也会增大，使井底岩屑难以返出地面。只有当压差失去对岩屑的压持作用，岩屑才可能离开井底。对钻头下面的岩屑进行快速清除会提高牙齿冲击效果，从而使钻速得到提高。当钻井液密度较大时，深井段的循环摩阻变大，从而造成水功率利用率降低，循环压耗消耗了接近全部的泵压，钻头水马力优化的目的就很难达到，喷射钻井的作用难以得到充分发挥。

为了提高钻速，同时保证井下正常情况，应优先选择低密度钻井液。

2. 固相含量

钻井液固相含量的增加可降低钻速。实践表明，清水钻进时的钻速最高，固相颗粒的增加会降低钻速。实验同时证明：固相的粒度越细小，钻速受到的影响越大，即钻速下降得越快，小于 1 微米尺寸的亚微米颗粒比较大颗粒对钻速的影响要大 10 余倍。其原因在钻头的牙齿在冲击过程中所形成的微小裂缝被细小颗粒堵塞了，导致岩屑压力的平衡以及运移被延缓。还有，钻井液密度和黏度与固相含量有关，固相含量的增加会使密度和黏度增加，进而增加压持效应，降低流变性，钻井液的水力作用受到影响，钻头的使用寿命变短，钻井液流阻增大，导致泵压升高，对喷射钻进产生不利影响，由此影响井底的清洗效果，造成钻井液性能波动，频繁进行处理，使钻井液处理剂大量耗费。计算表明，钻速受到小于 1 微米固相颗粒的影响是 1 微米以上颗粒的 13 倍。

因此，需严格对固相含量进行控制，使用的钻井液保持分散低固相，钻井速度才能有效地提高，保证钻井安全。

3. 黏度

钻井液携带岩屑能力受其黏度影响，黏度越大，钻井液的携岩能力就越强，钻井过程中，具体情况决定需要多高的钻井液黏度，黏度的增加会对钻速产生不利影响。但黏度不对钻速产生直接影响。它是通过对井底清洁的影响，造成对清除钻屑以及水马力产生影响，最终对钻速形成影响。循环系统中压损的增高也可能由于黏度增大导致，从而造成钻头水马力降低，井底净化的效果减弱。黏性缓冲垫的形成也是由于高黏度钻井液引起，使得钻头牙齿冲击力减弱，从而导致钻速降低。

随剪切速率的增加而降低才是理想黏度，要提高钻速，要确保随着流速梯度的上升，黏度下降，剪切降黏特性得到良好保持，钻头水眼喷出钻井液时黏度较低，有较高的水力能量转化率，有利于钻头破岩和井底清洗，钻井液在环空上返时黏度较高，利于携岩和井眼净化。

4. 切力

悬浮固体颗粒的能力体现钻井液切力的大小，过低的切力对岩屑悬浮携带不利，如具过高的切力，流阻大，循环压力消耗就会增加，造成沉沙，从而对净化产生影响，密度快速上升，增大钻井液含沙量，泥饼质量变差，造成钻具转动受到的阻力增大，产生较大的动力消耗，最终对钻速的提高形成间接影响。因此，需要保持具有适当切力及触变性的钻井液。

5. 失水量

在钻井过程中，滤饼的形成是由于失水，滤饼的形成可巩固井壁并阻止失水的进一步产生，薄而韧性致密的泥饼和低失水量是钻井对钻井液的要求。

岩屑的压持效应受到初始水和胶体的颗粒含量影响。微裂缝的形成源于钻头对地层的作用，真空状态在短时间内存在，这些裂缝受到上覆地层压力和液柱压力影响，近乎瞬时愈合。在泥饼形成之前的失水即初失水。如果钻井液的初失水较高，这些裂缝会立刻被滤液充填，岩屑围压出现平衡，裂缝保持张开，从而降低岩石抗压强度，对松散岩屑的清除有利。即低固相且初失水大可提高钻速。如果钻井液的初失水较小，高颗粒含量，滤饼会在微裂缝内形成，岩屑围压平衡受到阻碍。造成岩屑滞留井底，对钻头牙齿切削形成影响。失水不是愈小愈好，失水量过小的钻井液的成本会增加，降低钻速，保持泥饼薄，并不一定失水很小。

在钻井过程中，须考虑实际确定失水量，综合考虑岩石特性、井眼深度、井身结构，以及钻井液类型等。保证较高钻速的同时，确保井眼安全。同时，如果井壁条件允许，失水量的要求可适当放宽，原则是提高钻速最大化。例如，在浅水时可适当放宽，当裸眼段长时要严格失水量控制，对于致密砂岩、灰岩和白云岩等地层，对失水量可不做要求。相反，对于其他吸水易碰撞、易垮塌的页岩及地层，要严格控制失水。对盐水钻井液的失水也可以放宽，淡水钻井液相反。

钻井液的单个性能并不是孤立存在，单个性能的改变往往会影响其他性能，评价钻井液好坏的指标是，应在具有充足流量清洗井筒的同时保证产生适当的水功率，从而使钻压和钻速达到合理配合并使钻头得到清洗。井壁稳定的目的需要诸多变量有效组合，从而使地层评价的要求得到满足，安全高效地钻达目的层位。需要结合实际情况及具体条件，综合评价并分析这些性能，既要从邻井中获取影响因素，也要掌握处理复杂情况的方法，不断积累经验，寻求钻井液性能的最佳方案，优化设计，避免井下事故的发生，安全高效地开展钻井施工，通过钻速的提高，实现钻井效率的提升。

（二）影响钻速的钻井液因素

1. 对钻速存在的影响

钻速受钻井液密度增高的影响：①钻井正压差会增加。②固相含量会增加。这两方面因素对钻速降低率产生综合影响，钻速降率与密度增量呈良好的自然对数关系，即密度增加量越大，钻速降低越快，随钻井液密度增量的增加，钻速降低率的幅度呈降低趋势。

2. 影响钻井效率因素分析

随着勘探开发的深入，深部地层会成为主要的油气增长区，地质条件趋于复杂，深井技术已是关键技术，必不可少。但复杂的井下状况与频繁的事故，延长的建井周期，超高的工程费，勘探开发成本增加，这些因素使得勘探开发受到严重阻碍。适应深部勘探开发的新形势，降低成本，研发、应用钻井提速的配套技术，是目前的迫切要求。关键配套技术包括钻井液技术，在提高钻速方面，钻井液有独特的地位并起关键作用，影响钻速以及成本的因素有钻井液的类型、钻井液的组成和性能，掌握它们对钻井效率的影响程度，将对提高钻井效率起到很好的指导作用。

（三）体系转化影响钻速

钻井液体系的转化对钻速有影响，影响钻速降低率的范围大致为 13%～33%。不分散体系钻井液转化为分散体系钻井液并不会产生这种变化，只有当出现小于 6% 的固相含量时，钻速才会因该转化出现显著降低，通常体系转化时，钻井液的固相含量大于 20%。试验数据表明，聚合物类钻井液向聚璜类转化后，钻井液的黏度、切力增加，瞬时失水量出现降低。黏度和切力增加、流变性变差源于钻井液体系转化，钻速降低的关键因素归于瞬时失水量的降低。

（四）钻井液技术措施

提高钻井速率可通过优化钻井液性能实现，岩屑的压持效应的减少可以通过降低钻井液密度而达成；携沙、清洁井眼作用需要钻井液具有合理的流变性，从而使钻头重复切削现象得到避免和减少；使井眼保持通畅，不出现遇卡情况。

在上部地层井段，为配合提速技术方案，从提高钻井液流变性能、合理调整密度、抑制钻屑出现分散的思路出发，实现对聚合物钻井液性能的控制，达到提速的目的。技术要点：提高滤失量，大排量洗井，扩大井径，降低大井眼的阻卡；采用低黏、低密度、低切力、低固相，发挥"螺杆+PDC 钻头"的破岩能力优势，达到机械钻速提高；使用大分子的包被抑制剂，其具有膨润土含量适当，溶度适当的特点，从而使钻屑分散状况得到抑制，防泥包措施的采用，可使钻头泥包问题得到解决，生产时效得到提高，随之达到快速钻进的目的。

深部地层存在易垮塌、井眼易阻卡的特点，尤其是在扩径之后，测井、下套管遇阻遇卡情况频发。对以前各区块使用的钻井液技术进行分析和总结，结合区块的实际情况，对长裸眼段井壁稳定技术的要点进行了总结并制定出来。一是对微裂缝进行封堵。使用架桥、可变形、填充以及复合暂堵等粒子，包括超细颗粒碳酸钙、经磺化沥青和聚合醇等，类似于橡皮套的屏蔽层得以形成，在泥、页岩层的近井壁带，通常微裂隙发育，在正压差下，稳定井壁的作用可通过屏蔽层达到。二是降低滤失量进入地层。滤液进入地层后，造成近井壁地层的吸水膨胀、产生"推挤作用"，造成井壁不稳定。因此，要控制滤失量、对泥饼质量进行改善，控制渗入量。三是钻井液密度适当。液柱压力需要略大于地层的压力，既可平衡地层压力，不至于坍塌，又可以使屏蔽层受到正压差作用，处于密闭状态，防止近井壁受到钻井液的冲刷，从而减少滤液侵入。四是降低激动压力。造成井壁失稳的激动压力因素不可忽视，不宜让黏度过高，保持 50~60 s 即可，保持下钻平稳。多次、分段循环，开泵初期应先进行小排量循环，待井口出浆后，将泵开到正常的排量。五是抗高温材料的足量使用起到缩短维护周期的作用，其抗高温稳定性需要得到保证。

聚合物钻井液技术的应用可在上部地层提高钻速，应用该技术时，要保证循环时使用大排量，尤其是进入膏岩层后，进行短起下可有效降低阻卡。该优快技术的应用会极大缩短作业周期，配合深井钻速的提高，展示较好的社会经济效益。实施过程中，无间歇钻井是提高钻速的重中之重，关键在于裸眼井壁稳定、保持通畅的井眼。

（五）钻井液的维护与钻井效率

依据实际情况，针对构造、地层以及钻井特点的不同，须灵活合理地维护钻井液，保持性能正常，一切服从于正常施工，目的是提高钻井效率。

极大影响钻井速度的因素包括所用钻井液流动型、流速情况和排量等。保持流型合理、黏度适当、泵压、排量正常以提高携沙能力，使钻头水眼得到有效清洁，防止出现因钻屑下沉而造成的反复切削情况，防止钻头和钻铤被泥包，同时，也要避免因流速过快形成对井壁的冲蚀，确保井眼的稳定是第一要务，从而间接达到提高钻井效率的目的。

要保持钻井液性能稳定，也需要确保固控设备的正常运转。钻井液中最主要的有害固相是岩屑，在钻井全过程中，岩屑固相会使一些钻井性能参数增加，包括密度、动切力、泥饼的研磨性、失水情况、流阻和黏度等，也会对钻速造成降低，还会引起井喷、井漏等危险情况。因此，多种有效措施须采取以应对密度的过快增加，使微超平衡状态钻进得以实现，保证提供快速安全钻进的一切条件。

快速钻进需要钻井液具有良好的润滑性。润滑性好的钻井液体系作用很多，可降低摩阻和扭矩，避免或消除发生在钻头及钻铤上的泥包现象，可增强钻头的破碎岩石效率，改善钻井液泥饼质量，降低发生卡钻的风险，从而总体提高钻井效率。

（六）海洋优快钻井钻井液技术

根据地层地质情况变化，针对各个井段特点进行钻井液体系选择时，以下要求必须满足：有利于钻速提高、可使井壁保持稳定、润滑性良好，利于扭矩和摩阻的减少，且满足排放标准要求。用于优快钻井的钻井液，以下几点还须注意：

1. 对抽汲压力允值和激动压力允值进行合理选择

根据在岩心室内实验获取的强度实验、地应力实验数据和现场测井资料，对斜井井壁做稳定性分析，以使地层孔隙压力保持平衡，以防止地层被压漏、避免地层坍塌，以此为指导思想着手井身结构设计。只有抽汲压力允值和激动压力允值的设计合理，才可以在地层不被压漏或造成井壁坍塌的条件下，起下钻或下套管以合理的较快速度开展，从而提高作业效率。

2. 设计钻井液密度采取"量体裁衣"的方式

研究定向井钻井风险会随井斜和方位的变化而呈现的一定分布规律，这项工作对于井眼轨迹优化及钻井工程措施的设计至关重要。井眼轨道呈不同井斜、方位角时，稳定井壁对钻井液密度要求的差异可能较大。在钻井过程中根据地质构造及断层分布、破裂压力、孔隙压力、地层地应力、坍塌压力等，根据不同井段方位井斜角的不同，对所需的钻井液密度进行选择，在确保钻进安全这一前提下，使钻井液密度最大限度地降低，压差降低，从而使油层受到的伤害减少，同时，机械钻速也会提高。

3. 对水力参数进行合理选择

快速钻井的特点之一是机械钻速高，这会造成井眼环空的钻屑浓度升高，这需要利用钻井液软件来对各种不同钻速下井眼清洁所需的流动类型、最低泥浆排量、环空最大钻屑浓度、环空上返速度，以及井底当量泥浆密度等进行模拟计算，从而对水力参数的设计及使用进行指导。必要情况下，利用工具对井下环空液柱压力进行测量，对井眼清洁状况进行监测和分析，以对钻井液水力参数进行辅助设计。

二、井下工具对钻井速度的影响

钻井过程中，井下工具的范围可界定为包括钻头在内的井下钻具组合，包括钻铤、加重钻杆、钻杆、造斜/增斜/稳斜/降工具、LWD、MWD、扶正器及各类接头等，是实现钻井目的的重要组成部分。使钻头和井下工具达到高机械钻速和连续较长的工作寿命是实现优快钻井，提高钻井效率的关键。下面我们就从井下工具作为切入点，分析研究其对钻速提升的影响。

（一）各种钻具组合

1. 常规钻具组合

钻头+接头+钻铤+接头+钻杆+方钻杆阀（或保护接头）+方钻杆。

2. 满眼钻具组合

钻头+钻头扶正器1~3个+短钻铤+稳定器（挡板）+非磁钻铤1~2根+3号稳定器+钻铤1根+4号稳定器+钻铤+加重钻杆+钻杆+方钻杆阀（或保护接头）+方钻杆。

3. 钟摆式钻具组合

钻头+钻铤（易斜地层选用大钻铤或加重钻铤）+稳定器+钻铤+钻杆+方钻杆阀（或保护接头）+方钻杆；

直井组合：钻头+钻铤1~3根+稳定器+钻铤+钻杆+方钻杆阀（或保护接头）+方钻杆；

吊打组合：钻头+钻铤2柱+钻杆+方钻杆阀（或保护接头）+方钻杆。

4. 塔式钻具组合

钻头+大尺寸钻铤1柱+中尺寸钻铤2柱+小尺寸钻铤3柱+钻杆+方钻杆阀（或保护接头）+方钻杆。

5. 定向井在不同井段的钻具组合

钻头+大尺寸钻铤1柱+中尺寸钻铤2柱+小尺寸钻铤3柱+钻杆+方钻杆阀（或保护接头）+方钻杆。

在不同的工况段的常规定向井，需要多次改变钻具，每次钻具组合的改变，都要起钻。而导向钻井是用同一套组合就可以完成从造斜、增斜到稳斜、降斜的工序，无须起钻更换钻具组合。因此，导向钻进的钻具组合结构要同时满足不同工序的要求，不仅可以提高钻速，从而避免频繁起下钻，在井身质量控制方面，定向井的井身质量更需要优于常规井。

①造斜段钻具组合：钻头+井下动力钻具+弯接头+非磁钻铤+钻铤+震击器+加重钻杆+钻杆+方钻杆阀（或保护接头）+方钻杆。

②增斜段钻具组合：钻头+稳定器（挡板）+非磁钻铤1~2根+稳定器+钻铤1根+稳定器+钻铤+加重钻杆+钻杆+方钻杆阀（或保护接头）+方钻杆。

③稳斜段钻具组合：稳斜段采用上述满眼钻具组合。

④降斜段钻具组合：钻头+非磁钻铤1~2根+稳定器+钻铤1根+稳定器+钻铤1根+稳定器+钻铤+加重钻杆+钻杆+方钻杆阀（或保护接头）+方钻杆。

⑤水平段钻具组合：钻头+钻头稳定器+非磁钻铤1根+稳定器+非磁承压钻杆2根+斜坡钻杆+加重钻杆+随钻震击器+加重钻杆+钻杆+方钻杆阀（或保护接头）+方钻杆。

（二）水平井钻具结构

1. 直井段

水平井一般是在平台的井口区新开钻的调整井，此时海上采油平台的油井均已投产，故水平井是在边进行采油生产边开展钻井的状态下进行作业的。此时作业的关键之一是防止在表层直井段（井距小，渤海平台井距仅2m左右）发生钻破其他井眼的事故，即防碰。因此，直井段要保证打直，既保证邻井采油生产安全，又利于本井深部造斜的正常开展。需要对井斜标准进行严格控制，在914mm井径进行开眼钻进时要确保在低平潮状态下将钻头和扩眼器下入，从而减小钻柱受到的海流冲击力的影响，保证762mm套管鞋位置以及508mm套管鞋位置的井斜为零度。

2. 第一次造斜（311.5mm井径）

从造斜作业开始，所用钻具组合及参数设定，就全权由定向井公司的定向井工程师负责。主要特点：

导向钻井系统的采用，主要结构：钻头+万向节+泥浆马达+扶正器+浮阀+MWD+非磁钻铤等。

这套系统的特点是仅采用同一套组合，而通过工作方式的改变（即马达单独转动以及转盘与马达同时转动两种方式驱动方式）来保证造斜或是纠方位目的的实现，以及增斜和稳斜的作业目的，无须通过起下钻来改变扶正器位置，既节省了时间，又可使钻井成本得到降低，使用方便。

3. 增斜井段（152.4mm井径）

目的是在小井眼进行增斜作业，由于钻头变小，钻柱挠性相对变大，井斜不容易控制，在上一套钻具组合中稍加改动，去掉原来的短钻铤，再加一挠性接头，钻具组合由于挠性的增加，钻井参数基本保持不变，这种添加了挠性接头的钻组合可提高增斜率。

4. 第二次造斜（152.4mm井径）

造斜钻具组合中添加一个可调节弯接头，通过地面控制即可实现对该弯接头角度大小的调节，确保弯接头角度满足要求，从而定达到控制井眼轨迹的目的。

5. 水平井段（152.4mm 井径）

水平井段的钻井组合最具特色。该组合的加重钻杆并不紧连钻铤，而是将加重钻杆连接在钻杆后面，保持在小于 60° 井斜的井段内，这是为了保证用来加压的加重钻杆要始终处于小于 60° 井斜的井段内，确保钻压有效地传递，否则其作用就难以发挥，水平井钻具组合的重要特点即在于此。

水平井的钻具组合的选择，以及水平井井眼轨迹的控制，须引起重视的特点如下：

①扶正器的尺寸须严格控制，扶正器的间隙如果越大，它的增斜能力就越小，反之同样道理。所以每次下钻之前，扶正器所有翼片的磨损情况都要进行仔细检查。

②造斜工具的使用，保证了在深井段的造斜及增斜操作的有效开展，且具有性能可靠、操作简便的特点。

③造斜工具的特点是其不仅仅应用于造斜，利用其角度可调的特点，在关键井段如由增斜井段向水平井段过渡时，发挥了关键作用。平滑的井眼轨迹控制水平井钻井成功的重要指标。

④为水平井段设计的钻具组合，首先要保证钻头稳定，这样才可以有效控制井斜的变化率，其次是要配置好加重钻杆在钻具组合中位置，钻进过程中自始至终处于小于 60° 井斜的井段内，保证钻压的有效传递。

（三）扶正器组合

1. 扶正器的种类与用途

在开展定向钻井作业过程中，经常使用到的扶正器类型包括螺旋扶正器及滚子扶正器两种。

扶正器在定向钻井中起着重要的作用，其用途包括：一是在增斜钻具组合及降斜钻具组合中，扶正器起着支点的作用，通过对扶正器在底部钻具组合中的位置的改变，同时，将会改变下部钻具组合的受力状态，从而控制井眼轨迹的目的可以达到。针对增斜钻具，靠近钻头的扶正器起到支点作用，位于扶正器上部的钻铤受到压力后弯曲，由此使得钻头产生斜向力从而达到增大井斜的目的。在降斜为目的的钻具中，扶正器距离钻头的距离大致为 10~20 m。位于扶正器下部的钻具依靠自身重力，通过将扶正器作为支点从而产生向下的钟摆力，降斜的目的达到。二是通过增加底部钻具组合的刚性条件，使稳定井斜和方位保持稳定。稳斜钻具组合是通过减小钻头与扶正器之间的距离，以及减小扶正器之间的相对距离，使下部钻具的刚性得到增强，从而限制下部钻具因受压而变形，达到稳斜的效果。三是使井眼得到修整，井眼曲率由此变化平缓、圆滑。井下复杂情况将随着减少。在扶正器下井之前，应对扶正器的外径、磨损的情况，以及扶正器在钻具组合中的安装位置进行认真检查，扶正器外径磨损程度应不大于 2 mm。

2. 常用的扶正器钻具组合

（1）增斜作用钻具组合

增斜钻具组合需用到双扶正器钻具组合。增斜钻具是通过利用杠杆原理来设计实现的。它通过将一个靠近钻头的足尺寸扶正器当作支点，第二支扶正器和近钻头扶正器之间的距离大小是根据两扶正器间钻铤的刚性和需要的增斜率来决定的。在考虑增斜能力以及稳方位能力之外，减小井下阻卡和防止钻具事故的发生也必须考虑。

（2）稳斜作用钻具组合

稳斜钻具组合采用的是刚性的满眼钻具结构，其通过增加底部钻具组合的刚性，来控制底部钻具在钻压的作用下的弯曲变形情况，从而达到井斜稳定和控制方位的目的。一般常用的稳斜钻具组合为：

钻头+近钻头扶正器+钻铤（2~3 m）+扶正器+钻铤+钻杆

（3）单扶正器钻具组合

针对单扶正器钻具组合，首要应该考虑的是扶正器的安装位置对其造斜特性产生的影响。当使用近钻头扶正器时，钻具组合的特点是具有很强的增斜力，随着离钻头距离的增加，增斜力随之下降；当扶正器离钻头距离增加至某一限值时，其增斜力降为零；如果继续增大扶正器离钻头的距离，则转变为降斜力。由此得出，通过使用单扶正器钻具组合，对扶正器的安装位置进行合理的改变，就可以实现增大井斜、稳定井斜及降低井斜的目的。

地层的特性对下部钻具组合的影响比较大，地层方面的影响因素可能会造成井眼漂移的情况发生。为确保井下作业安全，需合理地对钻压和转盘转速参数进行选择，并选用短翼螺旋式的扶正器，从而大大减小摩阻力和扭矩。

在具体的钻井过程中，要获得想要的稳定井斜的效果，可以通过改变扶正器在单扶正器组合中的安装位置来实现。根据以往实践表明，当在地层较复杂地区进行单扶正器钻具组合的应用时，不但可以保障井下作业安全，也可以实现定向钻井这一最终目的，是定向钻井钻具组合选择的理想方式。

（四）选择单弯螺杆角度

按照井眼曲率，单弯螺杆的度数是由最大井斜参数确定的，根据以往成功作业经验，在 0.75°~1.25°之间。在两种工况下会使用到单弯螺杆，单弯螺杆不仅在造斜段为滑动钻进提供动力，与此同时，其单弯部分也起到了在上部造斜井段所使用的单弯接头的相同的作用，造斜率的大小是由其单弯角度决定的。在复合钻进井段，单弯螺杆的作用除了要提供井下动力，做到和转盘配合来提高钻头的转速外，其单弯部分也起到了在上部直井井段所使用的偏轴接头的相同的功能及作用，起到了一定的防斜效果和作用。但是如果单弯角度过大，也会造成井下钻具可能承受比较大的交变应力，进而遭受疲劳损坏。

（五）稳定器尺寸

在常规钻井中，216 mm 井径的稳定器的外径尺寸通常要大于或者等于 210 mm；在导向钻井过程中，位于单弯螺杆上下的两个稳定器的尺寸如果同常规井的稳定器的尺寸一样大小，过大的弯曲应力会施加到钻具上，因此，通过实验室分析与实践，稳定器的尺寸适用范围为 208~210 mm。

（六）对井下工具进行合理配置，实现优快钻井

实现钻井速度提高的关键因素是使钻头和井下工具有较高的机械钻速并保持较长的工作时间。

在保证较高的机械钻速这一前提下，要进一步缩短钻井辅助时间，可采取如下方法：尽量使用一套钻具组合，通过一趟起下钻，完成直井段的钻进、造斜作业、增斜作业、稳斜作业和扭方位作业等相应步骤，即通过使用一套钻具组合力争完成某尺寸井眼段的所有钻井作业，从而减少起下钻进行钻具组合更换、钻头更换和在起钻前循环处理泥浆所花费的时间。

为此，要获得高效钻进，对井下工具的要求是：进行导向钻具组合时，要保证井下工具效率高、寿命长，在确保机械钻速提高的同时，也要保证扩眼进尺作业可以最大限度地进行。为达到了以上这些目的，钻具中的 PDC 钻头、MWD/LWD（随钻随测）工具以及井下导向工具等，没有对 PDC 钻头可钻式浮鞋及浮箍等结合进行使用，而是通过对操作程序的持续优化，达到发挥最大效益的目的。

三、井眼轨迹对钻速的影响

目前，有很多关于井眼轨迹设计的方法可供采用，这些方法已覆盖到了几乎所有井型，包括定向井、水平井、侧钻水平井及大位移井等。也覆盖到了各种曲率半径，包括大、中、短和超短曲率半径。这些设计方法的共同特点是，这些方法设计出来的井眼轨迹

总能够满足现场实际作业施工的要求，但无法判定它是不是一条最优且可行的井眼轨迹。

（一）最优井眼轨迹

最优井眼轨迹须包含以下含义：

①轨迹设计必须能够使现场施工的限制条件得到满足；

②轨迹设计不但要满足所有设计要求，还应是最短轨迹；

③轨迹设计要确保钻柱扭矩以及钻柱的摩阻力相对来说是最小的；

④反复试算是现有轨迹设计方法的重要基础，设计者的经验在设计过程中起重要作用，而且被依赖。因此，随意性以及过分依赖经验的情况是存在的。

现以双增型剖面设计轨迹作为示例对井眼轨迹设计加以说明，一般采用如下步骤：

第一，对第一、二两个造斜点的位置做出假设，同时，对第一、二两个造斜率的大小做出假设，通过计算，能否设计出一条满足顺利达到靶点的轨迹；

第二，如果这条设计出的轨迹不能满足要求，则需要更改造斜点的位置以及假设的造斜率大小，须不断重复计算，重复更改多种假设，直到一条能达到靶点的轨迹设计出来为止。

基于上述设计思路，可以看出，反复进行试算验证是井眼轨迹设计的最大特点，虽然设计的轨迹是可行的方案，但不能确信是否最优，可能是最优，也可能不是最优。

定向井井眼轨迹的最优化设计引入了"非线性不等式约束下非线性目标函数非线性数学规划理论"，并提出了将定量的最优的方法应用于井眼轨迹设计。设计者人为的因素在这种新的设计方法中得到摆脱，不再需要进行反复的试算，只要设计者提供一些必要的约束参数，该方法即可保证一条真正的最优轨迹将会自动优化出来。

（二）通过井眼质量控制使钻速性能最大化

非钻头因素大多数与井眼质量有着直接的联系，提高井眼质量将作为一个钻井绩效参数。结果是可接受的井眼质量成为重要因素而不仅仅参照每日进尺。质量被重新设计为在某井段的最低经济标准。该标准大大高于一般的钻井目标，因为高质量的井眼意味着较低的事故时间和下套管的成功。

井眼控制因素的技术模型，包括工程设计、实时操作的发展以及现场结果。

绩效管理工具倾向于分享一个基于计划—执行—分析过程的核心程序。这在以前的水马力优化、技术限制，以及限制因素再设计等工作中曾广泛使用。即发现问题后，通过更改去解决，根据结果确定是否再次更改。基本过程一样，但具体的细节会有所不同。确保有效性，绩效管理的过程必须与各种因素保持一致性，诸如公司的风险管理文化、技术资源、内部培训资源以及作业形式的复杂化和多样化。

井眼质量的最主要的影响因素是不稳定。井眼增大可造成较高的非生产时间、侧钻、降低携岩效率等，从而造成非常大的隐形损失。因此，提高井眼稳定性是工程质量的重中之重，需要通过对井眼设计和实时钻井实践的改变来实现，起初要共同开展详细的稳定分析评估，包括以下井：

①所有重点井。

②井壁存在不稳定的情况。

③井斜超过 40°。

④地质构造复杂。

详细分析和现场执行经验表明所有井需要采用最高可行的泥浆比重。如果分析表明泥浆比重仍不够，需要修改设计，调整具体操作并评估成本以及有效性。对任何作业者而言，这合乎逻辑，可能会有不同的地方是在哪个点不需要再重新设计。

重新设计并不是行业的常规做法，这么做涉及三个方面即携沙、非稳定性管理以及降低振动诱发井眼类型。

（三）　井眼轨迹控制保证优快钻井的具体做法

在实际钻井作业中，通过井眼轨迹控制对提高日进尺起关键作用的做法包括：

①重新进行井眼设计的目的是减少成本，而不仅仅是消除非生产时间和套管可以下到位。

②加强对险情事件的分析以为重新设计提供质量保证，并不仅仅是降低非生产时间。

③确保使用的泥浆比重可保持压力平衡。

④使用的含颗粒物钻井液可有效稳定破碎的页岩和煤。

⑤开发利用操作程序降低因压差造成压力吸附，可使用高比重泥浆保持井稳定。

⑥通过最大瞬时钻速试验确定对应的钻速。

⑦参考扭矩和阻力趋势，适时对井眼进行清洁。

⑧开发利用定量风险分析评估，在确定泥浆比重时平衡各项因素的优先级别。

⑨了解岩性特点，识别险情及时做出反应，及时调整泥浆比重。

⑩通过重新设计及实时利用机械比能调整参数来降低涡旋，从而减少振动。

四、地层对钻速的影响

井下地层的变化，包括沙泥岩护层、大段泥岩层、砾岩层、地层倾角大、复杂构造等，会对钻井速度产生影响，甚至会造成井斜，需要充分调研论证，制订翔实而有效的优快方案，保障钻井的安全质量。

（一）地层特点与井身结构

1. 地层特点

地层的可钻性差，而且地层中的石英砂岩研磨性强，这极易造成钻头磨损。井下深部地层温度高、井底温度更高，钻井液在这样的高温高压条件下，性能会变得不稳定，从而导致对钻井液的性能维护难度加大。因此，钻井过程中，既要解决钻井液抗高温的问题，又要将钻井液的流变性调整好，但不管怎么说，钻井液抗温一直以来都是一大难题。

2. 井身结构

通过特种井身结构来实现对专打专封，每层套管各实现一特定钻井目的，是优快钻井得以实现的重要方式或手段。国外引进的动力钻具和高效能钻头的使用，也可作为另一项提高钻速的重要手段。

获推荐的井身结构设计方案，针对区块内深井、超深井钻井作业问题的解决具有一定的指导作用，但很确定一种唯一的，并且完美无缺的套管下入程序。因此，相对于每口井的套管程序都仅仅是暂定的，可灵活变动的，套管程序需要依据具体的钻井条件来不断地进行调整。井身结构的层次是有限的，因此，在实际作业中，对于影响钻速的必封点可能不能完全有效地进行封隔，从而造成空气钻不能得到充分利用，以及会形成在裸眼内不同压力系统共同存在的问题，从而影响机械钻速。

（二）钻井主要难点

1. 砂泥岩及复杂构造

泥岩地层的特点是易水化而膨胀，出现剥落掉块，同时井径易扩大。泥岩地层的压实性较强，较坚硬，研磨性极强，存在多段砂、砾岩互层，造成软硬交错，钻井过程中憋钻、跳钻明显，这不但造成钻具和钻头的磨损严重，钻铤丝扣断裂情况极易发生，粘扣现象也存在。

地层的差异性和多样性，不但会造成钻头选型困难，钻具先期失效现象也极易发生。复杂的地质构造及古老的地层以及不断变化的地层岩性，同时，存在构造落实程度低，存在地下断层，而且存在砂砾岩体发育、地层倾角大等情况，钻井易造成井斜。

地层构造复杂且断裂发育，同时分布普遍的第三系的地层有岩性变化大的特点，表现为岩性特性复杂且可对比性较差，在钻井过程中，地层表现为夹层多。在如此地层条件下，要保证钻井优质高效地开展，需要从防斜理论出发，在技术上做好解决疑难问题的准备，只有这样，完善、配套的成熟技术才能早日形成。

2. 上部地层

上部地层呈松软现象且极易垮塌卡钻，馆陶组及以下的地层存在岩性变化大的特点，同时，地层倾角较大，导致钻井过程中易发生井斜。

泥岩段易垮塌，同时易造成井径变化大，极易形成井下复杂情况，从而影响套管固井质量和钻速的保持。这不仅会增大井眼的扩大率，从而对固井质量造成影响，为钻井施工工程带来危害，其主要原因在于岩石的吸水量的增多从而造成岩石膨胀，进而导致井壁围岩压力失去平衡，最终井壁发生剥落坍塌。

3. 下部地层及储层

下部地层因沉积年代十分久远，其岩性的可钻性差，表现为岩性的研磨性强，会造成钻进的钻速降低，同时牙轮和钻具极易受到磨损。随着钻进，井深不断增加，井身结构趋于复杂，井眼的尺寸越来越小，岩性变得更加坚硬，可钻性不断下降，同时，钻井液的循环压力也会不断增大，水力利用率不断降低，从而大大影响水力破碎岩性效果。深层地层级构造资料的可预告性变差，存在诸多不确定因素，同时，与周边深井地层的匹配度也出现很大差别。

储层具有变化快、埋藏深的特点，存在异常地层压力，易出现井漏、井喷和井卡，对储层保护有很高的技术要求。针对灰岩裂缝型油气藏，特点是变化大的地层压力系数，容易发生井喷、井漏，对油气层的保护存在一定难度。

根据地层特点，对钻井作业中的难点进行分析。对于微裂缝型的油藏，表现为压力系数低，因此，研究对油气层如何保护成为钻井工作重点，钻井的目的就是找到油气藏，同时也要对其保护好，以保证后期的顺利开发。经常会有一些例子讲述油藏保护的重要性，如某区在钻井过程中曾收获很好的油气显示，但在完井后，该井的出油效果很差，经分析研究，在当时的技术条件下，油气保护的需要不能真正得到满足，储层受到钻井液的污染。当前技术条件，实施对储层的保护通过设计新的钻井液来实现，是优快钻井需要研究的重要课题。

地层的复杂程度造成钻头选型困难，层套管以及复杂的钻井程序等都为提速、提效带来了困难。需要充分调研论证，在此基础上，保障钻井的安全质量，制订翔实而有效的优快方案，并应用于作业现场，不断提高钻速，加快油田勘探开发的步伐。

第二节　激光辅助破岩钻井技术

一、激光辅助破岩机理

从激光对岩石的热作用出发，研究不同能量条件下不同种类岩石的力学参数变化以及宏观与微观变化。

（一）激光破碎岩石的作用方式

1. 破岩方法分类

按照作用机制不同，分为以下四种：

（1）熔化和汽化

当温度超过岩石组分材料的熔点和沸点时，会发生岩石材料的消融。

（2）热破碎

当岩石局部受热时，内部迅速产生不均衡的应力，当其超过岩石极限强度时，就会发生热破碎。

（3）机械破碎

依靠机械作用剪切、冲击破碎岩石。

（4）化学破碎

采用化学剂溶解岩石。

按照作用方式的不同，破岩方式还可分为两种：

①接触破岩：典型的接触式破岩如目前旋转钻井中常用的钻头剪切、冲击破岩，这类破岩方式的实现必须建立在破岩工具与岩石保持接触的基础上。接触式破岩具有显而易见的缺点，一是工具磨损严重；二是工具频繁遭受剧烈的冲击和振动，容易发生损坏或失效；三是需要频繁更换破岩工具。

②非接触破岩：非接触破岩的破岩工具即能量载体是电磁辐射或流体，如激光、等离子体等。相较于接触式破岩方式，主要具有以下优点，一是高能量密度；二是无磨损和冲击载荷；三是施工过程无间断。

2. 激光破岩的方式

激光在照射破岩的过程中，不与被作用物体发生接触，是一种非接触破岩方法。在激光照射的过程中，岩石接收的热量逐渐积聚进而产生局部高温，发生多种形式的理化反应。温度达到熔点和沸点的位置，发生熔化和汽化的岩石消融；其他区域由于局部高温引发岩石不同空间范围内的温度差异，因此，在其内部产生温度应力，导致内部不同组分之间形成微观裂隙或内部颗粒间的间隙扩大，降低岩石的破碎强度，从而出现热破碎。

3. 激光作用岩石的三种能量级别

激光作用在岩石的过程中，能量传递分为两部分，一部分能量辐射传递到岩石上，另一部分则被反射和散射。岩石吸收的能量积累到一定程度时，受照射部分的微粒将会做杂乱无章的热运动，受作用部分的物性状态也迅速变化。通常，将岩石所获的能量级别分为以下三种情况：

①当能量积累接近但小于岩石的液化临界点，岩石会爆裂成碎片；

②当能量积累超过岩石的熔化临界点，岩石会熔化为液态；

③当能量积累超过岩石的汽化临界点，岩石会蒸发为气态。

其中，激光热破碎岩石是三个能量级别破岩方法中能量效率最高的，而且被证实比常规旋转钻井方法和火焰喷射方法破岩速度更快。高能激光可使岩石熔化甚至汽化，比较而言，碎裂岩石仅需要的是较小功率的激光器，但对岩石的破坏性却是较大的，岩石碎裂或是产生裂缝后，再用常规钻头钻进就相对容易。

（二）激光对岩石的热作用

激光破岩的实质是高能激光束照射在岩石上，引起岩石局部高温，产生相变、性变等物理化学变化，强度被削弱或材料被灼蚀的过程。因此，研究高温条件下岩石力学性能的变化，对我们研究激光辅助破岩的机理，有极大的指导意义。

1. 高温对花岗岩力学性能的影响

花岗岩是典型的火成岩，在石油钻探中经常遇到，不但硬度高，而且研磨性较强。花岗岩由几十种矿物成分融合而成，基于各类型的矿物分子的力学参数不同，如膨胀率和各组分的热弹性参数各异，导致各组分边界的受热体积变化不同，产生组分与组分之间以及组分内部相互作用的应力，应力产生的结果是使岩石产生微裂隙。岩石在受到高温后，岩石内组分之间体积变化与阻碍体积变化的内部约束力增大，即温度应力增大，使岩石内产生的微裂隙不断增多，累积后造成结构的损伤，强度下降。

当激光照射超过 400 ℃时，花岗岩中的多种组分剧烈变化，内部产生大量微裂隙，裂隙逐渐发育成较大开裂，不同组分逐渐分离，花岗岩内部的整体结构变化为碎裂状态。

花岗岩的极限应力随温度升高而降低。

2. 高温对砂岩力学性能的影响

砂岩在高温的作用下，其强度发生一定幅度的弱化，其极限应力与温度呈负相关变化。研究显示，当温度超过 700 ℃时，强度下降约两成。砂岩的最大应变与温度呈正相关变化。当温度超过 700 ℃时，最大应变增大约八成。与温度呈负相关变化的力学参数包括弹性模量以及变形模量，当温度超过 700 ℃时，弹性模量下降一半；同时，变形模量也下降一半。

砂岩在受到高温的作用时，其构造发生巨变。这种变化随着温度的升高而越发明显。当超过水的沸点时，砂岩孔隙里所含有的水分，会蒸发殆尽。岩石的孔隙率因而增加。随着温度的继续升高，600~1000 ℃内部组分的边界微裂隙出现，并逐步发展为更大的裂隙，其间还在进行着内部组分的演化和分解以及互相摩擦挤压等。温度继续升高，超过 1200 ℃ 以后，砂岩产生宏观裂缝，强度下降。

3. 激光破岩对力学性能的影响

在激光的照射下，岩石的各类力学参数都会降低，如泊松比和杨氏模量等。岩石力学参数的这一变化降低了岩石的可钻性级数。在此基础上，再应用常规钻头进行机械破碎，破岩效率会大幅升高，ROP（机械钻速）也会显著提高。

4. 裂隙的形成

在激光辅助破岩的过程中，岩石在受激光照射，吸热后产生裂隙的过程，是值得我们研究与利用的。

从岩石的热裂过程中，我们不难发现，从以下三方面的研究出发，可以有效提高激光破岩效率：

①岩石在激光照射下，未达到汽化临界点时，提高激光功率可加速岩石的热裂；

②激光与岩石之间的介质的比热应尽可能小，可降低激光照射中的损失；

③在岩石受热发生裂隙后，辅以岩屑吹扫装置，能够减缓副效应的影响。

以激光作为辅助手段破碎岩石，即在原有旋转钻井"机械破岩+水力破岩"的基础上，增加激光辅助破岩的部分。其提速机理就是先期利用激光对岩石进行照射，破坏岩石整体强度，从而降低钻头破岩难度。

二、激光辅助破岩钻井总体方案设计

研究了激光辅助破岩钻井的总体方案设计。首先确定了方案设计思路，之后从激光器选用，激光钻头的设计，井下激光镜头的设计等方面展开研究。最终确定了两种方案：一种是激光器在井下的激光辅助破岩钻井技术方案,另一种是激光器在地面的激光辅助破岩钻井技术方案。

(一)方案总体思路

在旋转钻井常规钻头上安装一个或多个激光头,由激光器发射的激光通过光纤传输经激光头照射在岩石上,利用激光的热作用降低岩石强度或破坏岩石,降低岩石的可钻性级别。之后,传统钻头的切削齿或牙轮通过机械作用的方式破碎已经被弱化的岩石,从而延缓钻头的磨损,保证单趟钻的进尺,提高钻井生产效率。

该技术方案主要由激励电源模块、激光发生模块和激光辅助破岩钻头组成。

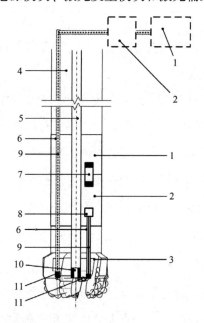

图 6-1 基于旋转钻井的激光辅助破岩钻井方案

1-激励电源;2-激光发生模块;3-激光辅助破岩钻头;4-钻柱;5-泥浆通道;

6-光路通道;7-接口模块;8-接口;9-光纤;10-喷嘴;11-激光头。

该方案具备以下特征:

①激励电源模块连接激光发生模块,安装于地面或井下;井下激励电源模块可以是井下泥浆发电机;

②激光通过钻柱内的光纤传递到位于钻头的激光头;

③激光辅助破岩钻头内部有相互隔离的泥浆通道和光路通道。

具体方案设计主要解决以下几方面问题:

①井底破岩装置的方案设计。该部分包括激光钻头的设计,井下激光器的选用,激光

发射镜头的方案设计等。

②地面装备的方案设计。包括大型激光器及辅助设备的配套方案，连续管钻井装备的配套方案等。

③能量传输方案设计。包括井下供电方案，地面供电传导方案，地面激光光纤传导方案等。

④辅助性技术方案设计。主要是井下岩屑清扫方案设计。

主要从激光器选用、激光钻头设计、激光发射镜头设计等几个方面展开探索性研究。

（二）激光器的选用

1. 石油钻井井下工况

欲将激光器与旋转钻井系统有机结合在一起，需要考虑石油钻井过程中，复杂而恶劣的井底条件。主要有以下特点：

①空间狭小，温度高（井下工具设计温度指标一般在150℃以上），受到横向、纵向的综合振动。如果激光发生器集成在钻头上，应保证有足够大的功率体积比，同时，应具有良好的耐温性能和散热条件，并有足够的缓冲机制。

②井底与地面距离较远。当前多数油井或探井的钻探深度在3000~4000 m，随着勘探的不断深入，5000~7000 m的井也越来越多，万米深井也时有出现。这一距离对电能传输或激光传输的效率提出了要求。

2. 适用于辅助破岩钻井的激光器

以辅助破岩为目的，选用激光器，应尽量避免激光器功率过高。因为过高的激光功率会导致岩石进入熔融的状态或汽化，一方面，此时激光副效应严重，能量利用率低，另一方面，不利形成规则井眼和紧随其后的机械破岩。所以应选择功率适中的激光器，且能够精确控制激光参数，便于光纤远程传输或体积足够小巧集成于井下。

（三）激光辅助破岩钻头的设计

1. 激光–固定齿钻头方案设计

激光–固定齿钻头的设计应该具有以下特征：

①钻头兼具水力、机械、激光三个独立破岩方式，有独立于泥浆通道的光路通道；

②刀翼不需过多，3个即可，留出尽量富余的光路通道；

③采用较大尺寸聚晶金刚石复合片（PDC），采用包络设计；

④光路通道在刀翼背侧，采用外多内少的策略，确保内外圈破岩效率平衡；

⑤激光环道设计不宜过多，避免作用区域相互重叠，以 3~4 条为宜；

⑥激光头距离齿锋的距离应略大于最优离焦量。

依据上述设计原则和特征，形成了激光-固定齿钻头的设计方案。

2. 激光-牙轮钻头方案设计

激光-牙轮钻头应该具有以下特征：

①采用单头固定照射，有独立于泥浆通道的光路通道，钻头兼具水力、机械、激光三个独立破岩方式；

②可以采用进攻性较强的齿形设计；

③激光头距离齿锋略大于最优离焦量。

3. 双眼睑式激光头的方案设计

井下使用的激光头应具有如下特征：

①具有良好的保护机制，以克服井下泥浆等的恶劣环境；

②应具有清扫装置，在镜头受到污染后，及时清理。

为此，设计了这种双眼睑式激光头。在内外眼睑之间为清理通道，采用吸尘、吹气或高压溶液清洗的方式清理保护镜头。

激光头工作的过程分为照射、清扫两个状态，二者交替循环。

在激光头处于照射状态时，镜头已在之前的工序完成了清洁。激光头的内眼睑和外眼睑均处于全开状态，激光通过镜头直接作用在岩石上。

在激光头处于清扫状态时，首先外眼睑先关闭，开启清扫装置，将外眼睑和镜头之间的固液污染物清除，保证镜头处于清洁状态，之后关闭内眼睑。

（四）激光辅助破岩钻井系统总体方案设计

1. 基于井下激光器的激光辅助破岩钻井系统技术方案

采用体积较小的激光发生器，安置于井下钻具中。由井下发电机供电，为激光发生器提供激励电源。激光经分路装置通过与泥浆通道相互隔离的光路通道到达激光头。

该方案的优势在于，无须光纤、电缆等能量传输系统，无须地面装备的改造与配合，比如，不需要连续管作业设备，仍然可以使用钻柱、钻铤来完成钻探。该技术方案是最易实现也是最具有现场普适性的方案，钻井施工过程中，下入该激光钻头和泥浆发电机即可。主要技术难点在于：一是将激光器集成于井下钻具中；二是现有技术条件下泥浆发电机的功率还仅停留在保证 MWD 供电的功率水平上，无法满足较大功率激光器电源要求。

2. 基于地面激光器的激光辅助破岩钻井系统技术方案

激励电源、激光发生器和分路装置均在地面，由地面激励电源驱动激光发生器，激光经分路装置，再经敷缆或光纤连续管等连接井下激光辅助钻头。

该方案的主要优势在于激光器和激励电源不受空间、功率的限制，激光器的散热等问题在地面也可以得到很好的解决。

第三节　基于大数据技术的钻井优化控制

一、大数据技术在石油钻井中的应用

（一）钻井大数据技术的应用模式

钻井大数据技术应用的一般模式包括：①大数据平台（数据采集及存储）建立。将钻井行业的结构化和非结构化数据统一采集存储到分布式数据库中，为钻井大数据的分析挖掘提供数据基础。②建模主题确定。根据钻井过程的实际情况，结合大数据的分析，确定建模主题，进一步选择对应的模型算法。③数据准备。根据建模主题选取相关参数，确定数据选取样本，为建立模型做数据准备。④数据预处理。将采集存储的数据通过预处理，删除部分异常数据，以提高建模的准确度。⑤算法选择。通过建立的模型，判断建模的目的（预测、分类诊断、优化运行或状态评估），进而选择较为合适的算法。⑥生成模型。根据模型和算法，通过程序运行生成对应的模型。⑦模型验证。通过模型的验证以确保其在实际钻井工况中的可用性。⑧封装部署模型。将模型封装部署到相应的钻井系统中，并根据钻井工况实时调整。

（二）大数据建模算法

由于钻井系统复杂，钻井过程实际工况多变，因而传统的系统建模方法无法满足实时性要求。而就目前情况，针对海量钻井大数据，利用多台计算机并行化、分布式计算方法，可以有效地解决海量数据的处理问题。以并行分布式算法为主的大数据建模方法从钻井数据出发，依据数据之间的关系，根据建模目标的不同选择不同的建模方法，建立对应的数学模型。如参数预测、目标值确定选择回归预测类算法，而故障诊断、状态评价则选择分类算法等。

（三）钻井大数据关键技术

1. Hadoop 技术

由于时代的不断发展和网络技术的不断普及，使得大量的数据随之产生，因而也就产生了大数据的概念，如何能利用好大数据是当下重要的研究课题。同时，钻井行业钻井生产过程中，各项操作都会使得机器设备产生和保留数据。工作人员需要分析处理海量的钻井大数据，分析钻井数据中有用的信息。同时，钻井行业传统的数据处理模型和数据分析工具很难处理不断增长的钻井大数据。因而，在钻井数字化建设的基础上，引入 Hadoop 技术，用于海量钻井数据的存储和处理，Hadoop 技术是大数据技术中的关键技术。

Hadoop 是一个分布式系统和并行执行环境，可以很好地解决传统数据处理模型很难处理海量数据的问题，对于存储和处理大规模海量数据具有一定的优势。

（1）分布式文件系统 HDFS

Hadoop Distributed File System （HDFS）是管理大量小数据文件分布式文件系统，HDFS 在存储数据时，需要先将比较大的数据文件分成相同大小的小数据文件再进行分布式存储。而通常情况下，海量的钻井数据都是大小不一、种类繁多的小数据文件，这就要求 Hadoop MapReduce 将这些海量小文件合并成大文件，然后以 HDFS 分布式存储。

HDFS 分布式文件系统架构设计采取典型的主从结构（Master-Slaves）分别存储元数据和应用数据。

（2）分布式存储系统 HBase

HBase（Hadoopdata Base）是 Hadoop 中高性能、可扩展、实时读/写、列存储的数据库系统，HBase 技术已经相对成熟，可以将 HBase 分布式存储系统用于钻井行业存储海量的钻井大数据。

（3）Map Reduce 分布式计算框架

Map Reduce 是一种可以用于钻井海量大数据分布式，并行计算和处理的编程计算模型。在分析海量钻井数据的过程中，可以通过利用 Map Reduce 分布式计算模型，钻井工作人员可以实现钻井大数据的并行计算。

2. 云存储技术

云存储是基于分布式文件系统、通过网络、客户端、应用软件等，协同大量不同类型的存储设备，将海量的数据采集、整理、存储起来，实现数据存储及业务访问功能的一个系统。简单来说，云存储就是将整理的数据资源存储到云上供用户和工作人员存储和提取的一种新方法，这样就保证了数据的安全性，同时，也节约了存储空间。用户和工作人员不管处于何时何地，都能够通过任何可联网的装置连接到云上，方便存取数据。

3. NoSQL

NoSQL，即非结构化数据库。相对于传统关系型数据库，NoSQL 有着更复杂的分类：key-value 数据库、文档数据库、Column-oriented 数据库及图存数据库等。这些类型的数据库能够更好地适应复杂类型海量数据的存储。

4. 数据查询和分析的高级技术

数据查询和数据分析是实现钻井大数据应用的两个关键步骤。

（1）SQL on Hadoop 查询技术

SQL onHadoop 查询技术是新兴的技术，因而相对来说还不算太成熟。将 SQL on Hadoop 查询技术应用于石油钻井行业也需要更加深入的研究，由于其实践方式以及应用的领域都有所不同，需要针对不同的情况做具体的分析和处理。例如，建立在 Hadoop 上的数据仓库基础架构 Hive，如果要将其引入到钻井大数据的处理中，需要将 SQL 语言转换成 Map Reduce，以便于数据的存储和处理。利用 SQL on Hadoop 查询技术可以实现对海量钻井非结构化数据的查询和处理，对于钻井大数据的分析和挖掘具有很高的利用价值，是钻井大数据分析的关键技术。

（2）数据分析的方法与技术

随着人们对大数据的不断深入了解和熟悉，大数据不仅仅是数据量大和数据规模大，最重要的怎么利用好这些大数据，也就是对大数据进行挖掘和分析，只有通过大数据技术特有的计算模型、分析方法分析和挖掘这些海量的钻井数据，才能得到更多大数据的潜在价值和有用信息。石油钻井行业每天不断地产生大量数据，包括数据库中的结构化数据、大量非结构化的钻井数据，以及钻井作业过程中的实时监测数据等。因此，大数据技术的分析方法对于不断增长的海量的、多样的和复杂的大数据具有重要的价值和不可估量的前景，是挖掘海量钻井大数据潜在价值的决定性因素。

数据分析是指通过准确适宜的工具和方法来分析采集、传输、存储和处理的数据，从海量的大数据中分析和挖掘数据潜在的价值和有用的数据信息，得出科学化的结论并以可视化技术展现出来的过程。关于钻井数据分析的方法大抵可以分为三种：第一种是以基础的统计分析为主的基本分析方法，第二种是以计量经济建模理论为主的高级分析方法，第三种是以数据仓库、机器学习等复合技术为主的数据挖掘类方法。针对大数据的分析和处理，现在可以使用的大数据分析工具包括 Excel、SPSS、SAS、Eviews、R 语言等。

5. 数据挖掘技术

数据挖掘（Data Mining，DM），简单来说，就是从大量的、大规模的杂乱数据中提取有价值的信息，通过整理、分析寻找数据之间有意义的联系、趋势和模式，发现数据的潜在价值。数据挖掘技术是数据库研究中的一个新领域，具有很高的研究与应用价值。数据挖掘属于综合性学科，其融汇数据统计、机器学习、人工智能和可视化等多个范畴的理论和技术。

数据挖掘主要是为了分析挖掘海量大数据里面潜在的价值，将数据分析处理的结果再反馈到现场实时指导钻井过程。数据挖掘（Knowledge Discovery in Database，KDD）是从大数据中提取和挖掘有价值信息的整个过程。

二、基于大数据技术的钻进优化控制系统整体设计

将大数据技术应用于钻井行业，不仅可以解决钻井过程中海量数据的存储和分析问题，又能通过对数据的挖掘分析来指导钻井过程，达到钻进参数预测、状态监测与故障诊断、钻进过程优化控制、钻机性能评估及决策指导等目的。

（一）系统设计目标

由于物联网和大数据等技术快速发展，以及传感器等数据采集设备的不断完善，使得大量钻井数据的采集和处理技术不断提高。在钻井数据化建设的基础上，设计基于大数据技术的钻进优化系统，进一步优化钻井效率，已经变成钻井技术人员和专家需要研究和解决的主要问题。虽然远程监控钻井作业技术得到不断提高，但是受时间、环境、人员等的制约，传统的钻井控制系统并不能够满足实时指导和调整钻井过程的要求，以及对非结构化数据的处理具有一定的局限性。将大数据技术融入钻井生产中，通过对海量钻井数据的分析和挖掘以及结合钻进参数对一定的钻井事故进行提前预测和处理，不仅解决了钻井生产中海量数据的存储和分析问题，又能通过对数据的挖掘分析以及实时数据的有效分析来指导钻井作业，提高了钻井作业的时效性。因此，基于大数据技术的钻进优化控制系统设计应实现以下目标：

1. 钻进参数预测

通过大数据算法和数据处理模型对钻井大数据进行分析挖掘，进而实现对实时监测数据的在线预测和实时调整。如实现钻进过程中钻头磨损量的参数预测和实时监测。

2. 状态监测与故障诊断

利用大数据技术通过对海量数据的分析，建立相应的模型，依据实时在线监测数据对机器故障以及钻井事故进行提前预测，最大化地减少非作业时间带来的损失。

3. 钻进优化控制

通过大数据技术可以将钻机运行状态、性能参数、地质参数、环境因素等信息进行综合分析处理，经过优化模型的分析，确定最优的钻进参数，确定优化的目标值，通过调整钻进过程中的参数、钻具和周期等对钻进过程及时地采取优化控制，以降低钻井成本。

4. 钻机性能评估及决策指导

利用大数据技术可以对钻机性能进行全方位、多层面的评估，以及针对钻机运行状态中可能发生的机器故障等进行提前预测，然后实时地调整钻机运行状态和参数，更换钻具等，以减少钻机故障带来的损失。

（二）系统模拟开发环境设计

基于大数据技术的模拟钻进优化控制系统选择 Hadoop 为搭建平台，以 HBase 分布式数据库存储海量的钻井数据，以 Map Reduce 分布式框架进行钻井数据的分析。系统开发可选择 Eclipse，并安装大数据技术相关的 Hadoop、Flume 等开发插件。

1. 硬件环境准备

Hadoop 硬件环境的搭建如图 6-2 所示。

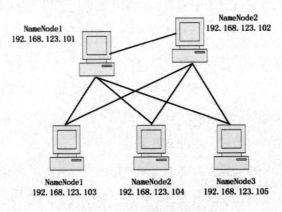

图 6-2　Hadoop 硬件环境部署

2. 服务器配置

基于大数据技术的钻进优化控制系统服务器配置分为开发、生产和测试系统服务器。由于系统需要处理海量的结构化和非结构化钻井数据，这就要求系统服务器具有较好的处理数据输入输出的能力，以及对海量数据的统计、分析、查询和计算能力，并且要求较高的稳定性和安全性。应用服务器系统应当具有较高的响应速度和稳定的服务性能以支持大量的用户访问。开发服务器系统主要进行钻井作业的开发和测试工作，这就需要大数据技术的支撑。

3. 存储系统配置和网络配置

由于基于大数据技术的钻进优化控制系统，需要存储和处理海量的结构和非结构化钻井数据，因而需要系统具备足够高的性能和存储空间，以满足大数据的存储及频繁的数据访问，并且需要系统和相关组件安全可靠，满足系统运行指标和数据保密性，另外，需要存储系统配置具有一定的存储容量扩展能力。

网络配置应覆盖系统所有部门和层次单元，保证工作人员在任何有网络的地方均可访问并使用应用单元，并且需要较高的访问响应速度。

4. 软件环境

系统开发需要安装大数据及 Hadoop 相关基础软件，同时，安装 Zookeeper 软件支持 Hadoop 主备切换和数据转移，以及 MySql 软件存储关系数据库数据。

借助云平台，通过云服务器和账户安全配置、安装镜像系统、配置 IP 协议、创建相应实例、建立远程连接，经过应用部署进入初始化状态后，完成了系统虚拟平台环境的开发。

（三）基于大数据技术的钻进优化系统整体架构

1. 钻井大数据分类

石油钻井中具有数量巨大、种类多样的数据，包括各种各样的文档、图片、表格、视频等；钻井作业中实时采集的监控、仪表、设备数据，以及钻压、转速、地质参数、地下环境等数据。按照数据产生主题方式分类，钻井大数据分类概括为以下几类：

（1）最里层

钻井行业内部数据。包括传统关系型数据库中的数据、钻井公司私有云数据、国家、集团数据中心数据等。

（2）次外层

钻井公司和钻井平台数据。包括钻井行业各专家和钻井工作人员等经验数据、钻井各部门运作数据、钻具和钻井液等数据以及钻机和其他钻井设备出厂数据等。

（3）最外层

钻井现场数据。包括钻机运行数据、钻井设备传感器数据、井漏、卡钻、井斜等状态数据、钻井现场图像和视频等数据、钻井过程实时监测数据以及地质和环境等参数数据等。

2. 钻井数据库的选择

随着钻井作业的进行，钻井数据量不断地增多，传统数据处理技术已经不能够满足对海量钻井数据的处理，需要专门的大数据分析挖掘技术对数据进行分析整理，以提高钻井效率。钻井非结构化数据量巨大、种类繁多，占钻井数据总量的 70%~80%。而目前钻井公司最常使用的数据库主要为传统的 ORACLE、SQL SERVER 等数据库，数据存储较为单一。由于传统数据库很难处理非结构化数据。因此，基于大数据技术的钻进优化控制系统整体架构的搭建采用 Hadoop 平台，可以有效地存储和分析数量巨大的非结构化钻井数据。

3. 系统总体架构设计

为实现良好的集成性和扩展性，基于大数据技术的钻进优化控制系统在整体设计上共分为三层架构——基础数据层、数据处理层、数据应用层，分别对应钻井大数据的采集、存储、处理及应用四个方面。根据系统功能需求，在建立数据集成基础层上，与现有钻井数字化信息系统实现数据共享。石油钻井优化系统由集团统一建设，各级部门用户通过网络进行访问与使用，子系统依据业务分工管理不同业务。

（1）数据基础层

数据基础层主要是针对海量钻井数据的采集和存储，为大数据技术的数据处理和数据挖掘提供基础的数据支持，包括存储结构化数据的关系型数据库和存储非结构化数据的 NoSQL 数据库。数据基础层为数据处理层和数据应用层提供海量数据存储，通过数据查询设置及索引设置等提供高效的数据访问能力，这些钻井数据包括大量的钻井生产数据、实时监测数据、业务数据以及地质参数等数据。基于大数据技术的钻进优化控制系统采用 Hadoop 平台的 HBase 的数据库用以存储海量的钻井数据，提高钻井数据的数据库查询效率。

（2）数据处理层

数据处理层主要是针对海量钻井大数据的处理、分析和挖掘，是整个系统最重要的环节。通过大数据技术以及系统优化模型对钻井数据进行处理和分析，结合历史数据库的数据对比分析，将数据优化结果以及钻井优化方案等反馈到数据应用层，为钻井工作人员提供有效的科学化指导。该层包括 MapReduce 分布式计算模型、Storm 流计算模型等，对数据进行实时在线和离线处理。

（3）数据应用层

数据应用层主要通过基于大数据技术的钻进优化控制系统，为钻井作业人员提供实时数据查询、钻进过程实时预测及钻进过程感知等。工作人员可通过钻进过程中的实时数据在应用系统中进行检索查询，经过系统的数据分析和挖掘之后，根据反馈优化结果实时地指导现场钻井作业。

（四）系统特性

基于大数据技术的钻进优化系统建设，在遵循大数据基础流程，选择适合系统需求的技术支撑和处理工具的同时，还要考虑未来钻进优化系统发展与钻井行业发展的需求，因此应具备以下几个特性：

1. 全面感知

基于大数据技术的钻进优化控制系统需要能够监测、感知钻井作业中的不同种类数据的变化，并且能够及时地做出相应的调整，这是实现钻井数据量化生产工作的基础。而目前随着钻井的数字化建设以及物联网、云计算等技术的快速发展，实现钻井数据的实时采集、传输、处理和全面感知已经成为可能。由于传统的数据采集和存储系统的限制，导致很多实时的监测数据以及各类仪表设备的数据丢失，造成一定价值的数据损失。因此，如何有效地存储、管理和分析这些数据对于提高钻井效率具有不可估量的价值。快速有效地挖掘数据潜在的价值和提取有用的信息，为钻井生产提供实时的指导和预测，将实现钻井作业的全面感知。

2. 生产量化

通过对海量大数据的分析挖掘，以生产量化的思路，实现钻井作业的工作量化。基于大数据技术的钻进优化控制系统通过对数据的多维分析和数据处理，量化钻井作业中各个环节的工作计量以及状态变化的原因，分析和验证各管理节点的数据质量，从而实现钻井的最优化生产和管理。

3. 决策指导

由于钻井开发具有很多的不确定性，例如，地下环境、地质参数等的不确定，很多钻井决策更多地依赖于专家经验，而个人能力及专家人数的限制使得很多决策科学性依赖于主观因素。基于大数据技术的钻进优化控制系统是在石油钻井数字化建设的基础上，结合大数据技术，通过将钻井勘探、开发、生产管理等领域的数据统一采集、存储和分析，实现海量数据的共享化、一体化、钻井生产可视化和分析决策科学化。

4. 钻井生产标准化、可视化

基于大数据技术的钻进优化控制系统，将每个专家分析钻井作业的知识体系和处理突发状况的经验统一收集、存储到系统 HBase 数据库中，结合实时钻井数据与传统数据库数据的分析，将优化结果反馈到钻井现场，实时有效地指导钻井作业。由于信息技术的发展，将钻井行业经验知识有机地结合到数据库中已成为可能。针对钻井生产中遇到的各类问题，通过建立生产系统模型，结合大数据技术对海量数据的分析和挖掘，可以实现钻井生产的标准化和可视化，实时地监测、分析和管理钻井作业。

第七章　石油完井技术创新

近年来，水平井钻完井技术的飞速发展对油气田的勘探开发起到了巨大的推动作用，该技术在提高原油采收率等方面具有明显的优势。完井技术是整个水平井技术中至关重要的组成部分，完井方式及完井参数是否选择得当，将直接关系到今后水平井开发开采的全过程能否顺利进行及能否提高油气井的产量，因此对完井技术的研究具有重要的创新意义。

第一节　高压油气井完井封隔器系统

一、完井封隔器力学特性分析

在高温高压油气井中，永久式封隔器一般采用投球打压的方式坐封，其中，最常见的是 THT 封隔器，广泛应用于高温高压井的完井工程当中。胶筒和卡瓦是封隔器最重要的两个部件，其工作性能直接影响封隔器的密封性能及锚定性能。

（一）完井封隔器系统力学特性分析

THT 完井封隔器是永久式封隔器，下入井中完成坐封，完井作业完成后，不再从井下取出。随着后期开采工作的进行，在高温高压井的复杂恶劣环境中，THT 完井封隔器实施坐封后在各种后续工况（如排液、开井、关井、酸压等）中，会受到各种静载荷和动载荷，导致 THT 完井封隔器上下部受力不平衡而产生蠕动，严重影响封隔器及其管柱的力学行为。因此，迫切需要对井下 THT 完井封隔器的整体受力进行分析和研究，确保 THT 完井封隔器安全，确保封隔器管柱长期有效工作。

1. 完井封隔器受力模型的建立

考虑到 THT 完井封隔器的坐封方式，对 THT 完井封隔器的轴向载荷分析，应以其坐封工况为"零点"，分析后续工况改变时 THT 封隔器的力学行为。而问题的关键在于搞清楚坐封工况的"零点"载荷以及在此载荷下的变形行为，这个问题的解决主要在于分析井下 THT 封隔器管柱坐封前后的轴向受力变形。

2. 完井封隔器轴向载荷分析

完井封隔器整体受力分析的关键在于搞清楚其在不同工况下的载荷情况。作用于封隔器上的载荷不仅受本身组件的影响，更重要的是受外部环境的影响，如油管柱上部环空流体作用力、油管柱下部流体作用力、套管和完井封隔器套管的库仑摩擦力。

（二）完井封隔器胶筒力学特性

改进完井封隔器作业规范可以提高完井封隔器胶筒的密封性能，但要得到具体的方案和举措，就必须对完井封隔器胶筒进行力学分析，了解其在各个作业中的情况，根据各井况进行针对性的措施。

胶筒可以称之为完井封隔器的"心脏"部件。在完井作业中，当完井封隔器胶筒承受轴向载荷时，在此载荷作用下完井封隔器胶筒在轴向被压缩，致使径向膨胀，并承受应力，使胶筒与套管之间产生接触压力，该接触压力随着径向变形的增大而增大，最后将油管外壁和套管内壁之间的环形空通道封住，产生环形空间达到密封作用。因此，具有弹性和密封能力且作为完井封隔器核心原件的胶筒，其结构及质量的好坏直接决定了完井封隔器的密封效果，对后续的开采作业产生较大的影响，所以对封隔器胶筒的变形及变形过程中的力学特征分析具有重要意义。

根据油田经验，胶筒受轴向力产生变形，最终在径向发生变形，将这种变形过程分为两个阶段，并按照变形的先后顺序排列，分别称之为自由变形阶段和约束变性阶段。下面就按其变形的次序对完井封隔器胶筒的两种变形过程进行力学特征分析。

1. 完井封隔器胶筒自由变形阶段力学

完井封隔器胶筒在受到轴向载荷作用，产生轴向和径向变形，当胶筒的外壁接触到套管内壁的过程称之为自由变形阶段。胶筒变形过程中的状态如图 7-1 所示，图 7-1（a）为胶筒变形前的正常状态，图 7-1（b）为胶筒发生自由变形后的状态。

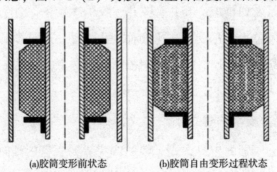

(a)胶筒变形前状态　　(b)胶筒自由变形过程状态

图 7-1　胶筒变形前后示意图

完井封隔器胶筒在自由变形阶段属于弹性变形范畴，根据体积的变化规律，为了更好地分析其自由变形阶段的受力情况，做如下假设：

①完井封隔器胶筒是连续的、完全弹性的且材质均匀、各向同性；

②完井封隔器胶筒在自由变形阶段胶筒受压，但体积不发生变化；

③完井封隔器胶筒在自由变形阶段胶筒材料符合虎克定律。

在自由变形阶段，胶筒只承受轴向力作用而发生变形，胶筒外壁和套管内壁未接触或者刚刚接触但不产生接触力，即：胶筒的外径小于或等于套管的内径，在此阶段，胶筒所承受的应力应变都呈现线性关系。

以 THT 永久式封隔器为研究对象，即胶筒采用压缩式方式坐封，在此阶段胶筒呈圆柱状，且可看成是完全弹性体。

2. 完井封隔器胶筒约束变形阶段力学分析

高温高压井完井封隔器胶筒的约束变形阶段是从完井封隔器胶筒外壁和套管内壁相接触起，到胶筒工作面和套管内壁完全接触的一个变形过程。在完井封隔器胶筒的约束变形阶段，轴向继续加压，胶筒径向继续发生变形，但是胶筒的这种径向变形受到套管内壁和封隔器中心管的双向限制，在径向产生约束，胶筒不但承受轴向力作用，而且受到套管内壁与封隔器中心管对胶筒约束从而产生的接触分布力和库仑摩擦力的作用，此时，胶筒的变形已经不再是线性变形，在压缩载荷作用下其体积将会发生改变，如图 7-2 中很容易看出。随之应力状况也会因此发生变化，导致轴向应力和应变都会失去线性关系。

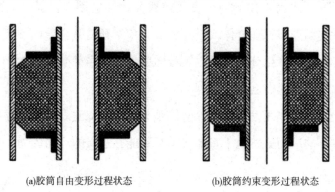

(a)胶筒自由变形过程状态   (b)胶筒约束变形过程状态

图 7-2　胶筒约束变形前后示意图

3. 完井封隔器胶筒稳定变形阶段力学分析

完井封隔器胶筒稳定变形阶段是封隔器胶筒受轴向力作用，在胶筒的压缩形变基本不再发生变化的阶段。在此阶段，胶筒的工作面将完全和套管内壁接触，其轴向压缩不再变化，且达到最大值。

在 THT 封隔器中，胶筒两端存在挡环且挡环与套管内壁存在一定量的间隙，所以胶筒虽然已经处于稳定变形阶段，但胶筒在挡环和套管间隙处还会产生微量突出，产生微量的轴向压缩量。

稳定变形阶段是约束变形阶段的特例，故它的应力计算表达式以及约束变形公式与约束变形阶段相一致，即：

$$\sigma = \frac{(1-\mu)}{\mu}q_r - \frac{2Er_{ci}}{(1+\mu)}\left(\frac{r_{ci}-r_{ro}}{r_{ci}^2-r_{ri}^2}\right) \qquad \text{式 (7-1)}$$

（三）完井封隔器卡瓦力学特性分析

卡瓦式封隔器是一种常见的井下工具在油田开发作业中，被广泛应用在完井、试油、压裂、酸化等一系列作业中。而其中卡瓦作为封隔器的重要的一个组成部件，卡瓦锁定后起到了锁定胶筒以及支撑封隔器的重要作用，目前，在我国大多数封隔器卡瓦是分瓣式卡瓦。而随着油气田的不断开发以及深井、超深井、高温高压井的比重上升，国外出现了一种可以耐高温高压的封隔器。这种高温高压封隔器大都采用整体式的双向卡瓦，可以在高温高压的环境中依旧保证坐封可靠，并且有着很长的有效期。其中，具有代表性的有斯伦贝谢公司的 QLH 型永久封隔器、贝克休斯公司的 SAB-3 型以及哈里伯顿公司的 THT 永久系列封隔器，其中，在国内高温高压油气井完井作业中应用较多是哈里伯顿公司的 THT 永久式系列封隔器。

整体式卡瓦是永久式封隔器的一个重要组成元件，它用来保证永久式封隔器可靠工作。在整体式卡瓦坐封前，即在整体式卡瓦的应力槽断开前，会受到楔形块的作用力，在受到楔形块作用的同时会产生环向应力以及径向应力，而当环向应力大于卡瓦应力槽处的屈服极限时，卡瓦的应力槽就会发生断裂。

整体式卡瓦受楔形块作用发生断裂，必然是卡瓦的顶部先发生断裂，在顶部发生断裂后，顶部断裂时的环向应力必然大于整体式卡瓦所能够承受的环向应力，所以只须算出顶部断裂时的环向应力。

二、完井封隔器系统安全性分析

THT 封隔器系统可靠性评价体系由密封系统、锚定系统、辅助系统三个系统组成。密封系统主要由三胶筒组成，从胶筒密封原理出发建立其失效判据。锚定系统主要由上下双卡瓦组成，从卡瓦力学行为出发，建立锚定系统的失效判据。辅助系统主要由套管和中心管组成，结合损伤后的套管模型及预载后的中心管模型，建立其失效判据。

如何客观地将独立系统的失效判据结合起来作为封隔器可靠性评价体系至关重要。封隔器系统的可靠性受到性能最低的组成系统性能的限制。在同一坐标系上描绘出封隔器系统各个部件的力学性能曲线，可以直观地观察封隔器在不同的载荷下是否安全，进一步指导封隔器的安全施工。

将轴向载荷、压力进行组合，模拟极端工况下封隔器所能承受的极限轴向力和上、下压差，由极端工况下封隔器极限承载坐标点（封隔器失效点）连接起来形成的闭合区域，称为封隔器信封曲线。

（一）完井封隔器密封系统安全性评价

胶筒与套管之间密封的泄露机理如下图 7-3 所示。图 7-3（a）为封隔器胶筒表面和套管表面的接触状态，加工表面存在不平整的凹陷或凸起，胶筒在坐封载荷和工作介质的压力作用下，胶筒表面填充满套管表面的凹陷，并具备一定的接触压力，实现了环空的密封。图 7-3（b）为少量流体挤入套管与胶筒间隙后的接触状态，当介质压力持续增大，更多流体挤入套管与胶筒的接触间隙，如图 7-3（c）所示，当流体完全填充套管与胶筒的接触间隙时，胶筒的密封失效。

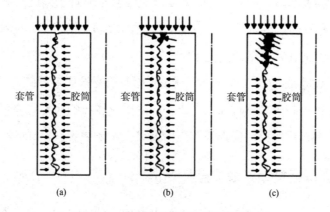

图 7-3　套管与胶筒密封泄露过程

考虑封隔器胶筒的密封机理、胶筒工作过程中的应力松弛，胶筒可靠密封的充分条件可以表述为：

$$p_{\max} = p_{st} + k_j \Delta p_{jz} - k_t p_{sc} \qquad \text{式（7-2）}$$

$$p_{\max} > \Delta p_{jz} \qquad \text{式（7-3）}$$

式中，$p_{\max}$——胶筒最大接触压力，MPa；

p_{st}——封隔器坐封时胶筒的接触压力，MPa；

Δp_{jz}——胶筒两端工作介质的压差，MPa；

p_{sc}——橡胶应力松弛损失的接触压力，MPa；

k_j——比例系数；

k_t——应力松弛比例系数。

根据式（7-2）和式（7-3）可知，当胶筒和套管的最大接触压力大于胶筒两端工作介质的压差时，胶筒实现了对油套环空的密封。因此，胶筒与套管之间的接触压力是决定胶筒能否可靠密封的关键。胶筒与套管的接触压力受到温度、橡胶硬度、胶筒长度等多个指标的影响。为了评价胶筒和套管的接触压力对不同因素的灵敏度反应关系，提出不同因素胶筒灵敏度系数。

胶筒与套管的接触压力的变化率 $k_{i\Delta}$ 具有复杂的量纲，对其进行无量纲化和归一化处理。

$$k_{iw} = \frac{k_i - k_{i_{\min}}}{k_{i_{\max}} - k_{i_{\min}}} \qquad 式（7-4）$$

$$K_T = \frac{1}{n}\sum_{i=1}^{n} k_{iw} \qquad 式（7-5）$$

定义 k_{iw} 的均值为胶筒温度灵敏度系数 K_T。

胶筒温度灵敏度系数 K_T 可以表征胶筒与套管接触压力对于温度的敏感度，K_T 越接近于1，则该胶筒与套管的接触压力对于温度的反应越敏感；反之，K_T 越接近于0，则该胶筒与套管的接触压力对于温度的反应越迟钝。

胶筒温度灵敏度系数 K_T 越接近于1，则该胶筒易受温度影响导致其与套管的接触压力突变，甚至造成胶筒密封失效的现象。由于井筒内因流体影响而导致井筒温度骤变的现象不可避免，因此，在选用胶筒时应选择胶筒温度灵敏度系数 K_T 较小的胶筒。

（二）完井封隔器辅助系统安全性评价

封隔器的辅助系统主要包括内、外中心管和套管。需要说明的是：套管虽然不是封隔器的组成部件，但是封隔器是用于封隔环空压力的工具，如果套管因封隔器锚定系统咬入而导致损坏，也可以认为密封完整性遭到破坏。

套管在被封隔器锚定系统咬入后，已经不能保持其原始力学性能，带有裂纹损伤的套管的安全性评价以其断裂应力 σ_{cra} 为依据：

$$\begin{cases} \sigma_{cra} = \dfrac{2}{\pi} \dfrac{\sigma_0}{\Psi} \cos^{-1} \left[\exp\left(-\dfrac{\pi}{8} \dfrac{K_{IC}^2}{\sigma_0^2 b_{dep}} \right) \right] \\[4mm] \Psi = \left(1 + 0.32 \dfrac{b_{dep}^2}{\overline{R}_0 \delta} \right)^{1/2} \\[4mm] \overline{R}_0 = \dfrac{1}{2}(R_0 + r_i) \end{cases} \qquad 式（7-6）$$

式中, σ_0——套管（无损伤）的屈服强度，MPa；

$\overline{R}_0$——套管半径的均值，mm；

K_{IC}——裂纹的应力强度因子；

R_0——套管外径，mm；

r_i——套管内径，mm。

（三）完井封隔器锚定系统安全性评价

THT 完井封隔器的锚定系统由上下双卡瓦组成。在下放管柱施加轴向载荷时，封隔器坐封过程中，卡瓦沿楔形块楔形面运动，卡瓦牙咬入套管内壁以实现封隔器的轴向双向固定。而在油管内的压力大于环空压力的状况下，封隔器会承受来自下部的压力，整体在活塞力的作用下处于受拉状态。

卡瓦通过卡牙咬入套管内壁实现封隔器的锚定。卡瓦牙咬入套管内壁的深度越深，则锚定性能越好，但是，咬入深度越深，使得套管更易在内压作用下失效。因此，卡瓦的锚定性能的提高应综合卡瓦牙本体强度和对套管的损伤两方面综合评估。

基于封隔器坐封后套管咬痕测量数据，综合评估锚定性能和套管剩余强度，以卡瓦牙咬入深度作为评估封隔器锚定系统的安全性的依据：

$$\begin{cases} 0 \leqslant b_{dep} \leqslant \dfrac{1}{15}\delta & （a） \\[3mm] \dfrac{1}{15}\delta \leqslant b_{dep} \leqslant \dfrac{1}{10}\delta & （b） \\[3mm] \dfrac{1}{10}\delta \leqslant b_{dep} \leqslant \dfrac{1}{5}\delta & （c） \end{cases} \qquad 式（7-7）$$

式中, b_{dep}——卡瓦牙咬入套管的深度，mm；

δ——套管的壁厚，mm。

若卡瓦牙的咬入深度满足式（7-7）中（a）式，则判定其锚定性能较差，但对套管的损伤较小；若卡瓦牙的咬入深度满足式（7-7）中（c）式，则判定其锚定性能较好，但对套管的损伤较大；若卡瓦牙的咬入深度满足式（7-7）中（b）式，则判定其锚定性能在保证套管强度的条件下较优。

建立封隔器密封系统、锚定系统和辅助系统的安全性评价体系，要将套管损伤评价和胶筒对载荷响应的灵敏度考虑进系统的安全性评价标准中。系统的力学行为与独立系统的力学行为存在一定差异，因此，应从封隔器系统的角度出发，进行封隔器系统的安全性评价。

第二节　水平井 AICD 完井流入动态与完井参数优化

一、多级限流 AICD 结构设计及流场分析

（一）问题的提出

水平井在开发过程中，受到储层非均质性、各向异性及井筒跟趾效应等因素的影响，水平井流入剖面会发生不均衡推进的现象，易过早见气/水。一旦发生底水锥进，将大大缩短油井的无水采油期，锥进处将会形成快速通道，抑制其他位置的产油量，严重影响水平井的产能优势和开发综合效益。为了使生产剖面均衡推进延长油井寿命，国内外已经研发并应用了多种 ICD 结构。它们分别利用伯努利原理（喷嘴型、孔板型）、泊肃叶定律（迷宫型、螺旋通道型）或者结合这两种机理（混合型、喷管型）来产生附加压降。然而，一旦油井见水/气后，这些装置并不能抑制甚至还可能促进水/气的流动，致使完井失效。

为了有效解决这个问题，有部分机构进一步研发了自适应流入控制装置（AICD），其水/气阻力远大于油相阻力，显著抑制水/气的流动，从而实现流入剖面均衡推进的目的。平衡片式 AICD 设计原理是利用油气水的密度差异控制平衡片的位置，从而改变流体的通过状态，由于油水密度差别不大，该装置不能有效控制水锥。浮动圆盘型 AICD 利用动压力和静压力的平衡关系来控制可动盘的位置，并调整节流压降大小，然而，该圆盘易被磨损、挤毁，装置寿命短。流道型 AICD 是利用流体惯性力和黏性力的平衡关系，使流体选择不同的流道从而改变装置的阻力等级，但其适用范围较小，且狭小的流道易被储层出沙堵塞。当前，各种 AICD 的局限性，限制了该技术的大规模推广应用。

（二）多级限流 AICD 结构设计

多级限流 AICD 结构装置具有结构简单、不含活动部件、应用范围广、可靠性强等优

点。该多级限流 AICD 结构主要包含一系列的环形隔板、狭槽以及遇水膨胀材料。每级隔板上均对称设置狭槽。通过隔板级数、狭槽宽度和遇水膨胀特性对流动阻力等级（FRR）进行控制。遇水膨胀材料安装在狭槽沿周向的两个端面，当油井见水后，随含水率的升高，遇水膨胀材料膨胀体积增大，过流面积减小，AICD 的 FRR 提高。该装置结构具有传统 ICD 的特点，能够均衡流入剖面、消除"跟趾效应"，既能对水平井进行先期控水，又能应用于已经发生底水锥进的油井。

（三）基于 CFD 的 AICD 流场分析

应用 Gambit 软件建立了多级限流 AICD 结构的模型，选取 Y 型 AICD 和哈里伯顿 Equi Flow AICD 装置进行对比分析（如图 7-4 所示）。

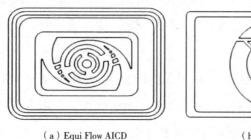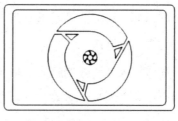

（a）Equi Flow AICD　　　　　　　　（b）Y 型 AICD

图 7-4　自适应流入控制装置结构示意图

根据流体动力学理论，采用 Fluent 软件对多级限流 AICD 及对比结构内的流体流动过程进行了数值模拟，得到该 AICD 结构内流体流速和压力的变化情况。

数值模拟部分通过研究 AICD 内结构参数对其附加阻力等级的影响，来优化其结构参数，为下文的物理模拟实验奠定基础。在专业建模软件中生成 AICD 装置不同结构的几何模型，根据内部流动模型进行网格划分。装置设置有流体入口和流体出口，出口在装置末端，考虑重力影响，模拟时分别选用层流模型和标准 K'' 模型来对应层流和湍流两种状态，当油水两相分散流时选用混合模型，油水两相分层流时则选用 VOF 模型。

1. 边界条件设置

数值模拟流体介质设置为水和油，入口通道边界为流动入口，根据国内油田的水平井日产液约为 $30\sim50$ m^3/d，水平段长度 $250\sim350$ m，使用自适应流入控制装置的数量约 20 个等工况，对 AICD 装置进行了数值模拟。入口边界条件采用速度入口，油水两相的流量设为 5 m^3/s，水相黏度设为 1 cp，密度设为 998 kg/m^3，油相黏度设为 19 cp，密度设为 900 kg/m^3，出口设为压力边界，在实验条件下不考虑热交换。

2. 流场分析结果

油相由入口通道进入节流控制器后，由于其黏度较大，所以在节流通道内产生了较大的摩擦压降，大部分油相通过节流喷嘴进入圆盘形旋流腔，压力降低不明显，油相进入旋流腔后沿导流通道流动，受到局部摩阻，之后径直流向出口，在流体出口处又产生局部压降，进入工作筒后压力有所恢复，最后得到油相通过自适应节流控制器产生的压差为0.09 MPa。

当油相流体进入自适应流入控制装置之后，经过分支流道产生旋涡，但旋涡尺寸较小，不足以堵死流道，其中支流流道质量流量为0.006 65 kg/s，占入口总流量的73.4%。油进入圆盘后未产生高速旋流，而是经过挡板缺口径向流向出口，最大速度为16.7 m/s。由于油相黏度大，在横槽流道产生的涡旋尺寸小，消耗快，切向流道的流量相对较小，并且由于摩擦阻力的影响，油的速度较低。进入圆盘不能产生高速旋流，经过挡板缺口径直流向出口，流出时产生局部阻力，这是油相产生压降的主要原因。

水相从入口通道进入节流控制器后，由于黏度较小，因此绝大部分水相会绕过节流喷嘴沿节流通道切向进入圆盘形旋流腔，并在旋流腔中高速旋转，压降略有降低，但是变化不大，进入导流通道以后，旋转更加强烈，到出口处旋转速度达到最大，产生巨大压差，流入工作筒后压力有所恢复，最后得到水相通过自适应节流控制器产生的压差为0.772 MPa。在相同流量条件下，自适应节流控制器的过水压差可以达到过油压差的8倍，说明该自适应节流控制器具有一定的控水稳油功能。

当水相流体进入自适应流入控制装置之后，经过分支流道产生漩涡，漩涡尺寸较大，几乎将分支流道堵死，其中切向流道质量流量为0.0154 kg/s，占了入口总流量的53.6%。进而水进入圆盘后可以绕圆盘旋转多圈，并且在进入挡板以后旋转更加强烈，在出口处形成强烈旋转，最大速度达到32.3 m/s。由于水的黏度小，在横槽流道产生的漩涡尺寸大，消耗慢，直流道的流量大，切向进入圆盘产生高速旋流，进入挡板后旋流强度大幅度提高，在喷嘴出口处产生很大的动能，这是水相产生压降的主要原因。

综上所述，由于水相分支流道流量较小，摩擦阻力小，水在进入圆盘后产生高速旋流，在出口处，不仅产生局部压力损失，并且存在由于高速旋流作用产生的巨大压差；油相分支流道流量较大，摩擦阻力大，进入圆盘后不会产生高速旋流，在出口处，以局部压力损失为主，因此水相在Equi Flow AICD装置中产生的压差大于油相压差，达8倍左右。

与Equi Flow AICD相似，由于水的密度较大黏度较小，雷诺数较大，水相流体主要沿切向流道进入圆盘，在进入圆盘后产生高速旋流，在靠近出口处由于叶轮的影响产生复杂的流动从而产生较大的压降。而油相流体由于其密度较小黏度较大，雷诺数较小，因此油相流体同时，在切向和分支流道内流动，分支流道中流量较大，进入圆盘后不能产生高速旋流，沿径向从出口流出，因此，产生的附加压降较小。在相同流量条件下，Y型AICD的过水压差可以达到过油压差的5倍以上。

（四）AICD结构参数优化

对AICD装置的结构参数进行分析优化，使之能够更有效地稳定流入剖面、控制底水锥进。为了实现该目的，选取了现阶段广泛应用的多种流入控制装置进行对比试验，分析不同结构参数对流动阻力的影响。喷嘴型ICD、喷管型ICD和螺旋通道型ICD虽然结构各有不同，但是其作用原理可归纳为限流机理（控制最小过流面积）和摩阻机理（控制流道长度）。Y型AICD和EquiFlow AICD则是利用油水两相流体的惯性力与黏滞力的平衡关系改变流体流动通道，从而稳油控水，由于流动较为复杂，AICD装置不同型号的最小过流面积和流道长度为定值。

随着最小过流面积的减小，ICD结构和多级限流AICD结构的FRR均急剧增大。产生这种现象的原因是，喷嘴型ICD的作用原理主要是利用限流机理，因此，若要产生相等的FRR，喷嘴型ICD结构的最小过流面积最小，而螺旋通道型ICD则主要是利用摩阻机理，喷管型ICD是结合限流和摩阻机理，最大过流速度均比流体通过喷嘴时的小得多。多级限流AICD采用的是多级限流，并结合遇水膨胀材料，因此，在同等FRR条件下，多级限流AICD结构最小过流面积最大。在各流动阻力级别下，多级限流AICD的最小过流面积大约是喷嘴型ICD的3倍，是喷管型ICD的2倍，螺旋通道型的1.5倍。在油相介质条件下，当FRR取值为0.800 Bar时，多级限流AICD结构的最小过流面积为120.0 mm^2，喷嘴型ICD的最小过流面积为39.0 mm^2，喷管型ICD为49.3 mm^2，螺旋通道型ICD为81.5 mm^2。考虑影响ICD结构抗冲蚀和防堵塞性能的主要因素是最小过流面积，因此，在泥浆返排过程中，多级限流AICD结构具有优秀的抗堵塞能力，在稳产期多级限流AICD结构具有较强的抗颗粒冲蚀能力。多级限流AICD结果中的WSR能够随含水率变化调整其最小过流面积，从而调整装置FRR。

随着流道长度的增加，ICD结构及AICD结构的FRR均线性增大。需要注意的是，对于Y型AICD与Equi Flow AICD来说，不同型号的流道长度为定值。可以发现，流阻曲线的反向延长线与Y轴交点表示沿程阻力为0时AICD/ICD装置的压力降，即装置的局部阻力损失。通过计算可得，喷嘴型、喷管型以及螺旋通道型ICD流阻曲线与Y轴交点分别为0.760 Bar、0.527 Bar和0.035 Bar，在油相介质条件下，多级限流AICD为0.043 Bar，通过计算可以发现，在含水率50%情况下多级限流AICD的交点为0.177 Bar。该结果进一步证实油相介质条件下，多级限流 AICD 产生压降的主要方式为沿程阻力损失，而随着含水率的提升，局部阻力损失急剧增加，在高含水条件及水相条件下，多级限流 AICD 产生压降的主要方式为 WSR 限流所产生局部阻力损失，此时沿程阻力损失可以忽略不计。从图中可以发现，多级限流 AICD 的总压降变化量与流道级数呈线性关系，因此在多级限流 AICD 装置结构设计时，可以通过调节该装置流道隔板级数来精确调整多级限流 AICD 的 FRR 等级。

（五）流体参数敏感性分析

为了能够进一步了解多级限流 AICD 控制流入剖面、稳油控水的性能，针对油水两相流体在该装置内的流动规律进行了分析研究，针对含水率、油相密度和油相黏度三方面对 AICD 装置进行了流体敏感性分析，并选取了多种 ICD 结构进行了对比分析。实验方案并没有考虑水相流体参数的敏感性，这是因为水相性质通常比较稳定。

首先，对 AICD 结构的含水率敏感性进行了分析，如方案 1 所示，含水率（%）分别设定为 0～100。是不同 AICD、ICD 结构附加压降随含水率的变化关系。可以发现，AICD 结构在纯水条件下的附加压降约是油相条件下的 40 倍，这说明多级限流 AICD 在实验条件下能够提供较大的油水压差，具有卓越的稳油控水能力。随着含水率的增加，油水两相流的混合黏度虽然存在先升高后下降的情况，但 AICD 的附加压降呈现上升趋势，优于传统 ICD 结构。对于 Y 型 AICD 和 Equi Flow AICD 来说，随着含水率的提高，装置节流压降逐渐增大，Y 型 AICD 水油压差可达 5 倍以上，而 Equi Flow AICD 的水油压差可达 8 倍左右。对于多级限流 AICD 来说，当含水率在 50% 以下时，装置性能与前两种结构相当，但随着含水率进一步提高，装置最小过流面积不断减少，其装置节流压降迅速提高，最终水油压差可达 40 倍。

表 7-1　流体性质敏感性实验方案

项目	含水率（%）	油相密度（kg/m³）	油相黏度（cP）
方案 1	0、10、20、30、40、50、60、70、80、90、100	850	19
方案 2	0、50	800、850、900、950、1000	19
方案 3	0、50	850	1、2、4、10、20、30、50、100、150、200

方案 2 研究了 AICD 结构的油相密度敏感性，同样选取多种 ICD 结构进行对比分析，油相密度取值范围设定为 800～1000kg/m³。可以发现，不同结构附加压降随油相密度的增

加而增加，属于线性关系，但是增幅均很小。所以，这几种结构均对油相密度不敏感，相较与 AICD/ICD 结构因素、油相黏度及含水率的影响来说，油相密度的影响可以忽略不计。

方案 3 研究了油相黏度敏感性，同样选取多种 AICD/ICD 结构进行对比分析，考虑到油相黏度范围通常为 1~200 mPa·s，因此黏度（mPa·s）取值为 1、2、4、10、20、30、50、100、150 和 200。当含水率为 0，随着油相黏度增大，三种 ICD 结构附加压降均线性增大。其中，螺旋通道型 ICD 和喷管型 ICD 的增幅最大，这是由于这两种 ICD 结构产生附加压降的主要原理是利用沿程阻力损失，受黏度影响明显；喷嘴型结构的增幅较小，这是由于该结构主要通过局部阻力损失产生附加压降，不依赖沿程阻力损失。对于 AICD 装置来说，水通过装置形成的压降高于油产生的压降。对于 Y 型 AICD 和 Equi Flow AICD 来说，由于油相流体黏度的增大，流体趋于从径向分支流道流动，随着分支流体流量增大，油相压降有所下降，但是随着油相黏度的进一步增加，AICD 压降会有一定程度的增加。多级限流 AICD 利用多级限流原理，因此流体流经 AICD 装置的压降随着油相黏度的增加而线性增加。另外，当含水率高于临界含水率，水相将占据支配地位，ICD 装置失效，压降不受油相黏度的影响，而 AICD 装置的压降将随着油相黏度的增大有所增加。

综上所述，多级限流 AICD 结构对于油相流体性质不敏感，其 FRR 主要受含水率影响，即使在重油条件下仍有较好的稳油控水能力，因此，该装置适用范围广。并且，由于该装置对含水率极度敏感，应激反应快，一旦油井见水，该装置压降显著增大，能够有效地均衡流入剖面，延长水平井寿命。

二、水平井 AICD 完井全过程流动机理

（一）水平井筒油水两相流动模型

针对水平井筒变流量流动的特点，基于油水两相流型转变准则，并结合双流体模型（Two-Fluid Model）和均相流模型（Homogenous Model）架构，建立了水平井目标段油水两相流动的压降预测模型。

1. 模型假设

模型的基本假定条件包括：

①油、水及油水混合物皆为牛顿不可压缩流体；

②流体与外界无热传导或做功现象，系统处于恒温流动状态；

③井筒内为一维稳态流动；

④油水两相流体沿基管孔眼均匀注入；

⑤油水分界面为平面；

⑥考虑油水两相分层流动和油水两相分散流动两大类，涵盖油水纯分层流（o&w）、油包水分散流（w/o）、水包油分散流（o/w）三种流型。

2. 流型转变准则

由于油水密度差较小，其界面张力较低，油水界面易发生波动转化为其他流型。从分层流到分散流的转换，主要取决于连续相总湍动能和分散相总自由能之间的平衡关系。若湍动能较大，分散相将以球形液滴形式分散在连续相中，并在湍流运动下相互碰撞，产生融合。同时，如果液滴尺寸过大，在湍流力的作用下，液滴会破裂。因此，每个流动单元所能包含的最大分散相量取决于连续相的湍流强度。当油水混合液速度大于某一临界值时，流体会从油水两相分层流转变为油水两相分散流。

另外，分散相的液滴融合和连续相的破碎可能导致系统出现反相现象，反相时系统的界面自由能最大，如果分散相含率大于临界体积含率，分散相将转变化连续相。

3. 分散流动模型

在油水充分混合的情况下，可用一等效的流体表征油水混合物，并基于均相流模型构建其流动模型。

首先，对控制体列质量平衡方程，可得：

$$\frac{\mathrm{d}q_m}{\mathrm{d}x} = q_m^{inj} \qquad \text{式（7-8）}$$

其中，油水两相分散流动的折算体积流量为油相和水相的体积流量之和：

$$q_m = q_o + q_w \qquad \text{式（7-9）}$$

对于油水两相分散流动，折算体积流量还可表征如下：

$$q_m = Av_m \qquad \text{式（7-10）}$$

联立式（7-8）和式（7-10）可得：

$$\frac{dv_m}{dx} = \frac{q_m^{inj}}{A} \qquad \text{式（7-11）}$$

其中，q_m 为油水混合液的折算体积流量，m^3/s；q_m^{inj} 为单位长度井筒上的注入量，$m^3/s/m$；q_o 为油水混合液中油相流体的体积流量，m^3/s；q_w 为油水混合液中水相流体的体积流量，m^3/s；A 为井筒横截面积，m^2。

其次，对控制体列动量方程，依据动量平衡原理，控制体表面的动量增加量等于控制体上的作用力之和，则有：

$$Adp - \tau_m (S - nA_p)\, dx = \rho_m Ad(\beta v_m^2) - \cos\gamma \rho_m \beta v_m^p q_m^p n dx \qquad \text{式 (7-12)}$$

定义壁面开度，其表示控制体表面孔眼的截面积之和与控制体内表面积的比值：

$$\varphi = \frac{nA_p}{S} \qquad \text{式 (7-13)}$$

将壁面开度带入动量方程，整理可得：

$$\frac{dp}{dx} = \frac{4\tau_m}{d}(1 - \varphi) + \rho_m v_m^2 \frac{d\beta}{dx} + (2\beta v_m - \cos\gamma \beta v_m^p)\rho_m \frac{q_m^{inj}}{A} \qquad \text{式 (7-14)}$$

其中，p 为压力，Pa；τ_m 为油水混合液与井筒壁面的摩擦应力，Pa；S 为井筒周长，m；n 为单位长度井筒的孔眼数，$1/m$；A_p 为单个孔眼的面积，m^2；β 为井筒截面的动量修正系数，无量纲；γ 为壁面支流与井筒主流之间的夹角，°；v_m^p 为油水混合液沿单个孔眼的注入速度，m/s；q_m^p 为油水混合液沿单个孔眼的注入量，m^3/s；φ 为壁面开度，无量纲；d 为井筒直径，m/s。

考虑到油水两相变流量流动的复杂性及实际水平井的生产状况，本研究假定流体沿壁面垂直注入，壁面支流与井筒主流之间的夹角取 90°；流速剖面简化造成的动量修正系数取 1；则动量方程可进一步简化如下：

$$\frac{dp}{dx} = \frac{4\tau_m}{d}(1 - \varphi) + \rho_m v_m^2 \frac{d\beta}{dx} + 2\beta v_m \rho_m \frac{q_m^{inj}}{A} \qquad \text{式 (7-15)}$$

而摩擦应力则采用摩擦系数的概念进行计算：

$$\tau_m = \frac{1}{8} f_m^{inj} \rho_m v_m^2 \qquad \text{式 (7-16)}$$

其中，f_m^{inj} 为油水混合液在变流量流动条件下的摩擦系数，无量纲。

事实上，对于变流量流动来说，其摩擦系数的计算还取决于主流的流态。若主流为层流，壁面支流的注入将对主流流动产生干扰，导致其摩擦系数的增大。水平井目标段在层流条件下的摩擦系数如下式所示：

$$f_m^{inj} = f_m [1 + 0.043 (Re_m^{inj})^{0.6142}] \qquad \text{式 (7-17)}$$

其中，

$$Re_m^{inj} = \frac{\rho_m v_m^{inj} d}{\mu_m} \qquad \text{式 (7-18)}$$

$$v_m^{inj} = \frac{q_m^{inj}}{\pi d} \qquad \text{式 (7-19)}$$

其中，f_m 表示常规管流条件下油水混合物的摩擦系数，无量纲；Re_m^{inj} 表示壁面支流的雷诺数，无量纲；v_m^{inj} 表示壁面支流的注入速度，m/s。

若主流为湍流，一方面，壁面上的孔眼会干扰湍流边界层的流动，从而增大主流的摩擦系数；另一方面，壁面支流的注入将抑制孔眼附近的涡流耗散，使得湍流的流动剖面更加均匀，称为"湍流减阻"效应，从而降低主流的摩擦系数。考虑上述两种效应后，水平井目标段在湍流条件下的摩擦系数计算方法如式（7-20）所示：

$$\left(\frac{8}{f_m^{inj}}\right)^{0.5} - \left(\frac{8}{f_m}\right)^{0.5} + \ln(\mathrm{Re}_m)\,(\varphi - \xi_m^{inj}) = 1.25\ln\left(\frac{f_m^{inj}}{f_m}\right) \qquad \text{式（7-20）}$$

其中，

$$\xi_m^{inj} = \frac{v_m^{inj}}{v_m} \qquad \text{式（7-21）}$$

其中，ξ_m^{inj} 为壁面支流与井筒主流的速度之比，无量纲。

（二）近井地带表皮系数模型

钻完井、修井、完井方式、增产措施等均可能引起井筒附近油藏实际流动偏离其理想流动路径，直接影响油气井的生产动态，通常可用表皮系数来表征实际流动与理想流动的压力差异：

$$s = \frac{2\pi Kh\Delta p_s}{\mu q} \qquad \text{式（7-22）}$$

流体首先从储层远端均匀流向近井地带，附加表皮可忽略；由于割缝筛管的存在，流体从近井地带流向环空还存在一定扰动，产生一定附加表皮；最后由于控水装置的结构也较为复杂，流体通过控水装置进入井筒内部也会产生较大的附加表皮。

因此，AICD 完井近井地带的复杂流动可分为以下几个部分：控水装置部分的复杂流动、割缝内线性流、单个割缝引起的径向流动、割缝单元引起的径向流动和远离割缝筛管的径向流动。

（三）油藏渗流模型

基于水平井等效井径原理，均匀划分水平井生产段为 N 个微元段，并将各微元段等效为一口直井。

模型的基本假定条件包括：

①油藏为均质、等厚无限大地层；

②油藏平面上各向同性，垂向上各向异性；

③油、水及其混合物均为牛顿不可压缩流体；

④稳态流动，满足达西渗流规律；

⑤不考虑生产过程中的温度变化。

三、水平井 AICD 完井参数优化设计

（一）问题的提出

水平井与垂直井相比，可以有效增大泄油面积、降低地层流体的渗流阻力，有利于提高原油采收率，改善油田生产状况。水平井沿井筒方向，由于地层各位置渗透率的非均质性以及沿井筒流动方向存在压力降，造成了水平井井筒流入剖面不均匀，易产生压降漏斗，过早见水或见气，造成产量的急剧下降。AICD 完井可以使油水界面均匀推进，改善流入剖面，延缓生产中过早见气或见水的时间，也能有效避免传统 ICD 完井在见水后失效的缺点，在油井见水后进一步稳油控水。AICD/ICD 完井参数设计建立在钻前储层建模基础上，ICD 完井尤其是 AICD 完井参数优化设计耗时长且设计存在较高的难度。

（二）遗传优化算法

遗传算法是一种自适应全局优化算法，它的原理是自然选择学说以及生物的遗传和进化规律，是典型的启发式、非数值算法。遗传算法中，不同的二进制编码（称为染色体、个体）对应问题不同的解，许多个的二进制串（称为染色体、个体）组成一个种群，算法的求解过程就是先在初始种群中寻找合适的个体，并对其进行杂交和变异操作，产生下一代种群，模仿生物的进化规律，直至产生一个最适宜环境的个体，即问题最优的解。

遗传算法主要要素包括三个方面，分别是编码方法、初始种群的设定以及评估函数值的设定。

使用遗传算法之前需要将优化问题的解进行编码，把问题的解转化为基因串形式。目前最常用的编码方法是二进制编码方法。

初始种群的设定将直接影响计算效率以及优化结果的优劣。通常采用以下两种方法对初始种群进行设置。当对优化问题没有相关经验知识时，随机生成初始种群；当对优化问题具有一定相关经验知识时，可以在满足要求的解中随机生成。

评估函数值也被称作适应度，在进化搜索过程中，可将它当作以后遗传操作的依据，并可根据它的值来评价个体的优劣。个体适应度越高，其遗传到下代种群的机会越大。必须保证通过目标评估函数计算方法得到的个体的适应度不小于零。

适应度的选取关系到遗传算法的收敛速度以及能否找到最优解，是一个至关重要的值，必须综合考虑选择合适的值。对于一般的函数优化问题可直接将函数作为评价函数；

而在解决复杂系统的优化问题时，需要根据经验构造合理的评价函数。

在优化计算过程中，根据每一代的染色体对环境的适应能力来判断它们的优劣，通过对染色体（或者个体）进行变异和交叉操作实现进化过程。优化计算过程的运行参数设定如下：种群规模 (M)，取值介于 20 到 100 之间；最大迭代次数 (T)，取值介于 100 到 500 之间；交叉概率 (P_c)，取值介于 0.4 到 0.99 之间；变异概率 (P_m)；取值介于 0.0001 到 0.1 之间。

（三）水平井 AICD 完井参数分段完井参数优化方法

采用 AICD 完井的水平井能够有效避免 ICD 见水后失效的问题，进一步提高产能。如 AICD 通过产生附加压力降均衡流入剖面，从而使油藏流体均匀流入，延缓见水/气时间，延长水平井寿命。

在特定的生产制度下（如定产液量），通过 AICD/ICD 装置使井筒压降维持在合理的水平，此时的完井效果比较理想。井筒流动对产能的影响可以通过井筒压降与生产压差的比值表征。对于水平井而言，摩擦压降占井筒压降的主要部分，见式（7–23）：

$$K = \frac{\Delta P_{wf}}{\Delta P_r} \qquad \text{式（7–23）}$$

式中，ΔP_{wf} ——水平井筒摩擦压降，Pa；

ΔP_r ——生产压差，Pa。

K 值的大小可用于确定水平井生产时是否需要采取入流控制措施。K 值小于 0.1 时，无须采用入流控制完井。当油藏渗透率较高、井筒长度较长或者油管直径较小时，K 值较大，此时，建议采用 AICD 或其他入流控制完井方式，以达到均衡入流剖面、提高采收率的目的。

1. 水平井 AICD 完井优化设计标准

多级限流 AICD 是一种可调节限流装置，由前文可知其附加阻力等级调节简单，下井前，需要根据预测的产液剖面，预先调节好通过多级限流 AICD 装置的 FRR。AICD 装置附加压降随流量增大而增大，并且只有在 AICD 产生的附加压降达到某一值后，AICD 装置才能有效发挥其流入控制作用。

定义 AICD 压降系数 K_{AICD}，它表示 AICD 压降对生产压降的影响，具体的表达形式为：

$$K_{AICD} = \frac{\Delta P_{AICD}}{P_r - P_{an}} \qquad \text{式（7–24）}$$

式中，ΔP_{AICD}——AICD 附加压力降，Pa；

　　P_r——油藏压力，Pa；

　　P_{an}——井筒环空压力，Pa。

K_{AICD} 越接近于 1 表明 AICD 产生的附加压降与渗流压降越接近，AICD 对该完井段开始调节。通常来说，在水平井目标井段的每一节油管安装相同数量和尺寸的 AICD，可以很大程度上抵消端部–跟部效应的影响，改善非均质区域的流体流动。该方法的缺点是会制约高渗、高产层的流体流动，并且无法考虑层孔隙度、厚度、饱和度和油/气接触面变化的影响，失去了产层控制的灵活性。

综合以上分析，结合 AICD 设计标准，可以给出 AICD 完井压降设计标准（表 7-2）。当 AICD 完井各段附加压降与生产压降越接近，AICD 完井越能均衡水平井入流剖面。

表 7-2　压降设计标准（AICD 完井）

ΔP_{AICD}	$\ll$	ΔP_r	AICD 对流入剖面调节作用弱
	$\gg$		AICD 限制作用过强，降低了泄流能力
	$\approx$		较合理的 AICD 完井设计

定义 AICD 压差调整系数：

$$\delta_{AICD} = \left| 1 - \frac{\Delta P_{AICD}}{\Delta P_r} \right| \times 100\% = \left| 1 - \frac{\Delta P_{AICD}}{P_r - P_{an}} \right| \times 100\% \qquad 式（7-25）$$

δ_{AICD} 值的大小表征 AICD 装置压降与水平井井筒压力差的关系，δ_{AICD} 越小表示与水平井井筒压力差越接近，AICD 越能够有效发挥稳油控水的能力。

2. 遗传算法优化

评价指标定为生产压差调整幅度系数，进行水平井 AICD 完井参数优化设计，其中，生产压差调整幅度系数可表示为 $\min(\delta_{AICD})$。

$$令 \qquad F = \frac{\Delta P_{AICD}}{\Delta P_r} = F(d_1, \ d_2, \ \cdots d_i \cdots d_n, \ N_1, \ N_2, \ \cdots N_i \cdots N_n) \qquad 式（7-26）$$

式中，d_i 为第 i 个完井段的 AICD 限流通道的直径，mm；N_i 表示第 i 个完井段中 AICD 的限流级数。

AICD 完井参数优化方案设计属于多参数非连续函数的优化问题。其中，需要优化的 AICD 完井参数可以分为三个方面，分别是 AICD 类型、个数及其强度。对 AICD 完井参数优化问题的解组进行二进制编码，采用遗传算法，结合约束条件，给出最优水平井 AICD 完井参数设计方案。

第三节　水平井自动相选择控制阀控水完井技术

一、水平井自动相选择控制阀

水平井在开发底水油气藏过程中出现的底水脊进问题，缩短了油藏的无水采油期，严重影响了水平井产能优势的发挥和开采综合效益的实现，成了制约水平井高效开发底水油藏的关键之处，目前，我国的大部分油田都进入中高含水期，产油量递减加快，传统控水方法仅适用于井筒见水前，对于见水的油井效果甚微。针对目前我国油田水平井开采面临的技术难题和现实问题，研发出了一种新的 AICD 控水工具——自动相选择控制阀，该阀能够区分流体，使流体能够自动分相分流，限制气和水的产出。这种控水工具既能用于先期控水又能用于后期控水，下面对自动相选择控制阀的控水和控气原理、流场、对流体的敏感性、控水和控气能力、与 ICD 和 AICD 控水效果对比分析，以及抗冲蚀能力进行分析，并利用流动实验验证自动相选择控制阀的过油和控水特性。

（一）自动相选择控制阀结构及工作原理

1. 自动相选择控制阀结构

目前，国内外的 AICD 控水工具包括含运动部件和不含运动两类，其中，含运动部件的 AICD 阀主要应用于不出沙的油藏，而不含运动部件的 AICD 阀对于出沙油藏和不出沙油藏皆可使用，这里介绍的 AICD 控水工具的出发点是对于出沙和不出沙的油藏都可使用，因此，工具中是不含运动部件的，通过分析不同性质流体在不同结构中的流动情况，最终得到的控水工具的三维结构图和带主要设计参数的二维剖视图如图 7-5 所示。该工具由自动相选择控制阀主体和上端盖组成，其中的自动相选择控制阀主体中包含了油、水、气三相的流动路径。

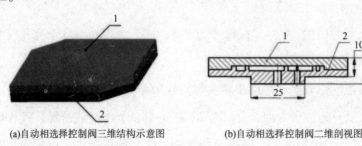

(a)自动相选择控制阀三维结构示意图　　(b)自动相选择控制阀二维剖视图

图 7-5　自动相选择控制阀

2. 流体分流分相原理

目前，石油行业多相流分离技术主要是用在地面的油、水、气分离，以及不同相流体的计量。根据多相流的分离程度，分离技术一般分为三种：完全分离、部分分离、分流分相。不论三通管是 T 形还是 Y 形，也不论三通管是垂直放置还是水平放置，三通管内都存在明显的相分离现象。设计的自动相选择控制阀采用的是 Y 形三通管结构。利用 Y 形三通管的分相分流特性，对油、气和水进行初步分相分流，然后再根据离心分离原理进行二次分相分流。自动相选择控制阀主体由入口、环形流道、流槽、控制腔室、储水腔室和喷嘴组成，其中，环形流道和流槽就组成了 Y 形三通管，当油和水（气）同时流进自动相选择控制阀时，由于油的黏度大，黏滞力大，惯性力小，油将由最近的流槽（Y 形三通管的支路管道）流进控制腔室，而水（气）由于黏度小，黏滞力小，惯性力大，将先在环形流道（Y 形三通管的主路管道）中预旋，再由流槽流进控制腔室，油水进入控制腔室后由于密度差在离心力的作用下会再次分相分流，水由控制腔室流出后经储水腔室中的喷嘴流出，而油则由控制腔室中的喷嘴直接流出。

3. 控水和控气原理

由于自动相选择控制阀的设计基于三通管分流分相原理和离心分离原理，当油和水同时流进自动相选择控制阀时，油的黏度大，将由流槽直接流进控制腔室，再由喷嘴节流后流出，水的黏度小，在环形流道中得到充分预旋后，再流进控制腔室，并在控制腔室中高速旋转，越靠近喷嘴旋转速度越大，没有分离开的混合流体在控制腔室中受离心力的影响会再次分离，水由于密度大，位于控制腔室外层会由流槽流进储水腔室，最后由喷嘴节流后流出。由于油在自动相选择控制阀中无旋转，无旋转压降产生，而水会在自动相选择控制阀中高速旋转，产生大的旋转压降，因此，水流过自动相选择控制阀的压降大于油流过自动相选择控制阀的压降，自动相选择控制阀限制了水的产出。同理，当油和气同时流进自动相选择控制阀时，由于气的黏度小会在自动相选择控制阀中高速旋转而产生旋转压降，而油不会旋转，故自动相选择控制阀能够限制气的产出。由于自动相选择控制阀即拥有传统 ICD 的特点，即均衡剖面、消除趾跟效应、消除环空流影响等，又能根据流体性质和流动路径对流体进行自动分相分流，并且限制水和气的产出，故自动相选择控制阀既可用于底水没有突破的水平井，又可用于底水已经突破的水平井。

总之，对于自动相选择控制阀这种适合于水平井各个开发阶段还不含运动部件的新型 AICD 控水工具，可靠性高，对水平井产液剖面的均衡控制效果好，适用于非均质性强的底水油藏和带气顶油藏，尤其适用于已经进入中高含水期和高气油比的油藏。

4. 自动相选择控制阀在井下的安装

自动相选择控制阀是一种主要应用井下控水和控气的新型 AICD 工具，应用时往往与筛管联合使用，以避免沙粒堵塞和冲蚀而引起自动相选择控制阀失效，下面对自动相选择控制阀在管柱上安装进行介绍。

自动相选择控制阀井下应用结构组成

如图 7-6 所示，基管 1 外部沿从前到后的方向依次套装外环套 2 和筛管 3，外环套 2 与基管 1 紧密连接，筛管 4 的前端与外环套 2 的后端连接，外环套 2 与基管 1 之间的间隙内安装有自动相选择控制阀 3。

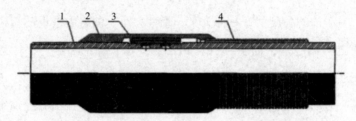

图 7-6　自动相选择控制阀井下应用结构剖面图

1—基管；2—外环套；3—自动相选择控制阀；4—筛管

（二）基于 CFD 的自动相选择控制阀性能分析

1. 自动相选择控制阀流场分析

计算流体动力学 CFD 是建立在经典流体动力学与数值计算方法基础之上的一门新型独立学科，它从基本物理定理出发，在很大程度上替代了耗资巨大的流体动力学实验设备，在科学研究和工程技术中产生了巨大的影响。根据流体动力学理论，利用 Pro/Engineer 软件建立了自动相选择控制阀的 CFD 模型，并用 FLUENT 软件对自动相选择控制阀中流体的流动过程进行了数值模拟，从而得到流体的压力和流速在自动相选择控制阀中的变化情况。

CFD 软件一般由前处理、求解器和后处理三大模块组成，其中，前处理模块的主要功能为建立几何模型和划分网格，求解器模块的主要功能为确定 CFD 方法的控制方程、选用数值计算方法和输入相关参数，后处理模块的主要功能为速度场、温度场、压力场及其他参数的计算机可视化及动画处理。

（1）自动相选择控制阀流体模型建立

自动相选择控制阀主要是通过流体性质和几何结构，对过流流体产生附加压降进而限制流体的流动，借助 Pro/Engineer 软件对自动相选择控制阀的 CFD 流体模型进行建立。

（2）网格划分

网格划分的目的在于对结构几何模型实现离散化，从而把计算区域分解成可得到精确解的适当数量的单元。3D 网格按其生成方法分为结构化网格和非结构化网格，按网格基本形状分为四面体网格、六面体网格、金字塔型网格、楔型网格，以及由上述网格类型构成的混合型网格。这里采用四面体网格（非结构化网格）来离散计算区域，以弥补结构化网格（六面体网格）不能解决任意形状和任意连通区域网格划分的缺陷。

借助 ANASYS 中的 Meshing 模块对前面建立的自动相选择控制阀的流体结构几何模型进行网格划分时，首先采用其模块内部的自动网格划分功能，然后再对自动相选择控制阀内部限流结构中流动参数变化大的区域（入口、出口、流槽等）进行适当的网格加密。

（3）边界条件设置

任意时刻运动流体在所占据的流动空间边界上必须满足的条件，称之为边界条件。对于定常流动问题，边界条件是控制方程有确定解的前提，控制方程与相应的边界条件构成对一个物理过程完整的数学描述。边界条件通常分为与力有关的动力学边界条件和与速度有关的动力学边界条件。

为了得到流体在自动相选择控制阀中的分布情况以及流过自动相选择控制阀的压降，阀的入口设为速度边界，取值 1.93m/s（5m³/d），阀的出口为压力边界，取值 0Pa，固体壁面边界作为无滑移边界处理，流动参数设置为零，由于自动相选择控制阀内流场中不存在热交换问题，所以不考虑热边界条件。流体在自动相选择控制阀中的流态应用雷诺数进行判断，当流体流动为紊流时，计算模型采用标准 k-ε 方程湍流模型，流体入口的紊流参数为紊流强度和水力直径。油水两相流时，假设油水以相同的流度由入口流入，多相流模型选用混合模型（Mixture Model）。油气两相流时，多相流模型选用欧拉模型（Eulerian Model），紊流模型选用 Dispersed 紊流模型。

（4）流场分析结果

油在自动相选择控制阀中流动时，压力沿环形流道经过流槽再到出口一直在不断降低，压力的陡降区域位于流槽和喷嘴处，因此，油在自动相选择控制阀中流动产生的压降，主要是环形流道中的沿程压降以及流槽和喷嘴处的瞬时压降。水的黏度小，黏滞力小，惯性力大，水在环形流道中没有沿程压力损失，压力损失主要位于流槽处、控制腔室中和喷嘴处，因此，水在自动相选择控制阀中流动产生的压降，主要是流槽和喷嘴处的瞬时压降以及控制腔室中的旋流压降。

气同水一样，由于惯性力大，其在自动相选择控制阀中流动产生的压降也主要是在流槽处、控制腔室中和喷嘴处，因此，气在自动相选择控制阀中流动产生的压降，主要液是流槽和喷嘴处的瞬时压降以及控制腔室中的旋流压降。且气流过自动相选择控制阀产生的压力损失是油流过产生压降的 2.5 倍，由此可知，在流速相同的情况下，自动相选择控制阀对水和气的限制作用更强。

当流入控水工具的体积流量相同时，油在自动相选择控制阀中的流速最小，气和水在自动相选择控制阀中流动的速度相当，约为油流速的 2 倍。油在自动相选择控制阀的入口、流槽和喷嘴处速度最大，其原因是大部分油从入口流入后经流槽直接流向了喷嘴，并没有在环形流道和控制腔室中旋转。水和气在控制腔室中的流速最大，其原因是水和气从入口流进环形流道后，在环形流道中得到充分预旋，再由流槽进入控制腔室，并在控制腔室中高速旋转，越靠近喷嘴旋转速度越大。

油相在环形流道中的流线比水相和气相的稀疏很多，说明油由入口流入之后，大部分经流槽径向流入控制腔室，在控制腔室中也无旋转，最后由喷嘴流出，而水和气先沿环形流道预旋之后再由流槽进入控制腔室，并在控制腔室中高速旋转之后再流向喷嘴。因此，当油水同流或油气同流时，在控制腔室中旋转的水和气产生的压降比不在其中旋转的油产生的压降大，故自动相选择控制阀能限制水和气的产出。

2. 控水能力分析

传统的 ICD 仅适用于井筒见水前，井筒见水后 ICD 限制水产出的同时，也限制了油的产出，这里设计的自动相选择控制阀克服了传统 ICD 的缺点，该阀既适用于油井见水前，又适用于油井见水后，下面对自动相选择控制阀的控水能力进行分析。

纯油在自动相选择控制阀中流动产生的压降，主要是环形流道中的沿程压降以及流槽和喷嘴处的瞬时压降，随着含水率的增加，流体在环形流道中的压降越来越少，压降主要出现在控制腔室中和喷嘴处，而纯水在环形流道中并没有沿程压降的产生，压降全部集中到环形腔室中和喷嘴处，这是因为随着含水率的增加越来越多的流体将经由环形流道预旋，然后在控制腔室中高速旋转，从而产生高的旋转压降。

模拟流体为纯油时，大部分油直接由入口经流槽流进控制腔室，在控制腔室中并无高速旋转，且直接从控制腔室中的喷嘴流出。随着含水率的增加，更多的流体会经由环形流道预旋后再进入控制腔室，并在控制腔室中高速旋转，越靠近喷嘴旋转速度越大，且高速旋转的流体会在控制腔室中再次分相分流，水由于密度较大，会沿控制腔室边缘旋转，从而由控制腔室中流槽流进储水腔室，含有旋流速度的水在储水腔室中会继续旋转，最后才由喷嘴流出。当自动相选择控制阀中流动的流体为纯水时，所有的水都将经过环形流道预旋后再进入控制腔室，并在控制腔室中高速旋转，从而产生高的旋转压降。

随着含水率的增加，流体在自动相选择控制阀中的压降不断增大，从前面的分析可知，这是因为随着含水率的增加，流体在控制腔室中的旋转强度越大，产生的旋转压降越高。

3. 控气能力分析

注气是提高原油采收率的重要手段之一，目的在于提高地层压力、产能和采收率，虽然注气开采存在许多优势，但储层的非均质性和井筒摩阻的存在使得气体脊进甚至突破，从而严重影响原油的采收率，并且底水油藏中往往含有气顶，随着原油的不断采出，油藏压力降低，部分溶解气析出也会形成气顶，这些天然气由于储层的非均质性和井筒摩阻也会向井筒脊进，甚至突破进井筒，为了最大化采出地下原油，也需要抑制气体的脊进。近几年发展起来的 ICD 技术控气效果不明显，ICV 控气技术过于昂贵，部分 AICD 只能控制底水的脊进，这里的自动相选择控制阀 AICD 工具即可控制底水的产出，也能对气体的脊进进行控制，为了分析自动相选择控制阀的控气能力，利用 CFD 软件计算了不同气油比情况下的自动相选择控制阀油相体积分数分布、压力分布、流速分布、流线分布。

油气数值模拟方案是固定油流量，通过改变气油比来改变气相含率。油的黏度为 80 mPa·s，密度为 900 kg/m³，流量为 6 m³/d，气的黏度为 0.1 mPa·s，密度为 400 kg/m³，气油比为 1:1、2:1、3:1、4:1。

气油比为 1 时，油相在控制腔室中的分布最集中，随着气油比的增大，油相仅在自动相选择控制阀入口处最集中，在自动相选择控制阀内部越来越分散，喷嘴处的油相含量最少，气的含量最多。

随着气油比的增加，环形流道中的压降越来越少，控制腔室中的压降越来越多，这是因为随着气油比的增加，越来越多的流体经过环形流道预旋后再进入控制腔室，并在控制腔室中高速旋转，从而产生较高的旋转压降。

气油比低时，油相体积含量高，油相相对集中，环形流道中的流线稀疏，大部分油不经过环形流道直接由流槽流进控制腔室，随着气油比的不断增加，油相体积含量越来越少，越来越多的油相被分散在气相中，被气体携带进入环形流道中预旋，然后由流槽进入控制腔室，并在控制腔室中高速旋转，形成高的旋流速度，越靠近喷嘴处旋流速度越大。

随着气油比的增加，流过自动相选择控制阀的压降不断增大。由前面的分析可知，这是因为气油比越大油相体积含量越少，分散到气体中的油被气体携带进环形流道进行预旋，含有切向速度的油和气进入控制腔室后高速旋转产生了高的旋转压降，从而获得高的过阀压降。因此，气油比越大，流过自动相选择控制阀的压降越大。

4. 液固两相流体对自动相选择控制阀的冲蚀分析

自动相选择控制阀作为井下控水和控气工具，其安全可靠性直接影响到控水和控气效果，而影响自动相选择控制阀可靠性和使用寿命的主要因素为携沙颗粒对其的冲蚀，虽然砾石充填完井和筛管完井是最有效的防沙方法，但是有些沙的生产是不可避免的。

影响自动相选择控制阀冲蚀磨损速度的因素很多，主要有碰撞速度、角度、颗粒形状、质量流速等。目前，冲蚀磨损模型很多，大部分都是经验公式，采用 FLUENT 中的颗粒冲蚀模型，则 N 个颗粒在液体携带下冲蚀自动相选择控制阀的冲蚀速度为：

$$R_{ero} = \sum_{p=1}^{N} \frac{\dot{m}_p C(d_p) f(\alpha) v^{b(v)}}{A_{wall}} \qquad \text{式（7-27）}$$

式中，$C(d_p)$——沙粒直径函数；

α——沙粒对壁面的攻角（侵入角），rad；

$f(\alpha)$——攻角函数；

v——粒相对于壁面的速度，m/s；

$b(v)$——与速度相关的函数；

A_{wall}——自动相选择控制阀表面单位冲蚀面积，m^2。

对于自动相选择控制阀这样的硬质合金材料，式（7-27）中的几个边界条件函数可以表示为：

$$b(v) = 1.73 \qquad \text{式（7-28）}$$

$$C(d_p) = 1559 B^{-0.59} \varphi \times 10^{-7} \qquad \text{式（7-29）}$$

$$f(\alpha) = \begin{cases} A\alpha^2 + F\alpha & \text{当 } \alpha \leq \theta \\ C\cos^2\alpha\sin\alpha + D\sin^2\alpha + E & \text{当 } \alpha > \theta \end{cases} \qquad \text{式（7-30）}$$

式中，B——自动相选择控制阀材料的布氏硬度，HB；

φ——沙粒形状因子，无量纲；

θ，A，F，C，D 和 E——常数，无量纲。

根据生产过程中流过自动相选择控制阀的流体的不同，将分析过程中连续流体分为单相油、水、气，油水两相和油气两相，冲蚀颗粒为石英沙。由于自动相选择控制阀是与防砂工艺一起使用，而防沙工艺的挡沙粒径一般都小于 40 gm，采用机械防沙和砾石充填防沙后的油井沙比（重量比）为 2%~6%，因此自动相选择控制阀若能满足 40 砷的沙在含沙量为 6%时的安全需求，那么自动相选择控制阀就能用于各种出沙油藏，为此，我们分析所用沙的直径为 45pm，密度 2650kg/m^3，冲蚀分析过程中的沙比为 6%，自动相选择控制阀的材质为普通合金钢。

（1）单相流体时的冲蚀情况

就黏度为 1 mPa·s 密度为 1000 kg/m^3 的水、黏度为 0.03 mPa·s 密度为 270 kg/m^3

的气和黏度为 80 mPa·s 密度为 900 kg/m³ 的油这三种携沙流体在体积流量为 20 m³/d 时对自动相选择控制阀的冲蚀情况进行分析，连续相为水和气时，自动相选择控制阀的冲蚀位置为环形流道外壁面，主要是因为水和气的黏度小，惯性力大，水和气在自动相选择控制阀中的流动为完全紊流，当水和气流进自动相选择控制阀后，会先在环形流道中进行预旋，从而产生一定的离心力，离心力驱使沙粒沿远离旋转中心流动，即沙粒向环形流道外壁面富集，故环形流道的外壁面较内壁面冲蚀严重，携沙液经环形流道预旋后进入控制腔室，由于沙粒与壁面碰撞后，能量耗损严重，短距离对颗粒的加速作用有限，因此沙粒对控制腔室的冲蚀损伤很轻；连续相为油时，冲蚀主要发生在自动相选择控制阀的控制腔室中，这是因为油的黏度大，惯性力小，油在自动相选择控制阀中的流动为层流，当油流进自动相选择控制阀后，直接由流槽流进控制腔室，不会在环形流道中流动，因此对控制腔室的冲蚀最大。由此可知紊流时，颗粒对自动相选择控制阀的冲蚀主要发生在环形流道中，层流时，颗粒对自动相选择控制阀的冲蚀主要发生在控制腔室中，并且紊流流体对工具的冲蚀程度比层流流体对工具的冲蚀严重很多。

对不同黏度流体携沙情况下的自动相选择控制阀进行了冲蚀分析，其中油的密度均为 900 kg/m³，黏度分别为 10 mPa·s、80 mPa·s 和 150 mPa·s，黏度越高，自动相选择控制阀受到的冲蚀越小，流量越高，自动相选择控制阀受到的冲蚀越严重，并且水相携沙液对工具的冲蚀是远远大于油相携沙液的冲蚀。

（2）油水两相时的冲蚀情况

对于油水两相携沙液对工具的冲蚀情况，分别计算了黏度为 10 mPa·s、80 mPa·s 和 150 mPa·s 的油在不同含水率情况下对自动相选择控制阀的冲蚀磨损速率，当油的黏度相同时，含水率越高自动相选择控制阀受到的冲蚀越严重，当含水率相同时，油的黏度越高，自动相选择控制阀受到的冲蚀磨损越严重。

（3）油气两相时的冲蚀情况

不同气油比时，中气体为天然气，黏度为 0.03 mPa·s，密度为 270 kg/m³，模拟过程中的沙比仍为 6%。气油比越大，携沙液对自动相选择控制阀的冲蚀磨损越严重。

上文中分析的自动相选择控制阀受到的冲蚀磨损都在可承受的范围之内，如果实际应用中自动相选择控制阀受到了严重的冲蚀磨损，可以通过对工具进行特殊处理或者是选用抗冲蚀能力强的材质来增强工具的可靠性。

（三）自动相选择控制阀流动实验

下面用室内实验对自动相选择控制阀的控水能力进行验证，同时，也是对 CFD 分析结果的一个验证。由于实验条件的限制，没法获得井下气体的密度和黏度，故没有做单相气体和气液两相流实验，仅对自动相选择控制阀进行了单油相、单水相和油水混合相实验，并通过实验得到的流量和压力数据，分析自动相选择控制阀对油的过流和水的节流控制效果。实验过程中所用到的设备有：带搅拌器的储液罐、恒流泵、压力表、自动相选择控制阀工装、流量计、黏度计，以及连接传感器的电脑，实验的流体有水、原油和柴油。

1．单相流实验

底水油藏水平井见水前影响油井产量的主要因素为渗透率的非均质性和趾跟效应，对于未见水的油井自动相选择控制阀主要是提供一个附加压降，改善水平井的流入剖面，使得水平井的流入剖面更均衡，油藏下部的水脊前缘均衡推进，延长底水突破时间，增加无水累积采油量。因此，需要对单相的油和水进行实验，熟悉不同性质油流过自动相选择控制阀的压降，为新井自动相选择控制阀完井设计提供依据。

单相流实验流体为水和纯油，其中水为自来水，油由原油和柴油按照一定的比例进行配制，并用搅拌机搅拌均匀，然后记录下配制好后的实验油的黏度和密度，配制好的流体参数见表 7-3。

表 7-3　实验用流体参数

流体 性质	水	油 1	油 2	油 3	油 4	油 5
黏度（mPa·s）	1	20	70	120	185	260
密度（kg/m³）	1000	741	755	780	787	830

（1）单相流体实验原理和步骤

本实验主要是对纯水和不同黏度的纯油，在不同流量下的自动相选择控制阀压差进行测量，实验时，在搅拌罐中加入实验流体，流体在恒流泵的驱动下直接进入管路循环流动，实验步骤如下：

①按图连接设备，检查设备和管线后，不装入自动相选择控制阀，以清水进行试运行，确保设备运转正常，管线无刺漏后再装入自动相选择控制阀；

②实验流体样品准备；

③启动恒流泵，设定恒流泵输出流量，当恒流泵的输出流量稳定后，记录恒流泵的流量，同时记录压力表 1 和压力表 2 的压力，此时完成了一组数据的测量，重新设定恒流泵的流量，进行下一组数据的录取，每个样品录取 8~10 组数据，每组数据测量录取 3 次；

④更换样品，重复步骤③，直到完成全部样品实验。

（2）数据处理

对黏度为 1 mPa·s、20 mPa·s、70 mPa·a、120 mPa·s、185 mPa·s 和 270 mPa·s 的流体进行了单相流实验，黏度越小，流过自动相选择控制阀的压降越大，水流过自动相选择控制阀的压降最大，并且远远大于油的压降，主要是因为流速相同时，油的黏度越大，油在自动相选择控制阀中流动的黏滞力越大，流过自动相选择控制阀产生的摩擦压降越大，故流速相同时黏度越高的流体流过自动相选择控制阀的压降越大；同种流体，流量越高，流体的运动速度越大，颗粒与颗粒间、颗粒与壁面间的碰撞越剧烈，从而造成的流体能量损失越大，即流过自动相选择控制阀的压降越大。

2. 油水两相流实验

对于见水后的油井，自动相选择控制阀的主要作用是给高含水率的油水混合液提供一个高的附加压降，使得水流过自动相选择控制阀的压降大于油流过自动相选择控制阀的压降，从而限制水的产出，增加油的产出，以实现提高油井的最终采收率的目的。因此，需要对油水混合液进行实验，以便了解不同含水率时的流体在自动相选择控制阀中的流动动态，为已见水的油井自动相选择控制阀完井设计提供依据。

油水两相流实验用液为油水的混合液，实验前将前面配置好的原油加入清水，配制成不同含水率的油水混合液，并用搅拌机搅拌均匀。

（1）两相流体实验原理和步骤

本实验主要是对不同含水率的油水混合液在不同流量下的自动相选择控制阀压差进行测量，实验时，在搅拌罐中加入实验流体，流体在恒流泵的驱动下直接进入管路循环流动，实验步骤如下：

①将一定黏度的纯油泵入搅拌罐中，并加入一些清水配制一定含水率的油水混合液，然后用搅拌器搅拌均匀；

②启动恒流泵，设定恒流泵输出流量，当恒流泵的输出流量稳定后，记录恒流泵的流量，同时，记录压力表 1 和压力表 2 的压力，此时，完成了一组数据的测量。重新设定恒流泵的流量，进行下一组数据的录取，每个样品录取 8~10 组数据，每组数据测量录取 3 次；

③在搅拌罐中加入清水配制下一个含水率油水混合液，重复步骤③，直到完成该黏度油的不同含水率实验；

④将搅拌罐中的油水混合液清除，然后泵入少量的下一组实验用纯油，启动恒流泵，让纯油在管路中循环几次，清洗管路；

⑤重复上述①~④步，直到完成全部样品实验。

（2）数据处理

分别对 5 种油在含水率分别为 20%、40%、60% 和 80% 条件下在自动相选择控制阀中流动情况进行实验，可以得出含水率越高流过自动相选择控制阀的压降越大，对比发现，在含水率相同的情况下，黏度越小流体流过自动相选择控制阀的压降越大。这主要是因为，含水率越高，直接由流槽流进控制腔室的流体越少，经过环形流道预旋的流体越多，经过预旋后进入控制腔室的流体会高速旋转，从而产生高的旋转压降，因此含水率越高流过自动相选择控制阀的压降越大。综合前面的分析可知，自动相选择控制阀能够抑制低黏度流体的产出，同时，能够限制高含水率流体的产出。

（四）自动相选择控制阀过流压降模型

流体在自动相选择控制阀中流动时，由于液体的内摩擦以及流体质点间的相互碰撞，使得流体流过自动相选择控制阀将产生一定的压力损失，产生的压力损失主要位于环形流道、流槽和喷嘴处，控制腔室和储水腔室中会因流体旋转而产生压降，储水腔室中的压降很小可以忽略，而控制腔室中的压降不方便计算，仅通过在喷嘴处添加系数来实现，系数大小由实验决定，因此，流体在自动相选择控制阀中流动产生的总压降由环形流道压降、流槽压降和喷嘴压降三部分组成。

$$\Delta p = \Delta p_L + \Delta p_N + \Delta p_S \qquad\qquad 式（7-31）$$

式中，Δp ——流体在自动相选择控制阀中流动产生的总压降，Pa；

Δp_L ——流体在环形流道中流动产生的总压降，Pa；

Δp_N ——流体在流槽中流动产生的总压降，Pa；

Δp_S ——流体在喷嘴中流动产生的总压降，Pa。

二、水平井自动相选择控制阀完井优化研究

通过对自动相选择控制阀完井参数的优化以及水平井生产动态的预测，是水平井自动相选择控制阀完井设计的基础，因此，对自动相选择控制阀在不同油藏中的应用进行动态预测，验证自动相选择控制阀在不同流体性质和不同产量中的控水增油效果，同时，也验证自动相选择控制阀在不同油藏水平井中应用时的作用，并对这些油藏中的自动相选择控制阀完井参数进行敏感性分析，最后根据前面的分析提出自动相选择控制阀在不同油藏中的完井设计方法。

（一）水平井自动相选择控制阀完井动态预测

自动相选择控制阀能够解决三类生产问题：①均质油藏中水平井由于井筒流动压降而

引起的趾跟效应；②非均质砂岩油藏中水平井由于渗透率非均质性而引起的非均匀入流；③裂缝性碳酸盐岩油藏中水平井由于裂缝存在而引起的非均匀入流。自动相选择控制阀主要安装在水平井筒的高流入段、高产量段以及高压力段，以减少这些段的生产压差。另外，需要说明的是前两种油藏为单重介质，可直接运用油藏模型进行模拟计算；而裂缝性碳酸盐岩油藏为双重介质，但该章主要考虑的是由于裂缝处的高渗引起的流入剖面不均，因此，可从渗流的角度将裂缝等效为单重介质，再代入模型中进行模拟。由于自动相选择控制阀适用的流体黏度范围和井的产量范围均很广，因此，针对三种不同流体参数的油藏进行自动相选择控制阀完井动态模拟，油藏中井的产量有高有低，用于验证自动相选择控制阀适用的黏度和流量范围，所有油藏类型的水平井自动相选择控制阀完井，均根据渗透率剖面进行自动相选择控制阀完井设计。

1. 均质油藏

均质油藏例子相关的储层参数和井筒参数如表7-4所示，该油藏为底水油藏，水平井的长度为319 m，且其在高度方向处于该油藏的中间位置，该水平井配产40 m^3/d，井产量较低，用于验证自动相选择控制阀在低产井中的应用情况，由于是均质油藏，自动相选择控制阀的主要作用是消除由于井筒流动压降而引起的趾跟效应。根据水平井原油黏度为61.3 mPa·s，密度890 kg/m^3，可计算得到每个自动相选择控制阀的设计流量最佳为5 m^3/d，由于井的总产液量为40 m^3/d，故该井所需的自动相选择控制阀个数为8个，由于该油藏为均质油藏，因此，自动相选择控制阀在水平井中均匀分布。

表 7-4 均质油藏例子相关的储层参数和井筒参数

参数名称	参数值	参数名称	参数值
油藏长度（m）	560	地层水体积系数	1.015
油藏宽度（m）	280	地层原油压缩系数（10^{-4}/MPa）	7.06
油藏厚度（m）	10	地层水压缩系数（10^{-4}/MPa）	4.79
原始地层压力（MPa）	11.63	地层岩石压缩系数（10^{-4}/MPa）	0.027
渗透率（mD）	80	束缚水饱和度	0.16
地层各项异性系数	0.6	残余油饱和度	0.2145
孔隙度（%）	30.02	水平井长度（m）	319
地层原油密度（kg/m^3）	890	水平井到 WOC 的距离（m）	25
地层水密度（kg/m^3）	1040	水平井筒直径（m）	0.1778
地层原油黏度（mPa·s）	61.3	完井管柱外径（m）	0.1143

参数名称	参数值	参数名称	参数值
地层水黏度（mPa·s）	0.49	完井管柱内径（m）	0.102
地层原油体积系数	1.062	完井管柱内表面粗糙度（m）	0.00083

自动相选择控制阀完井相对于常规完井来说，能使水平井的见水时间更长、累积产油量更高，见水后的含水率更低，这主要是因为没有自动相选择控制阀时，水会不均上升并在井筒跟端突破，突破后油井的产油量逐渐降低，产水量逐渐增加；有自动相选择控制阀时，自动相选择控制阀能够延缓底水脊进，尽可能延长无水生产时间，当水突破后，自动相选择控制阀在水突破位置提供更大的流动限制，且对水的限制大于对油的限制，使得该段的产水量比常规完井时的产水量少，产油量比常规完井时的产油量多，同时，能够增加水未突破区域的油产量。

对于常规完井水平井跟端的地层流入量远大于趾端的层流入量，这将导致底水在跟端过早突破，降低水平井的产油量，出现这种现象主要是由于水平井筒的流动压降导致水平井跟端的生产压差大于趾端的生产压差（趾跟效应）；而对于自动相选择控制阀完井，水平井跟端与趾端的地层流入量差异变小，产液剖面变得更加均匀，这主要是由于自动相选择控制阀完井能够使水平井的沙面压力分布更加均衡，隔断的生产压差差异变小。

2. 非均质砂岩油藏

非均质砂岩油藏例子相关的储层参数和井筒参数如表 7-5 所示，该油藏也为底水油藏，其中水平井的长度为 220 m，且配产 350 m^3/d，井产量很高，用于验证自动相选择控制阀在高产井中的应用情况，水平井段的渗透率非均质性很强，对该井进行自动相选择控制阀完井的另一个目的，是消除由于渗透率非均质性而引起的非均匀入流。根据水平井原油黏度为 132.44 mPa·s，密度 893.8 kg/m^3，可计算得到每个自动相选择控制阀的设计流量最佳为 10 m^3/d，根据水平井完井段的渗透率分布下入 3 个封隔器将水平井分成四段，水平井的第一段需要 4 个自动相选择控制阀，第二段需要 11 个自动相选择控制阀，第三段需要 8 个自动相选择控制阀，第四段需要 12 个自动相选择控制阀。

表 7-5　非均质砂岩油藏例子相关的储层参数和井筒参数

参数名称	参数值	参数名称	参数值
油藏长度（m）	420	地层水体积系数	1.015
油藏宽度（m）	400	地层原油压缩系数（10^{-4}/MPa）	8.64
油藏厚度（m）	40	地层水压缩系数（10^{-4}/MPa）	4.79

参数名称	参数值	参数名称	参数值
原始地层压力（MPa）	10.41	地层岩石压缩系数（10^{-4}/MPa）	0.027
渗透率（mD）	750~2550	束缚水饱和度	0.16
地层各项异性系数	0.6	残余油饱和度	0.2145
孔隙度（%）	34	水平井长度（m）	220
地层原油密度（kg/m³）	893.8	水平井到 WOC 的距离（m）	20
地层水密度（kg/m³）	1040	水平井筒直径（m）	0.1778
地层原油黏度（mPa·s）	132.44	完井管柱外径（m）	0.1143
地层水黏度（mPa·s）	0.49	完井管柱内径（m）	0.102
地层原油体积系数	1.081	完井管柱内表面粗糙度（m）	0.00083

　　自动相选择控制阀完井相对于常规完井来说，能使水平井的见水时间更长、累积产油量更高，见水后的含水率更低，这主要是因为没有自动相选择控制阀时，水会不均匀上升并在渗透率高的地方突破，突破后油井的产油量逐渐降低，产水量逐渐增加；有自动相选择控制阀时，自动相选择控制阀能够延缓底水脊进，尽可能延长无水生产时间，当水突破后，自动相选择控制阀在水突破位置提供更大的流动限制，且对水的限制大于对油的限制，使得该段的产水量比常规完井时的产水量少，产油量比常规完井时的产油量多，同时，能够增加水未突破区域的油产量。

　　对于常规完井，由于渗透率非均质性的存在导致沿水平段的地层流入量不均匀，地层流入分布与水平段的测井渗透率分布正相关，测井渗透率高的井段其地层流入量大，测井渗透率低的井段其地层流入量小。而对于自动相选择控制阀完井，其地层流入分布相对于常规完井的地层流入分布变得更加均匀，测井渗透率高的井段其地层流入量降低了，测井渗透率低的井段其地层流入量增加了，这主要是由自动相选择控制阀完井在测井渗透率高的井段引入了更大的附加压降，进而调节了水平井水平段的沙面压力分布，使测井渗透率高的井段的生产压差小，测井渗透率低的井段的生产压差大。

3. 裂缝性碳酸盐岩油藏

　　裂缝性碳酸盐岩油藏例子相关的储层参数和井筒参数如表7-6所示，该油藏也为底水油藏，假设裂缝垂直于水平井井筒，且仅考虑垂直于井筒的大裂缝对产量的影响，水平井的长度为280 m，产量为200 m³/d，水平井完井段存在两条裂缝，其位置分别为距跟端50 m 和210 m。该例的主要目的是验证自动相选择控制阀在水力压裂井中和垂直于井筒的大裂缝碳酸盐岩井中，消除由于裂缝存在而引起的非均匀入流的作用。根据水平井原油黏度为38.21 mPa·s，密度888.7 kg/m³，可计算得到每个自动相选择控制阀的设计流量最佳为 4 m³/d，根据该井的渗透率分布下入 4 个封隔器将水平段分成五段，该井所需的自动相选择控制阀个数为 50 个，其中第一段 4 个自动相选择控制阀，第二段 12 个自动相选择控制阀，第三段 16 个自动相选择控制阀，第四段 12 个自动相选择控制阀，第五段 6 个自动相选择控制阀。

表 7-6　裂缝性油藏例子相关的储层参数和井筒参数

参数名称	参数值	参数名称	参数值
油藏长度（m）	600	地层水体积系数	1.1
油藏宽度（m）	600	地层原油压缩系数（10^{-4}/MPa）	9.065
油藏厚度（m）	60	地层水压缩系数（10^{-4}/MPa）	5
原始地层压力（MPa）	32.4	地层岩石压缩系数（10^{-4}/MPa）	6.29
平均渗透率（mD）	140	束缚水饱和度	0.3095
地层各项异性系数	0.125	残余油饱和度	0.2142
孔隙度（%）	4.28	水平井长度（m）	280
地层原油密度（kg/m³）	888.7	水平井到 WOC 的距离（m）	30
地层水密度（kg/m³）	1040	水平井筒直径（m）	0.1778
地层原油黏度（mPa·s）	38.21	完井管柱外径（m）	0.1143
地层水黏度（mPa·s）	0.12	完井管柱内径（m）	0.102
地层原油体积系数	1.032	完井管柱内表面粗糙度（m）	0.00083

安装自动相选择控制阀后井的见水时间晚，见水后的产油量更大，产水量更少，见水后的含水率更低，这主要是因为自动相选择控制阀能够均衡产液剖面，预防裂缝段见水时间过早，限制裂缝段见水后的产水量。

对于常规完井，由于裂缝的存在导致沿水平段的地层流入量极不均匀，裂缝段的地层流入量极大，其他完井段的地层流入量相对来说很小。而对于自动相选择控制阀完井，其地层流入分布相对于常规完井的地层流入分布变得更加均匀，裂缝段的地层流入量降低了，其他完井段的地层流入量增加了，这主要是由于自动相选择控制阀完井在裂缝段引入了更大的附加压降，进而调节了水平井水平段的砂面压力分布，使裂缝段的生产压差小，其他完井段的生产压差大。

（二）水平井自动相选择控制阀完井参数影响分析

影响自动相选择控制阀完井动态的因素很多，主要有油藏参数（油藏厚度、渗透率非均质性、各向异性、钻井污染、流体物性等）、井筒水力学参数（水平井长度、井筒直径、井筒粗糙度等）和自动相选择控制阀完井参数（自动相选择控制阀个数、封隔器个数、自动相选择控制阀布置方式）。而在进行水平井自动相选择控制阀完井优化设计时，主要是通过改变自动相选择控制阀完井参数以便达到最佳的完井效果，故下面只讨论自动相选择控制阀个数、封隔器个数和自动相选择控制阀布置方式，对水平井自动相选择控制阀完井动态的影响规律。

1. 均质油藏

（1）自动相选择控制阀个数

由于不同的流体性质都对应有一个最佳的自动相选择控制阀控水流量，而自动相选择控制阀的个数等于油井产液量除以单个自动相选择控制阀的流量，均质油藏水平井例子中的自动相选择控制阀个数为 8 个，为了分析自动相选择控制阀个数对生产动态的影响，下面分别对 6 个自动相选择控制阀、8 个自动相选择控制阀和 10 个自动相选择控制阀的完井动态进行模拟，自动相选择控制阀采用的是等强度布置方式。

日产油量最高的是 8 个自动相选择控制阀、日产水量最少的是 8 个自动相选择控制阀、累积产油量最多的是 8 个自动相选择控制阀、累积产水量最少的是 8 个自动相选择控制阀、含水率最低的是 8 个自动相选择控制阀、生产 3600 天后产液剖面最均衡的是 8 个自动相选择控制阀，故该井的最佳完井自动相选择控制阀个数为 8 个，出现这种情况，是因为每种流体都对应有不同的自动相选择控制阀最佳控水流量，而自动相选择控制阀的个数等于井的产液量除以自动相选择控制阀的最佳控水流量，在这个流量下的自动相选择控制阀水的过阀压降与油的过阀压降的比值最大，因此，在进行自动相选择控制阀完井设计时一定要先确定自动相选择控制阀的最佳流量，再计算所需自动相选择控制阀的个数，但是也应该根据井的产液情况就当适当调整，例如，若油藏为高黏油藏，而井的产液量又很小，为了避免因某种原因引起的自动相选择控制阀失效而影响井的产出，可以适当增加自动相选择控制阀的个数。

（2）封隔器个数

对于均质油藏，这里模拟三种不同封隔器个数情况下水平井自动相选择控制阀完井的生产动态：①无封隔器；②一个封隔器（两个自动相选择控制阀完井段）；③三个封隔器（四个自动相选择控制阀完井段），阀和封隔器均采用等强度布置方式。

对于均质油藏在采用自动相选择控制阀完井时，相对于常规完井，自动相选择控制阀完井的无水采油期更长、累积产油量更高、累积产水量更少、见水后的含水率更低，加入封隔器后封隔器的个数对日产油量和累积产油量基本上没有影响，产液剖面的均匀程度也不会进一步增加。因此，均质油藏在进行自动相选择控制阀完井时不需要下入封隔器即可获得最佳完井效果，下入封隔器不仅不会给生产动态带来任何益处，反而会增加完井成本和安装风险。

（3）自动相选择控制阀完井布置方式

由于自动相选择控制阀的设计是固定的，不存在因为自动相选择控制阀尺寸变化而引起的自动相选择控制阀限流强度变化，故自动相选择控制阀的布置方式变化主要体现在安装自动相选择控制阀短接上的自动相选择控制阀个数变化。对于均质油藏，在进行自动相选择控制阀完井设计时采用"梯级"式设计，即在水平段的跟端安装的自动相选择控制阀个数最多，在水平段的趾端安装的自动相选择控制阀个数最少。

变强度布置自动相选择控制阀完井设计相对于等强度布置自动相选择控制阀完井设计更能延长无水采油期、累积产油量更多、累积产水量更少、见水后的含水率更低、产液剖面也更均匀，但是增加的幅度很小，相比于其带来的安装操作复杂性这微小的增长可以忽略不计。因此，对于均质油藏，水平井自动相选择控制阀完井推荐采用等强度自动相选择控制阀完井设计方式。

2. 非均质砂岩油藏

（1）自动相选择控制阀个数

下面分别对 30 个自动相选择控制阀、35 个自动相选择控制阀和 40 个自动相选择控制阀的完井动态进行模拟，自动相选择控制阀和封隔器均采用等强度布置方式。

日产油量最高的是 35 个自动相选择控制阀、日产水量最少的是 35 个自动相选择控制阀、累积产油量最多的是 35 个自动相选择控制阀、累积产水量最少的是 35 个自动相选择控制阀、含水率最低的是 35 个自动相选择控制阀、生产 3600 天后产液剖面最均衡的是 35 个自动相选择控制阀，故该井的最佳完井自动相选择控制阀个数为 35 个，出现这种情况主要是因为每种流体都对应有不同的自动相选择控制阀最佳控水流量，而自动相选择控制阀的个数等于井的产液量除以自动相选择控制阀的最佳控水流量，在这个流量下的自动相选择控制阀水的过阀压降与油的过阀压降的比值最大，因此，在进行自动相选择控制阀完井设计时一定要先确定自动相选择控制阀的最佳流量，再计算所需自动相选择控制阀的个数，但是也应该根据井的产液情况做适当调整，以使水平井的生产动态达到最佳。

（2）封隔器个数

对于非均质油藏，在研究封隔器个数对生产动态的影响时，采用等强度的自动相选择控制阀完井设计方式，即每个自动相选择控制阀完井段的自动相选择控制阀个数基本相等，这里模拟四种不同封隔器个数情况下水平井自动相选择控制阀完井的生产动态：①无封隔器；②两个封隔器（三个自动相选择控制阀完井段）；③五个封隔器（六个自动相选择控制阀完井段），④七个封隔器（八个自动相选择控制阀完井段）。

无封隔器时，自动相选择控制阀完井相对于常规完井改善非均质砂岩油藏水平井生产动态的效果甚微，这是因为不用封隔器进行分段时，由油藏沙面流入的流体将在环空中自由流动，环空间的窜流使得高渗储层段的流体不仅会由该段的自动相选择控制阀流入基管，还会经低渗储层段的自动相选择控制阀流进基管，致使高渗储层段贡献更多的产液，因此不能实现均衡产液剖面的作用。随着封隔器的加入以及封隔器个数的增加，水平井的产液剖面越来越均衡、无水生产时间越来越长、日产油量越来越多、日产水量越来越少、含水率越来越低、累积产油量越来越多、累积产水量越来越少，但当封隔器的个数增加到5个即自动相选择控制阀完井段等于储层渗透率相关长度时，水平井的生产动态不会随着封隔器的个数增加而进一步改善。因此，非均质砂岩油藏水平井在进行自动相选择控制阀完井设计时存在一个最优封隔器个数，其与具体储层的渗透率非均质程度密切相关，需要通过模拟计算进行确定。所举例子水平井的最小渗透率的相关长度为20米，因此最优封隔器个数为5个，虽然下入7个封隔器比下入5个封隔器的生态动态更好，但从成本上考虑建议用5个。

（3）自动相选择控制阀完井布置方式

对于非均质砂岩油藏，变强度布置自动相选择控制阀完井设计，是在高渗透率井段内布置更多的自动相选择控制阀，在低渗透率井段内布置更少的自动相选择控制阀。

变强度布置自动相选择控制阀完井设计相对于等强度布置自动相选择控制阀完井设计，更能延长无水采油期、增加累积产油量、减少累积产水量、降低见水后的含水率、增加产液剖面的均衡度，但是增加的幅度很小。因此，对于非均质油藏，如果沿水平井完井段的渗透率分布能够准确确定并且能保证完井管柱顺利下入到目标深度，水平井自动相选择控制阀完井推荐采用变强度布置自动相选择控制阀完井设计方式；如果储层的不确定因素太多或井眼轨迹和井眼形状极不规则，水平井自动相选择控制阀完井推荐采用等强度自动相选择控制阀完井设计方式。

3. 裂缝性碳酸盐岩油藏

（1）自动相选择控制阀个数

下面分别对45个自动相选择控制阀、50个自动相选择控制阀和55个自动相选择控制阀的完井动态进行模拟，阀和封隔器也都采用等强度布置方式。

日产油量最高的是50个自动相选择控制阀、日产水量最少的是50个自动相选择控制阀、累积产油量最多的是50个自动相选择控制阀、累积产水量最少的是50个自动相选择控制阀、含水率最低的是50个自动相选择控制阀、生产3600天后产液剖面最均衡的是50个自动相选择控制阀，故该井的最佳完井自动相选择控制阀个数为50个，因此，对于裂缝性碳酸盐岩油藏水平井在应用自动相选择控制阀进行完井时，存在一个最佳的自动相选择控制阀个数。

（2）封隔器个数

对于裂缝性碳酸岩盐油藏，在研究封隔器个数对生产动态的影响时，采用等强度的自动相选择控制阀完井设计方式，即每个自动相选择控制阀完井段的自动相选择控制阀个数基本相等，这里模拟四种不同封隔器个数情况下水平井自动相选择控制阀完井的生产动态：①无封隔器；②三个封隔器（四个自动相选择控制阀完井段）；③六个封隔器（七个自动相选择控制阀完井段），④八个封隔器（九个自动相选择控制阀完井段）。

随着封隔器个数的增加，水平井的无水生产时间越来越长、日产油量越来越多、见水后的日产水量越来越少、含水率越来越低、累积产油量越来越高、累积产水量越来越低、产液剖面越来越均衡，当封隔器个数达到最大时，水平井的生产动态达到最优。因此，裂缝性碳酸盐岩油藏水平井在进行自动相选择控制阀完井时，推荐最大化封隔器个数。

（3）自动相选择控制阀完井布置方式

对于裂缝性碳酸盐岩油藏，变强度布置自动相选择控制阀完井设计，是在裂缝段对应的完井段内布置更多的自动相选择控制阀，在普通储层对应的完井段内布置更少的自动相选择控制阀。

变强度布置自动相选择控制阀完井设计相对于等强度布置自动相选择控制阀完井设计，更能延长无水采油期、累积产油量更多、累积产水量更少、见水后的含水率更低、产液剖面也更均匀。因此，裂缝性碳酸盐岩油藏水平井在进行自动相选择控制阀完井时推荐采用变强度布置的完井设计方式，如果储层裂缝所处位置难以确定或者井眼轨迹和井眼形状极不规则，也可以采用等强度布置的完井设计方式。

（三）水平井自动相选择控制阀完井优化设计方法

自动相选择控制阀完井设计方法分等强度设计和变强度设计两种，等强度设计为自动相选择控制阀均匀分布在井筒中，变强度设计为每个井段的自动相选择控制阀个数不一致。自动相选择控制阀完井设计必须考虑的因素有：①自动相选择控制阀布置方式，必须能够确保各个区域的流体均衡流入，确保能够减少各个井筒段的产水量或者是产气量；②是否存在环空流和需要环空封隔器；③设计参数的不确定性，包括储层生产、注液及井筒和完井模拟时的不确定参数；④自动相选择控制阀在储层整个生产周期的可靠性；⑤完井工具安装风险，包括自动相选择控制阀安装位置错误、筛管堵塞、由于增加拖曳力和井筒坍塌造成的完井管柱没有下入到预定深度；⑥完井经济效益：净现值、预期货币价值、恢复系数等。具体的自动相选择控制阀完井设计方式不同油藏水平井设计方式不同，下面针对均质油藏、非均质砂岩油藏和裂缝性碳酸盐岩油藏这三种油藏水平井，分别介绍自动相选择控制阀完井设计方法。

1. 均质油藏

对于均质油藏，水平井自动相选择控制阀完井不需要下入封隔器即可获得最佳完井效果，而变强度设计方法的产能增加幅度比等强度设计方法的提高很少，但设计与安装的复杂性大很多，因此，均质油藏水平井自动相选择控制阀完井优化设计方法仅推荐等强度设计方法一类，具体的设计方法及步骤如下：

（1）基础数据准备

包括储层物性参数（油藏尺寸、储层渗透率、储层孔隙度、储层压力等）、储层流体性质（油、水的高压物性参数，相对渗透率曲线等）、水平井筒参数（水平井身轨迹、水平井长度、井筒直径、完井管柱内外径、井筒粗糙度等），以及水平井的配产量，如果实际油藏为疏松砂岩储层，则还需要储层岩石的粒度组成分布曲线和累积分布曲线。

（2）筛网类型选择

如果实际油藏为疏松砂岩储层，则筛网应选择常规的防沙筛网，具体的筛网尺寸应根据储层岩石的粒度组成分布特征进行确定；如果实际油藏为碳酸盐岩储层或坚固储层，则筛网应选择一种简单的碎屑过滤器或者不加筛网。

（3）单个自动相选择控制阀流量确定

根据实验测得的油水压降比最大的值对应的流量，即为最佳控水流量。

（4）自动相选择控制阀安装个数确定

根据井的总产液量除以前面得到的单个自动相选择控制阀流量，就可以得到该井所需的自动相选择控制阀个数。

（5）完井参数方案确定

利用水平井自动相选择控制阀完井动态模拟方法，评估自动相选择控制阀完井在整个生产周期中的生产动态，最终确定水平井自动相选择控制阀完井参数方案。

（6）安全评估

评估自动相选择控制阀完井管柱的安装风险（完井管柱是否能顺利下入到目标深度），以及下入装备的长期可靠性（自动相选择控制阀是否冲蚀或堵塞、防沙筛网是否堵塞）。

（7）经济收益评价

根据权威机构对原油价格的最新预测，进行自动相选择控制阀完井经济收益评价。

2. 非均质砂岩油藏

对于非均质砂岩油藏，若渗透率分布明确或出水位置清楚，且井眼轨迹和井眼形状还算规则，则水平井自动相选择控制阀完井可以采用变强度布置方式进行定位控水，反之，则采用等强度布置方式进行笼统控水。因此，水平井自动相选择控制阀完井优化设计方法包括等强度布置和变强度布置两类。

（1）等强度自动相选择控制阀完井设计

对于等强度自动相选择控制阀完井设计方式，其具体的设计方法及步骤如下：

①基础数据准备：包括：储层物性参数（油藏尺寸、储层渗透率、储层孔隙度、储层压力等），储层流体性质（油、水的高压物性参数，相对渗透率曲线等），水平井筒参数（水平井身轨迹、水平井长度、井筒直径、完井管柱内外径、井筒粗糙度等）、储层岩石的粒度组成分布曲线和累积分布曲线、沿水平井完井段的测井渗透率分布以及水平井的配产量。

②筛网类型选择：由于实际储层为疏松砂岩储层，筛网应选择常规的防沙筛网，具体的筛网尺寸应根据储层岩石的粒度组成分布特征进行确定。

③单个自动相选择控制阀流量确定：根据实验测得的油水压降比最大的值对应的流量，即为最佳控水流量。

④自动相选择控制阀安装个数确定：根据井的总产液量除以前面得到的单个自动相选择控制阀流量就可以得到该井所需的自动相选择控制阀个数。

⑤封隔器类型确定：如果从操作简单和节约成本的角度，选用膨胀封隔器；如果从即时密封需要和有处理不确定井眼条件能力的角度，选用机械封隔器。

⑥封隔器个数确定：利用水平井自动相选择控制阀完井动态模拟方法，确定出该实际油藏水平井自动相选择控制阀完井的最优封隔器个数。

⑦完井参数方案确定：利用水平井自动相选择控制阀完井动态模拟方法评估自动相选择控制阀完井在整个生产周期中的生产动态，最终确定水平井自动相选择控制阀完井参数方案。

⑧安全评估：评估自动相选择控制阀完井管柱的安装风险（完井管柱是否能顺利下入到目标深度、封隔器是否能有效密封），以及下入装备的长期可靠性（自动相选择控制阀是否冲蚀或堵塞、防砂筛网是否堵塞、封隔器是否失效）。

⑨经济收益评价：根据权威机构对原油价格的最新预测，进行自动相选择控制阀完井经济收益评价。

（2）变强度布置自动相选择控制阀完井设计

对于变强度布置自动相选择控制阀完井设计方式，其具体的设计方法及步骤如下：

①基础数据准备：包括：储层物性参数（油藏尺寸、储层渗透率、储层孔隙度、储层压力等），储层流体性质（油、水的高压物性参数，相对渗透率曲线等），水平井筒参数（水平井身轨迹、水平井长度、井筒直径、完井管柱内外径、井筒粗糙度等）、储层岩石的粒度组成分布曲线和累积分布曲线、沿水平井完井段的测井渗透率分布，以及水平井的配产量。

②筛网类型选择：由于实际储层为疏松砂岩储层，筛网应选择常规的防沙筛网，具体的筛网尺寸应根据储层岩石的粒度组成分布特征进行确定。

③封隔器类型确定：如果从操作简单和节约成本的角度，选用膨胀封隔器；如果从即时密封需要和有处理不确定井眼条件能力的角度，选用机械封隔器。

④封隔器个数确定：根据水平井完井段的测井渗透率分布确定封隔器下入的位置和个数（在水平井完井段渗透率急剧变化处下入封隔器）。

⑤单个自动相选择控制阀流量确定：根据实验测得的油水压降比最大的值对应的流量，即为最佳控水流量。

⑥自动相选择控制阀安装个数确定：先根据水平井自动相选择控制阀完井动态模拟模型计算得到的常规完井时的井的产液剖面，然后基于这个产液剖面计算出每个完井段的产液量，再用该产液量除以单个自动相选择控制阀的流量，即可得到每个完井段的自动相选择控制阀个数，最后利用水平井自动相选择控制阀完井动态模拟方法，分析每个完井段内是否达到了最优的限制水平，如果没有达到，则改变相应完井段内的限制水平（改变自动相选择控制阀安装个数）直到水平井的产液剖面达到最佳均衡状态。

⑦安全评估：评估自动相选择控制阀完井管柱的安装风险（完井管柱是否能顺利下入到目标深度、封隔器是否能有效密封、完井管柱上不同自动相选择控制阀完井段内的自动相选择控制阀个数是否安装正确），以及下入装备的长期可靠性（自动相选择控制阀是否冲蚀或堵塞、防砂筛网是否堵塞、封隔器是否失效）。

⑧经济收益评价：根据权威机构对原油价格的最新预测，进行自动相选择控制阀完井经济收益评价。

3. 裂缝性碳酸盐岩油藏

对于裂缝性碳酸盐岩油藏以及水力压裂产生的大裂缝垂直于井筒的油藏，同非均质砂岩油藏一样，水平井自动相选择控制阀完井优化设计方法，也包括等强度布置和变强度布置两类。当储层裂缝所处位置清楚时，采用变强度自动相选择控制阀完井设计方式，反之，采用等强度自动相选择控制阀完井设计方法。

（1）等强度自动相选择控制阀完井设计

对于等强度自动相选择控制阀完井设计方式，其具体的设计方法及步骤如下：

①基础数据准备：包括：储层物性参数（油藏尺寸、储层渗透率、储层孔隙度、储层压力等），储层流体性质（油、水的高压物性参数，相对渗透率曲线等）、水平井筒参数（水平井身轨迹、水平井长度、井筒直径、完井管柱内外径、井筒粗糙度等）、沿水平井完井段的测井渗透率分布、沿水平井完井段的地层微电阻率扫描成像测井（FMI）解释资料、钻井过程中钻井泥浆在水平井完井段的漏失资料以及水平井的配产量。

②筛网类型选择：由于实际储层为碳酸盐岩储层，筛网应选择一种简单的碎屑过滤器或者不加筛网。

③单个自动相选择控制阀流量确定：根据实验测得的油水压降比最大的值对应的流量，即为最佳控水流量。

④自动相选择控制阀安装个数确定：根据井的总产液量除以前面得到的单个自动相选择控制阀流量，就可以得到该井所需的自动相选择控制阀个数。

⑤封隔器类型确定：为了完全隔离高导流的裂缝段推荐选用机械封隔器。

⑥封隔器个数确定：对于裂缝性碳酸盐岩油藏，推荐最大化封隔器个数，进而保证每个完井分区内只有一个自动相选择控制阀完井节点（最优封隔器个数=自动相选择控制阀完井节点总个数-1）。

⑦完井参数方案确定：利用水平井自动相选择控制阀完井动态模拟方法，评估自动相选择控制阀完井在整个生产周期中的生产动态，最终确定水平井自动相选择控制阀完井参数方案。

⑧安全评估：评估自动相选择控制阀完井管柱的安装风险（完井管柱是否能顺利下入到目标深度、封隔器是否能有效密封），以及下入装备的长期可靠性（自动相选择控制阀是否堵塞、封隔器是否失效）。

⑨经济收益评价：根据权威机构对原油价格的最新预测，进行自动相选择控制阀完井经济收益评价。

（2）变强度布置自动相选择控制阀完井设计

对变强度布置自动相选择控制阀完井设计方式，其具体的设计方法及步骤如下：

①基础数据准备：包括：储层物性参数（油藏尺寸、储层渗透率、储层孔隙度、储层压力等），储层流体性质（油、水的高压物性参数，相对渗透率曲线等）、水平井筒参数（水平井身轨迹、水平井长度、井筒直径、完井管柱内外径、井筒粗糙度等）、沿水平井完

井段的测井渗透率分布、沿水平井完井段的地层微电阻率扫描成像测井（FMI）解释资料、钻井过程中钻井泥浆在水平井完井段的漏失资料以及生产水平井的配产量。

②筛网类型选择：由于实际储层为碳酸盐岩储层，筛网应选择一种简单的碎屑过滤器或者不加筛网。

③封隔器类型确定：为了完全隔离高导流的裂缝段推荐选用机械封隔器。

④封隔器个数确定：根据水平井完井段的测井渗透率分布、水平井完井段的地层微电阻率扫描成像测井（FMD）解释资料和钻井过程中钻井泥浆在水平井完井段的漏失资料确定封隔器下入的位置和个数在裂缝段的两侧下入封隔器。

⑤单个自动相选择控制阀流量确定：根据实验测得的油水压降比最大的值对应的流量，即为最佳控水流量。

⑥自动相选择控制阀安装个数确定：先根据水平井自动相选择控制阀完井动态模拟模型计算得到的常规完井时的井的产液剖面，然后基于这个产液剖面计算出每个完井段的产液量，再用该产液量除以单个自动相选择控制阀的流量，即可得到每个完井段的自动相选择控制阀个数，最后利用水平井自动相选择控制阀完井动态模拟方法分析每个完井段内是否达到了最优的限制水平，如果没有达到，则改变相应完井段内的限制水平（改变自动相选择控制阀安装个数）直到水平井的产液剖面达到最佳均衡状态。

⑦安全评估：评估自动相选择控制阀完井管柱的安装风险（完井管柱是否能顺利下入到目标深度、封隔器是否能有效密封、完井管柱上不同自动相选择控制阀完井段内的自动相选择控制阀个数是否安装正确），以及下入装备的长期可靠性（自动相选择控制阀是否堵塞、封隔器是否失效）。

⑧经济收益评价：根据权威机构对原油价格的最新预测，进行自动相选择控制阀完井经济收益评价。

参考文献

[1] 李晓明，李联中，孟祥卿．石油钻井装备新技术及应用［M］．北京：中国石化出版社，2022.

[2] 王少一，吴志红，于露露．钻井井控［M］．北京：中国石化出版社，2022.

[3] 赵润琦，刘俊章．钻井液辞典［M］．北京：中国石化出版社，2022.

[4] 王萍，王亮．钻井力学基础［M］．北京：石油工业出版社，2022.

[5] 尹虎．钻井与完井工程基础［M］．北京：石油工业出版社，2022.

[6] 刘志坤，张冰．钻井工程［M］．北京：石油工业出版社，2022.

[7] 步玉环，刘宝和．石油百科 钻完井工程［M］．北京：石油工业出版社，2022.

[8] 冯伟．录井现场工作指南［M］．北京：石油工业出版社，2022.

[9] 刘书杰，马英文，王青宇．完井技术人员井控技术［M］．北京：石油工业出版社，2022.

[10] 胡森清，刘建新，鲁法伟．低孔低渗储层测录井综合评价技术及应用［M］．武汉：中国地质大学出版社，2021.

[11] 黄伟和．钻井工程管理提质增效配套方法 钻井工程经济学研究［M］．北京：石油工业出版社，2021.

[12] 李联中，孟祥卿，周永红．石油钻机电气故障处理及案例分析［M］．北京：中国石化出版社，2021.

[13] 侯广平，党民侠．钻井和修井井架底座天车设计［M］．北京：石油工业出版社，2021.

[14] 袁光杰，夏焱，李国韬．储气库钻采工程［M］．北京：石油工业出版社，2021.

[15] 吴胜和，岳大力，蒋裕强．油矿地质学 富媒体 第5版［M］．北京：石油工业出版社，2021.

[16] 曹晓春，闻守斌，逯春晶．油田化学［M］．北京：石油工业出版社，2021.

[17] 刘书杰，李相方，耿亚楠．井控风险评价方法与案例分析［M］．北京：石油工业出

版社，2021.

[18] 倪红坚，宋维强. 页岩油钻完井技术与应用 ［M］. 北京：石油工业出版社，2021.

[19] 柳军，郭晓强，殷腾. 复杂油气井射孔管柱动力学理论及应用 ［M］. 北京：石油工业出版社，2021.

[20] 石坤，段志祥，陈祖志. 地下压力容器储气井 ［M］. 北京：化学工业出版社，2021.

[21] 黄伟和. 钻井工程全过程造价管理 ［M］. 北京：石油工业出版社，2020.

[22] 郭永伟，吕凤滨，杨帆. 石油工程 HSE 管理 ［M］. 北京：石油工业出版社，2020.

[23] 蒲晓林，王平全，黄进军. 钻井液工艺原理 ［M］. 北京：石油工业出版社，2020.

[24] 赵博，郏志刚，陈颖超. 钻井事故预防与处理 ［M］. 2 版. 北京：石油工业出版社，2020.

[25] 王金树，周芳芳，刘春艳. 钻井工作流体综合实训 ［M］. 北京：石油工业出版社，2020.

[26] 田冷，樊洪海. 石油工程导论 ［M］. 东营：中国石油大学出版社，2020.

[27] 甘振维，何龙，范希连. 石油工程现场作业岗位标准化建设 录井、测井分册 ［M］. 北京：中国石化出版社，2020.

[28] 杨进. 海洋钻完井装备 ［M］. 北京：科学出版社，2020.

[29] 李斌，廖明光. 油气地质与勘探概论 ［M］. 2 版. 北京：石油工业出版社，2020.

[30] 中国石油天然气集团有限公司公司. 石油钻井工 ［M］. 东营：中国石油大学出版社，2019.

[31] 王文勇. 钻井井控"四个三"工作法读本 ［M］. 东营：中国石油大学出版社，2019.